U0342183

普通高等教育"十二五"规划教材

选矿试验与生产检测

主　　编　李志章
副主编　　李赞超
主　　审　朱从杰

北　京
冶金工业出版社
2024

内 容 提 要

本书以选矿试验过程为主线,内容从试验前的准备工作、试验方案的拟订、试样工艺性质的测定、选矿试验的操作到试验结果的处理,以及选矿工艺参数的测定与流程考察,共分为11章;每章皆可作为独立内容讲授。

本书为高等学校矿物加工(选矿工程)专业教材,也可用于选矿企业高级技师的培训,还可供从事选矿生产和管理的工程技术人员参考。

图书在版编目(CIP)数据

选矿试验与生产检测/李志章主编. —北京:冶金工业出版社,2014.6
(2024.1重印)
普通高等教育"十二五"规划教材
ISBN 978-7-5024-6605-3

Ⅰ.①选…　Ⅱ.①李…　Ⅲ.①选矿—实验—高等学校—教材
Ⅳ.①TD9-33

中国版本图书馆 CIP 数据核字(2014)第 126927 号

选矿试验与生产检测

出版发行 冶金工业出版社		**电　话** (010)64027926	
地　址 北京市东城区嵩祝院北巷 39 号		**邮　编** 100009	
网　址 www.mip1953.com		**电子信箱** service@ mip1953.com	

责任编辑　宋　良　高　娜　美术编辑　吕欣童　版式设计　孙跃红
责任校对　郑　娟　责任印制　窦　唯
北京虎彩文化传播有限公司印刷
2014 年 6 月第 1 版,2024 年 1 月第 3 次印刷
787mm×1092mm　1/16;13.75 印张;327 千字;206 页
定价 28.00 元

投稿电话　(010)64027932　投稿信箱　tougao@cnmip.com.cn
营销中心电话　(010)64044283
冶金工业出版社天猫旗舰店　yjgycbs.tmall.com
(本书如有印装质量问题,本社营销中心负责退换)

前　言

选矿试验与生产检测工作，在指导选矿厂生产和解决生产过程中的技术问题方面发挥着重要的作用。"选矿试验与生产检测"是矿物加工（选矿工程）专业的核心课程。该课程讲述内容主要是围绕着试验前的准备工作、试验方案的拟订、试验的操作以及试验结果的处理等试验过程来展开的，有很强的实践性。

本书作为高等学校矿物加工专业的教材，是根据教育部高等学校的教学指导思想和本门课程的教学特点与教学需要编写而成的。在编写过程中，注重理论知识简明扼要，实践知识与生产实际密切结合；贯彻工作过程导向的理念，根据选矿试验的特点，以学生的职业能力培养为核心，分析典型的工作任务，设计学习情境。以选矿试验过程为导向，设计学习单元，每一个学习单元是一个完整的工作任务。

参加本书编写工作的有李志章（第1章~第4章）、周晓四（第10章、第11章）、张佶（第5章）、吕云霞（第6章）、李赞超（第7章~第9章，附录）；李志章担任主编，李赞超担任副主编，朱从杰教授担任主审。

由于编者水平所限，书中有疏漏、不足之处，恳请读者批评指正。

编　者

2014 年 3 月

目　　录

1 概　　述

1.1　选矿试验的目的和任务

矿石可选性研究，是一种科学实验活动，对选矿科学和生产的发展具有重大意义。同工业生产相比，它通常具有下列特点：

（1）它是在实验室或试验厂中，通过样品或模型，研究整体和原型，然后再逐步扩大规模，推广到生产上，因而可以以较少的人力和物力，进行范围广泛的探索和研究，迅速而合理地选定工艺方案，为生产和建设提供可靠的依据。

（2）在实验室和试验厂中，人们可以不受现有生产条件的限制，运用各种方法，严密地控制和变革所研究的对象和过程，因而能够取得许多在生产条件下不易取得甚至不能取得的感性材料，同时进行必需的理性加工。这就使得我们能够走在生产实践的前面，更深入地揭示自然的规律，为生产开辟新的途径。

选矿试验按目的可分为以下三种：

（1）具体矿产的选矿工艺试验，统称之为"矿石可选性试验"。

（2）选矿新工艺、新设备和新药剂的研究。

（3）选矿基础理论的研究。

在实际工作中，这三方面的工作往往是互相联系的。有关新工艺、新设备和新药剂，以及基础理论的研究工作，常常是根据某类矿产选矿工艺试验和生产发展的需要提出的，而在这些方面的每一项较大突破都可能促使某类矿产的选矿工艺发生较大的变革。例如，各种选冶联合流程的应用，有可能解决许多有色金属氧化矿和复合难选矿石的加工问题；强磁选机的研制成功，则为红铁矿的选矿生产开辟了新的途径；现代浮选理论的发展，则有助于我们去探寻新的浮选工艺和药剂。因而在具体矿产的可选性研究工作中，也必须经常注意去研究和采用新的工艺、设备、药剂，只有这样，才能使我国的选矿科学技术逐步赶上世界先进水平，适应国民经济稳定、协调发展的需要。

矿石的可选性，是指在现阶段选矿技术水平的前提下，矿石中各种可能利用的矿物依靠其物理、化学性质的差别（密度、粒度、形状、磁导率、电导率、表面物理化学性质等），相互分选及与脉石分选的难易程度。

矿石可选性试验是对矿石进行系统的选矿试验工作，根据试验的结果，判断矿石可选的难易程度，并确定应用的选矿方法、选别流程、选别条件及可能达到的选别指标。

矿石可选性研究的基本任务，在于合理地解决矿产的工业利用问题。任何一个矿产的工业利用，都要经过从找矿勘探、设计建设到生产等三个阶段，每一阶段都可能需要做选矿试验，其深度和广度则各不相同。下面分别说明不同阶段对选矿试验的不同要求。

A　找矿勘探工作中的选矿试验

一个矿床是否具有工业利用价值，需从多方面进行评价，除了有用成分的储量大小以外，还必须考虑该矿床是否便于开采和加工。因而矿产的可选性是确定矿床工业利用价值的一项重要因素，在找矿勘探的各个阶段都可能要对矿产的可选性进行评价。

在找矿工作的前期——普查找矿阶段，包括矿点检查阶段，地质工作一般主要限于对地表露头的观察和研究，以及矿区地形地质图的草测，因而一般没有必要进行专门的矿石可选性试验，实际上也难以采到有足够代表性的试验样品供可选性试验用。矿产的可选性评价，主要是根据矿石物质组成的研究并与已开发的同类矿产对比。

初步勘探阶段，矿床的可选性评价必须通过试验。有的矿床，在找矿工作的后期，即矿区评价阶段，就希望开始做可选性评价试验。这两个阶段的可选性试验工作，可称为"初步可选性试验"，其要求是：能初步确定主要成分的选矿方法和可能达到的指标，以便据此评价该矿床矿石的选矿在技术上是否可行，经济上是否合理；并要求指出各个不同类型和品级的矿石的可选性差别，作为地质勘探工作者划分矿石类型和确定工业指标的依据；试验规模一般仅限于实验室研究。

勘探工作的后期——详细勘探阶段的任务，是对矿床作出确切的工业评价，并据此编写最终储量报告。此阶段对选矿试验的要求，就不仅是要解决矿床的工业利用的可能性问题，而且必须进一步确定矿石的加工工艺、合理流程和技术经济指标；除了要对不同类型和品级的矿石分别进行试验以外，通常还须对组合试样进行研究，以便确定各类矿石采用统一原则流程的可能性，并据此确定矿山的产品方案，因而试验的深度已与选矿厂设计前的试验工作无大区别。地质部门目前将此阶段的工作称为"详细可选性试验"。

B　选矿厂设计前的选矿试验

设计前的选矿试验，是选矿厂建设的主要技术依据，在深度、广度和精度上都应能满足设计的需要。应在详细方案对比的基础上，提出最终推荐的选矿方法和工艺流程，确切地提出各个试验阶段所能提出的各项技术经济指标，包括为计算流程、设备和各项消耗定额所必需的许多原始指标或数据。对于大型、复杂、难选的矿床，或实践经验不足的新工艺、新设备和新药剂，在实验室研究的基础上，一般都还要求进一步做中间规模或工业规模的试验。

C　生产现场的选矿试验

选矿厂建成投产之后，在生产过程中又会出现许多新的矛盾，提出许多新的问题，要求我们去进行新的试验研究工作，将生产水平推向新的高度。它包括：

(1) 研究或引用新的工艺、流程、设备或药剂，以便提高现场生产指标；

(2) 开展资源综合利用的研究；

(3) 确定该矿床中新矿体矿石的选矿工艺。

1.2　选矿试验的程序和试验计划的拟订

1.2.1　选矿试验的程序

选矿试验研究的程序一般为：

（1）由委托单位提出任务，说明要求，有时需编制专门的试验任务书；

（2）在收集文献资料和调查研究的基础上，初步拟订试验工作计划，进行试验筹备工作，包括人员的组织和物质条件的准备，并配合地质部门和委托单位确定采样方案；

（3）采取和制备试样；

（4）进行矿石物质组成和物理化学性质的研究，并据此拟订试验方案和计划；

（5）按照试验要求进行选矿试验；

（6）整理试验结果，编写试验报告。

有关的试验任务书、合同和试验计划等通常都必须经过一定的组织程序审查批准；最终试验报告亦必须逐级审核签字，有时还需组织专家评议和鉴定，然后才能作为开展下一步研究工作或建设的依据。

选矿试验研究的阶段，按规模可分为：

（1）实验室试验。试验在实验室范围内进行，所需的试样量较小，主要设备的尺寸均比工业设备小，一般是实验室型，有时是半工业型。试验操作基本上是分批的，或者说是不连续的。

（2）中间试验。包括实验室试验与工业试验间各类中间规模的试验。同实验室试验相比，其特点是设备尺寸较大，能比较正确地模拟工业设备，试验操作基本上是连续的（全流程连续或局部连续），试验过程能在已达到稳定的状态下延续一段时间，因而试验条件和结果均比较接近工业生产，并能查明和确定在实验室条件下无法查明和确定的一些因素和参数，如设备型号和操作参数，以及消耗定额等。为了进行中间试验，除了可利用实验室或试验车间中的连续性试验装置或半工业生产设备外，有时可能需要建立专门的试验厂——纯供试验用的试验厂或生产性的试验厂。

（3）工业试验。指在工业生产规模和条件下进行的试验。若试验的主要任务是考察设备，则试验设备的尺寸一般应与生产原型相同，即比例尺为1∶1。若试验任务主要是考察流程方案或药剂等工艺因素，而且已有足够的实践经验证明设备尺寸对工艺指标影响很小，则为了节省试验工作量，也可用较小号的工业型设备代替生产原型。若待建选矿厂有多个平行系列，试验只需在一个系列中进行。

1.2.2 试验计划的拟订

试验研究计划的目的是使整个试验工作有一个正确的指导思想、明确的研究方向、恰当的研究方法、合理的组织安排和试验进度，以便能用较少的人力和物力，得出较好的结果。计划应有灵活性，试验中常会出现难以预料的情况，下一步工作往往取决于上一步试验结果，计划必须考虑各种可能性，以便在试验过程中容易修改或补充。试验计划一般包括下列内容：

（1）试验的题目、任务和要求；

（2）试验方案的选择、技术关键、可能遇到的问题和预期结果；

（3）试验内容、步骤和方法，工作量和进程表；

（4）试验人员组织和所需的物质条件，包括仪器设备、材料和经费等；

（5）需要其他专业人员配合进行的项目、工作量和进程表，如岩矿鉴定计划和化学分析计划等。

　　试验计划的核心是试验方案。试验方案确定以后，才能估计出试验工作量和所需的人力、物力。因此，对试验方案须作详细论证。

　　此外，还可以试验计划为基础，按试验进程分阶段编制试验作业计划，其内容更为具体，包括试验所用的设备、条件和分析项目等。

　　试验计划的制订，要在调查研究的基础上进行。调查研究的内容包括以下几个方面：

　　（1）了解委托方对试验的广度和深度的具体要求，明确试验任务；

　　（2）了解该矿床的地质特征和矿石性质，以及过去所做研究工作的情况；

　　（3）了解矿区的自然环境和经济情况，特别是水、电、燃料和药剂等的供应情况，以及对环境保护的具体要求；

　　（4）深入有关厂矿和科研设计单位，考察类似矿石的生产和科研现状；

　　（5）查阅文献资料，广泛了解国内外有关科技动态，以便能在所研究的课题中，尽可能采用先进技术。

　　科学技术的迅速发展和文献情报资料数量的增多，使得即使是有经验的科技工作者也很难及时掌握甚至是属于本身工作领域内的科学技术发展的全部现状和动态。试验前的文献工作和实践调查将是整个研究工作中必不可少和非常重要的一环。文献检索可以利用各种检索工具，如各种索引和文摘。现代信息技术的飞速发展，为我们进行文献检索提供了更大的方便，通过电子文献、数据库、多媒体资源、Internet 等进行电子资源检索，将大大提高检索的效率。

学 习 情 境

　　本章以认识选矿试验为载体，通过在矿产开发利用的找矿勘探、选矿厂设计前、生产现场的不同阶段进行不同的选矿试验，了解选矿试验的内容和目的、意义与任务；熟悉选矿试验的阶段与程序。

复习思考题

1-1　选矿试验的目的与特点是什么？

1-2　选矿试验的程序是什么？

1-3　选矿试验的阶段是如何划分的，各阶段的特点有哪些？

2 试样的采取和制备

2.1 矿床试样的采取

矿石可选性研究用原矿试样一般直接取自矿床；选矿产品，包括中间产品和尾矿产品试样，则通常取自生产现场。

根据矿产资源开发利用整体规划的任务，确定矿床采样的原则和制订矿床采样方案。特别是为建厂设计提供依据的实验室工艺流程试验矿样，应在地质勘探结束和矿山开拓方案初步确定的前提下进行采样。在编制采样设计之前，地质部门应提供完整的地质勘探资料；设计部门提出选矿技术方案、采样要求与矿区开采范围、开拓与采矿方案；选矿部门在对地质、采矿部门提供的有关资料全面了解、深入分析的基础上，与选矿试验委任部门协商确定采取矿样的个数，提出矿样的重量、粒度以及包装运送等要求。选矿科研单位原则上只对矿样负责。

2.1.1 采样要求

对采样工作的根本要求，是要求试样具有代表性。若试样代表性不足，试验结果就不能反映所研究矿床的真实可选性，而使整个试验工作失去价值。同时，在数量上则要求所采试样既能满足试验要求，又不能因盲目多采而加大采样工程量。

2.1.1.1 试样的代表性

A 试样的性质应与所研究矿体基本一致

（1）主要化学组分的平均含量（品位）和含量变化特征与所研究矿体基本一致。在采样时，不仅要使试样中主要化学组分的平均含量符合要求，而且要使所采试样的组成能反映所研究矿体中组分含量的变化特征。

（2）主要组分的赋存状态，如矿物组成、结构构造、有用矿物嵌布特性与所研究矿体基本一致。采样时除了对主要组分的含量必须有明确要求外，还须对反映主要组分赋存状态的一些其他主要指标提出具体要求。

（3）试样的物理化学性质基本一致，如矿石的碎散程度、含泥量等。

B 采样方案应符合矿山生产时的实际情况

所选采样地段应与矿山的开采顺序相符，矿山生产前期和后期的矿石性质差别很大时，需分别采样。所谓前期，对有色金属矿山是指投产后的前3~5年，对黑色金属是指投产后的前5~10年；矿床储量少，生产年限短的矿山，一般不考虑分期采样。

供设计用选矿试验样品的采样方案，应与矿山生产时的产品方案一致。所谓矿山的产品方案，是指今后矿山生产时准备产出几种原矿矿石分别送选矿厂处理。

试样中配入的围岩和夹石的组成和性质，以及配入的比率，也应与矿山开采时的实际情况一致；矿山开采时废石的混入率，取决于矿层或矿脉的厚度，以及所采用的采样方法。

$$混入率 = \frac{混入废石量}{采出矿石总量（包括废石）} \times 100\%$$

废石混入后，将造成矿石的贫化，使采出矿石品位低于采区地质平均品位。贫化率的计算方法如下：

$$贫化率 = \frac{采区矿石地质品位 - 采出矿石品位}{采区矿石地质品位 - 废石品位} \times 100\%$$

C 不同性质的试验对试样有不同的要求

对不同工业品级、不同自然类型的矿石分别采样进行可选性试验，还应注意实验室试验、半工业试验、工业试验对试样的不同要求。一般来说，规模不大的半工业试验样品的采样要求应与实验室试验样品基本一致；工业试验，以及某些规模较大的半工业试验（如试验厂试验）样品，则一般不可能与实验室实验试样同时采取。

2.1.1.2 试样的重量

各个阶段的选矿试验所需矿样重量取决于试验规模、目的、深度、矿石种类、性质、复杂程度、选矿方法、工艺流程、试验设备能力、试验连续时间以及采样工程的施工运输条件等。不同试验规模所需的试样重量可参考表 2-1。

表 2-1 不同试验规模矿样重量参考表

试验规模	矿石类型	试验方法	矿样重量/kg	备 注
可选性试验	单一磁铁矿 赤铁矿、有色金属矿 多金属矿 含稀有、贵重金属矿	磁选 浮选、焙烧磁选 浮选、磁浮联合选 浮选、浮重联合选	100~500 100~300 300~500 按稀有、贵重金属含量计算矿样重量	1. 矿床地质评价用； 2. 易选单金属矿小型选矿厂的设计依据
实验室流程试验	单一磁铁矿 赤铁矿、有色金属矿石 赤铁矿、有色金属矿石 多金属矿 含稀有、贵重金属矿	磁选 浮选、焙烧磁选 重选 浮选、浮重联合选 浮选、浮重联合选	200~400 500~1000 2000~3000 1000~1500 按稀有、贵重金属含量计算矿样重量	对易选矿石、国内有类似生产经验的均可作为设计依据

浮选试验的工作量主要用在寻找最优浮选工艺条件上，故可根据选别循环数和每个循环所需考查的工艺因素的数目来估计试验工作量。若为简单的单金属矿石，并采用单一的流程方案，则包括预先试验、条件试验和实验室流程试验在内，单元试验的个数不超过100个。因而单金属矿石浮选试验可只用 200~300kg 试样，而多金属矿石一般需 500~1000kg。重选试验主要工作是流程试验，每一次流程试验用样量与入选粒度、设备规格和流程的复杂程度有关。湿式磁选入选粒度与浮选相近，因而每一单元试验用样量也较少。由于试验工作量一般比浮选试验小，因而所需试样总量通常也比浮选少。实验室连选试验用试样量可根据试验规模和试验延续时间估算。工业试验用试样量同样取决于试验规模和试验延续时间，试验延续时间随试验任务的不同而差别很大，没有统一规定。

2.1.2 采样设计

采样设计的任务是，选择和布置采样点，进行配样计算，并据此分配各个采样点的采样量。

什么叫"采样点"：在地质勘探工作中，为了查明矿石化学组分的品位，并据此计算有用组分的储量，常需系统地采取化学分析试样。为了反映矿石的品位变化，要将所取试样划分为许多小的区段，每一个小的区段组成一个化学分析单样，或简称为"样品"。每一个样品的化验结果即代表该区段矿石各组分的品位，因而每一个样品所代表的区段即可看做一个采样点。

选矿试验样品的采取，是在已有地质资料的基础上进行的，因而没有必要像地质化验样那样沿整个勘探工程系统地采取，而只是从中选取一部分有代表性的地点，作为"采样点"。

采样点的布置应在对矿床地质综合研究的基础上，选择采样点的原则主要包括以下几个方面：

（1）选择采样点时，应充分利用矿山已有的勘探工程和采矿工程，尽量避免开凿专门的采样工程。

（2）必须考虑到矿石物理机械性质的代表性，如硬度、湿度、抗压强度、破碎程度及含泥量等的代表性。

（3）采样点的数量尽可能多些，但也要照顾到施工条件的限制。

（4）尽可能选择那些包含矿石类型和工业品级等矿石特征最多、最完善的勘探工程作为采样工程，布置采样点，以减少采样工作量。

（5）适当考虑采样施工和运输条件。在不影响矿样代表性的前提下，选择施工及运输条件较好的地方布置采样点。

2.1.3 采样方法

矿床采样的方法比较多，主要有刻槽法、剥层法、爆破法、方格采样法以及岩心劈取法等几种。

2.1.3.1 刻槽采样法

刻槽采样法就是在矿体上开凿一定规格的槽子，将槽中凿下的全部矿石作为样品。槽的断面规格较小时，可用人工凿取；规格较大时，可先用浅孔爆破崩矿，然后用人工修整，使之达到设计要求的规格形状。刻槽应当在矿物组成变化最大的地方布置，亦即是在垂直矿物走向的地方，所以刻槽的方向应垂直于矿体的走向，通常就是在厚度方向布置，并且尽可能使样槽通过矿体的全部厚度。刻槽的距离应保持一致，各槽的横断面应相等。

在地表探槽中采样时，样槽通常布置在槽底，有时也布置在壁上。在穿脉坑道中采样时，样槽通常布置在坑道的一壁；若矿体品位和特征变化很大，则须在两壁同时刻槽。选矿试样应尽量利用穿脉坑道采取。

根据矿床性质不同，刻槽形状也不同。当矿化比较均匀、矿体比较规则时，多采用平行刻槽；矿体不均匀时多采用螺旋状刻槽（图2-1）。

样槽断面形状有矩形和三角形两种，但常用矩形，因为三角形断面施工比较麻烦；槽

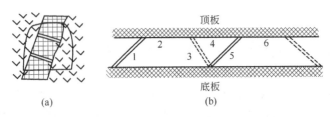

图 2-1 刻槽取样法取样位置示意图

(a) 平行刻槽；(b) 螺旋刻槽

的断面大小，视所需矿样重量及粒度而定。

2.1.3.2 剥层采样法

此法是在矿体出露部分整个剥下一薄层矿石作为样品，可用于矿层薄以及分布不均匀的矿床采样。剥层采样的剥层深度一般为 10~20cm。

假如在一个巷道内要取的矿样重量很大，而采样面积又很小，用刻槽法所取的样品量过少，不能满足需要时，应采用剥层法。

2.1.3.3 爆破采样法

爆破采样法一般是在勘探坑道内穿脉的两壁、顶板上，按照预定的规格打眼放炮爆破，然后将爆破下的矿石的全部或缩分出一部分作为样品。此法用于要求试样量大以及矿石品位分布不均匀的情况，并且仅用于采取工业试验样品。采样规格视具体情况而定，通常长和宽为 1m 左右，深度多为 0.5~1.0m。

2.1.3.4 方格采样法

方格采样法应用于采样面积较大而采样量又不多的情况，其方法是在采样的面上划上格网，从格网交点采样。格网可以是菱形的、正方形的、长方形的。采样点个数视矿化的均匀程度及采样面积的大小而定。若矿化不均匀或矿石成分复杂，则采样点就要多，其间距也要小些。圈定格网范围时，应当包括现有的采矿方法条件下可能采下来的、不符合工业品级要求的脉石部分。

2.1.3.5 岩心劈取法

当以钻探为主要勘探手段时，试验样品可以从钻探岩心中劈取。劈取时是沿岩心中心线垂直劈取二分之一或四分之一作为样品，所取岩心长度均应穿过矿体的厚度，并包括必须采取的围岩及夹石。由于地质勘探时已劈取一半岩心作为化验样品，取可选性研究试样时往往只能从剩下的一半中再劈取一半。劈取时要注意使两半矿化贫富相似，不能一半贫一半富。

岩心劈取法能取得的试样量有限，一般只能满足实验室试验的需要。全部用钻探法勘探的矿区，若收集的岩心不能满足试验的需要，则尚须为采样掘进专门的坑道，这种坑道一般应垂直于矿体走向。

2.1.4 采样施工注意事项

采样施工注意事项为：

（1）坑道采样时，不论采用何种采样方法，均应事先清理工作场地，并检查采样工作面矿体上有无风化现象。矿体表面有风化壳时应预先剥去，易氧化的矿石，应尽量避免在探槽或老窿中采样。

（2）在采样、加工、运输过程中，都要注意防止样品的散失和污染，特别是要防止油质污染。对于易氧化变质的矿石，要注意防止水浸和雨淋。

（3）不同采样点采出的试样，应分装分运，包装箱要结实，做到不漏不潮，每个试样箱内外都要有说明卡片，最后还必须填写采样说明书，连同样品一起送试验单位。

（4）在未采过化学分析试样的专门工程中采取选矿试样时，要先采取化学分析试样，并进行地质素描，在肯定了该点的代表性后，再采取选矿试样；在已采过化学分析试样的原有勘探工程中采样时，也应将采得的样品在当地取样化验，检验品位是否符合采样设计要求。

（5）在采取选矿试样的同时，还要按矿石类型各取一套有代表性的矿石和围岩鉴定标本，与选矿试样同时交试验单位。

（6）地质、采矿部门也需采取物理、机械性质试样时，可同时采取。

2.2 选矿厂取样

2.2.1 选矿厂取样的目的

任何一个选矿过程与取样总是分不开的，因为只有采用相应的测试，才能确定原矿和选矿产品的质量，计算工艺指标。所以，在选矿厂的生产和选矿试验中，为检查、控制和分析、研究选矿工艺过程，为设计和生产提供原始技术数据，要对一系列产品及辅助物料进行采样。

随着选矿方法的不同，选矿工艺操作条件的检查、控制的范围略有差异，一般包括：

（1）入厂原、材料（矿石、药剂及其他消耗材料）和出厂产品的品种、数量的质量标准的取样检查。

（2）粒度分析：矿山来矿石块度、碎矿最终产品的粒度、磨矿细度、分级机或旋流器溢流细度等。

（3）矿浆浓度测定：主要有磨矿浓度、分级机或旋流器溢流浓度、入选矿浆浓度等。

（4）水分测定：原矿、精矿。

（5）品位分析：原矿、精矿、尾矿的班样及快速样的品位。

（6）浮选矿浆酸碱度测定。

（7）药剂等。

2.2.2 选矿厂取样方法

按取样对象不同，可分为静置物料和流动物料取样。不同的取样对象需要用不同的取样方法。

2.2.2.1 静置料堆的取样

在选矿厂，大量的采样工作是静置物料的取样。它包括块状料堆（矿石堆或废石堆）和细磨料堆（尾矿堆与精矿堆）的取样。

A　块状料堆的取样

矿石堆或废石堆是在生产过程中逐渐堆积形成的，物料的性质在料堆的长、宽、深三个方向上都是变化的，再加上物料的粒度大，因而取样工作比较麻烦。常用的方法有舀取法和探井法。

a　舀取法（挖取法）

舀取法是在料堆表面一定地点挖坑取样，所以又称挖取法。当料堆是沿长度方向逐渐堆积时，通过合理地布置取样点即可保证矿样的代表性。反之，当物料是在一定地点沿厚度方向逐渐堆积，以致物料组成沿厚度方向变化很大时，表层舀取法的代表性将很差。这时只能增加取样坑的深度，然后将挖出的物料缩分出一部分作为试样。

影响舀取法取样精度的主要因素有：

（1）矿块粒度、矿块中有用成分的分布均匀性及其按粒度和密度的析离作用、物料组成沿料堆厚度方向分布的均匀程度；

（2）取样网的密度和取样点的个数；

（3）各点的取样量。

b　探井法

探井法是在料堆的一定地点挖掘浅井，然后从挖出的物料中缩分出一部分作为试样。由于取样对象是松散物料，因而在挖井时必须对井壁进行可靠的支护，所以取样费用比较大。

探井法的主要优点是可沿料堆全厚取样，但由于工程量大，取样点的数目不能很多，因而沿长度方向和宽度方向的代表性不及舀取法。为此，在用探井法取样时，取样点的选择必须慎重，了解料堆堆积的历史，借以估计料堆组成的变化情况，必要时还可先用舀取法采取少量试样进行化学分析，作为选择取样点的依据。

B　细磨料堆的取样

此种物料一般采用探管法（又称探针法）取样，如图2-2所示。先将矿堆或矿车中的细粉物料划出若干个取样点，然后在取样点上将探管由上而下地插入底部，矿样即进入探管内，拔出探管后将样品倒出。

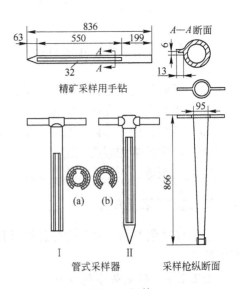

图2-2　探管

a　精矿取样

精矿取样包括对精矿仓中堆存的精矿和装车待运的出厂销售精矿的取样。

精矿是经过磨碎的物料，粒度细、均匀、级差小，因此可以不考虑粒度引起的析离作用。通常用探管取样，取样点均匀布置在精矿所占的面积内。

b　尾矿取样

尾矿取样通常是在尾矿池（库）中进行。常用的方法是钻孔取样，可以是机械钻，也可以是手钻、或者是用普通的钢管人工钻孔取样。

取样的精度主要取决于取样网的密度，取样点之间的距离为 0.5~1.0m。一般沿整个尾矿池的表面均匀布点，然后全深钻孔取样。由于尾矿池的面积较大，取样点多，采出矿样的数量大，因此需要根据不同的用途，混匀缩分，得出合适的所需重量作为试样。

2.2.2.2 流动物料的取样

流动物料是指运输过程中的物料，包括用矿车运输的原矿，皮带运输机和其他各种运输设备上的干矿，给矿机和溜槽中的料流以及流动中的矿浆。

流动物料的取样方法有纵向（顺流）截取法和横向（断流）截取法。

纵向（顺流）截取法是将运动着的物料顺着流向分成若干小股，然后将其中的一股或几股取为试样（图 2-3a），这种方法只在物料相当均匀的情况下采用。横向（断流）截取法就是每隔相等的一段时间，在垂直于物流的运动方向截取少量物料作为试样（图 2-3b）。用横向截取法取样，横截整股物料流，粒度偏集和密度偏集等现象所引起的物料的不均匀性对试样的代表性影响不大；取样的精度主要取决于料流组成的变化程度和截取频率。所以，横向截取法是选矿厂中最常用、最精确的流动物料取样方法。

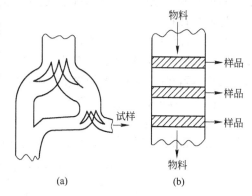

图 2-3　截取法取样示意图
（a）纵向截取法；（b）横向截取法

A　抽车取样

当原矿石是用小矿车运来选厂时，可用抽车法取样。一般每隔 5 车、10 车或 20 车抽一车，间隔大小主要取决于取样期间来矿的总车数，而在较少程度上取决于所需的试样量。

对原矿抽车取样实质上是从矿床取样，抽车只是一种缩分方法，取样的代表性主要取决于矿山运来的矿石本身是否能代表所研究的矿床或矿体。

抽车取样主要是为半工业或工业试验提供试验矿样；同时，也可从中测定矿山采出矿石的原始粒度、含水量和含泥量等有关基本数据。

B　在运输胶带上取样

在选矿厂中载于皮带运输机上的松散固体物料，多系原矿石，常采用横向截流法取样。取样地点一般设在磨矿机的给矿皮带上，假如磨矿之前还有选别作业，就在选别作业前最后一段破碎产品的运输皮带上取样；中间产品取样，就在相应的皮带运输机的输送皮带上进行。总的原则是在不违背试验要求的前提下，应待矿石破碎到较小粒度时再取样，这时，取样的代表性较好，加工制作的工作量亦小些。

取样方式可用人工取样，即利用一定长度的刮板，每隔一定时间（一般为 15~30min）垂直于料流运动方向，沿料层全宽和全厚均匀地刮取一份物料作为试样。取样总时间为一个班至几个班。

C 矿浆取样

试样可用人工截取，也可用机械取样机采取。最常用的人工取样工具为带扁嘴的取样壶和取样勺（图2-4），它截取量小而容积大，因而在截流时允许停留较长时间，而又不致将矿浆溢出。其结构特点是口小底大，储量多，样品不易溅出，又便于把样品倾倒出来，适用于流动性较好的矿浆取样，如分级机、旋流器的溢流、细磨的原矿、精矿、尾矿等矿浆样和选矿中间产品。当取样量较大时，也可直接用各种敞口的大桶接取。所用的桶应尽可能深一些，以免接入桶中的试样被液流冲出，破坏试样的代表性。

取样壶（图2-4c）适用于流量较大的矿流点取样，如具有一定落差的矿流沟和磨矿排矿物料的取样。取样壶（图2-4d）适用于流量较小的垂直下流矿流点的取样，如对摇床的中、尾矿的取样。

如果对任何槽内（如浓密机）的矿浆取样，可采用人工密封取样壶（图2-4f）。该取样壶可以采取槽内任何深度上的样品。取样壶固定在一根长杆上，杆上有刻度，根据刻度可以确定圆形容器在矿浆中沉下的深度。圆形容器2上有顶盖4、橡皮垫圈5，起密封作用，以免取样壶沉入矿浆时，矿浆渗入圆形容器内。在长杆1沉下到需要的深度时，通过丝绳3打开顶盖4，此时矿浆进入圆形容器2。在打开顶盖4时从矿浆中冒出气泡，根据气泡的有无可以判断矿浆是否充满圆形容器，然后把丝绳3放下，盖好顶盖，将取样壶提出来。

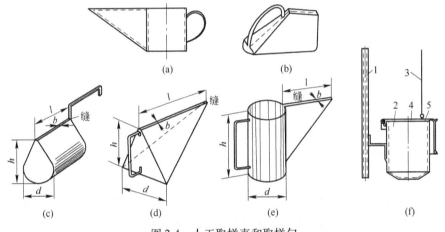

图2-4 人工取样壶和取样勺

人工取样应注意以下问题：

（1）为了保证能沿料流的全宽和全厚截取试样，取样点应选在矿浆转运处，如溢流堰口、溜槽口和管道口，而不要直接在溜槽、管道或贮存容器中取样。取样时，应将取样勺口长度方向顺着料流，以便保证料流中整个厚度的物料都能截取到；然后使取样勺垂直于料流运动方向均速往复截取几次，以保证料流中整个宽度的物料都能均匀地被截取到。

（2）取样器勺口的宽度不小于最大矿粒直径的3~4倍。

（3）截取试样的时间间隔必须相等，取样间隔一般为15~30min，取样总时间至少为一个班。在采取大量代表性试样时，为了能反映三个班组的波动，取样总时间应不少于三个班。

（4）每个取样点必须单独使用专门备设的取样器。

（5）试样倒出后，必须清洗取样器，清洗水也应并入试样中，若该试样作水分测定，加入的清水须计量。

若物料在贮存过程中容易氧化，且对试验有影响，取样时间只能缩短。因而对容易氧化的硫化矿的浮选试验，一般不宜采用矿浆试样作为长期研究的试样。在现场实验室，为了考察和改进现有生产而必须采取矿浆试样做浮选试验时，只能是随取随用，并且只能采用湿法缩分，而不允许将试样烤干。

所有为选矿试验单独采取的试样，均应与当班的生产检查样对照，核对其代表性是否充分。

2.3 试样的制备

矿石可选性研究，是由一系统的分析、鉴定和实验组成。研究前，要求将取得的原矿试样进行破碎，缩分成许多单份试样，以供各种分析、鉴定和试验项目使用，这项工作称为试样的制备或加工。制备的这些单份检测样和实验样，不仅在数量上应满足各项具体检测和实验工作的要求，而且必须在物质组成特性方面仍能代表整个原始试样。

2.3.1 试样缩分流程的编制

反映试样破碎和缩分等整个程序的流程，称为试样缩分流程。

编制试样缩分流程应注意三点：

（1）首先要确定本次试验需缩分出哪些单份试样，其粒度和重量的要求如何？以保证所制备的试样能满足全部试验项目的需要。

（2）根据试样最小重量公式，算出不同粒度下为保证试样的代表性所必需的最小重量，据此可知道在什么粒度下可直接缩分，在什么粒度下要破碎使粒度变小后才能缩分。

（3）尽可能在较粗粒度下分出储备试样，以便今后能根据需要再制备出不同粒度的试样，并注意避免试样在储存过程中氧化变质。

2.3.1.1 试样的粒度要求

岩矿鉴定标本一般直接取自矿床。供矿物显微镜定量，光谱分析、化学分析、物相分析、试金分析等用的试样，从破碎到小于 1~3mm 的样品中缩取。

重选试样的粒度，取决于预定的入选粒度。若入选粒度尚未确定，则可根据矿石中有用矿物的嵌布粒度，估计可能的入选粒度范围，制备几种不同粒度上限的试样，供选矿试验作方案比较用。

实验室浮选和湿式磁选试样，均破碎到实验室磨矿机的给矿粒度，即一般小于 1~3mm。对易氧化的硫化矿石的浮选试样，只能一次准备一批供短时间内使用的试样，其余则应在较粗的粒度下保存。

2.3.1.2 试样最小必需量的确定

试样最小必需量（就是最小必需质量，按工程习惯，也称最小必需重量），指的是为保证一定粒度散粒物料试样代表性所必需取用的最小试样量。

为保证试样的代表性所必需的试样最小重量，不同粒度可按下列经验公式计算

$$q = kd^a$$

（2-1）

式中　q——为保证试样的代表性所必需的试样最小重量，kg；

　　　d——试样中最大块的粒度，mm；

　　　a——表示 q 与 d 之间函数关系特征的参数；

　　　k——矿石性质系数，与矿石性质有关。

a 值理论上应为3，实际取值范围为 1~3，选矿工艺上最常用的 a 值为2。

影响 k 值大小的因素有：

（1）矿石中有用矿物分布的均匀程度，分布愈不均匀，k 值愈大；

（2）矿石中有用矿物颗粒的嵌布粒度，嵌布粒度愈粗，k 值愈大；

（3）矿石中有用矿物的含量愈高，k 值愈大；

（4）有用矿物密度愈大，k 值愈大；

（5）试样品位允许误差愈小，k 值愈大。

具体矿产的 k 值，可借助于类比或通过试验确定。

2.3.1.3　试样缩分流程示例

【例 2-1】图 2-5 为某粗细不均匀嵌布白钨矿的试样缩分流程。原始重量 $Q_0 = 2000\text{kg}$，原始粒度 $d_0 = 50\text{mm}$。原矿品位 $\alpha = 0.5\%\text{WO}_3$，相当于 $0.653\%\text{CaWO}_3$。白钨矿基本完全单体解离粒度 $d_1 = 0.4\text{mm}$。可能采用的选矿方法有重选和浮选。利用经验公式（2-1）计算试样最小重量，取 $k = 0.2$。

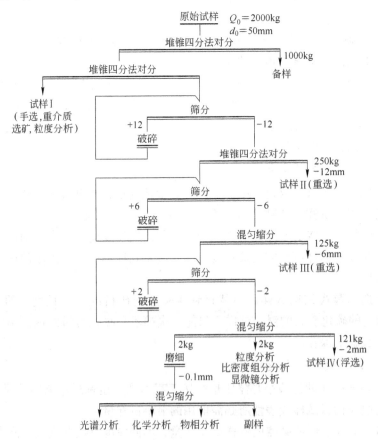

图 2-5　粗粒嵌布矿石试样缩分流程示例

物质组成研究试样按一般要求准备，除大块的岩矿鉴定标本是从原样中拣取以外，其余分析试样均从破碎到-2mm的产品中缩取，其中光谱分析、化学分析、试金分析试样需磨细到-0.1mm，所有的分析试样都要保留副样。

原矿粒度分析和预选试样从未破碎的原样中直接缩取。

由矿石中有用矿物嵌布特性资料判断，本试样破碎至12mm左右，即有可能使部分有用矿物单体解离。因而重选的入选粒度估计为12~6mm，决定制备两种不同粒度上限的试样供试验对比，即图中的试样Ⅱ（12~0mm）和试样Ⅲ（6~0mm）；另准备一部分2~0mm的试样Ⅳ供直接浮选方案用。须注意的是，这三种试样虽然粒度不同，但都是从原矿中直接缩取的，因而都能代表原矿，平行用于不同方案的对比试验。决不可用由-12mm试样筛成的12~6、6~2、2~0mm三个不同粒级来代替上述三种试样，因为这三种粒级的物料都只能代表原矿中的一个组成部分，而不能代表整个原矿的性质。

在原始粒度 $d_0 = 50$mm 下，为了保证试样的代表性，试样最小重量应为：

$$q_0 = kd_0{}^2 = 0.2 \times 50^2 = 500 \text{kg}$$

现原始重量 $Q_0 = 2000$kg，故可直接对分两次。第一次分出1000kg为备样，第二次分出500kg供粒度分析或手选和重介质选矿试验用，其余500kg用以制备其他试样。

岩矿鉴定结果表明，入选粒度不会大于12mm，因而可将此500kg试样直接破碎到小于12mm，在此粒度下，试样最小重量为：

$$Q_2 = kd_2{}^2 = 0.2 \times 12^2 = 28.8 \text{kg}$$

说明当试样破碎到-12mm时，为保证试样的代表性所需的试样重量已不大，已小于重选试验的实际需要量。流程图中试样Ⅱ和试样Ⅲ的重量，都是根据试验的需要确定的，远大于为保证代表性所必需的最小重量。

浮选试样的粒度上限 $d_4 = 2$mm，必需的最小重量：

$$Q_4 = kd_4{}^2 = 0.2 \times 2^2 = 0.8 \text{kg}$$

实际取1kg 1份。

化学分析等分析试样所需重量均远小于0.8kg，故必须细磨后再缩取。此外，分析操作本身一般也要求将试样细磨至-0.1mm左右。

细粒嵌布矿石的试样缩分流程比较简单。例如，对于只准备进行浮选和湿式磁选试验的试样，除物质组成研究试样以外，一般只需要制备一种粒度的选矿试样，即符合实验室磨矿机给矿粒度的试样，只是备样仍希望在较粗粒时分出。

需洗矿或预选的矿石，其试样缩分流程稍复杂一些。

已确定需要洗矿的含泥矿石，一般在试样制备过程中即须先洗矿，原因是含泥矿石黏度大，破碎和缩分都很困难。洗出的矿泥，若经化验证明可以废弃，即可单独储存，不再送下一步加工和试验；否则，必须同其他洗矿产品一起，分别按试验流程加工。

需要预选（手选或重介质选矿）丢废石的矿石，也必须首先预选，然后将丢去废石后的"合格矿石"按一般缩分流程加工。围岩可根据化验结果决定应废弃还是需进一步加工试验。预选时洗出的矿泥或细粒不能丢弃，必须并入到流程中的相应产品里去，必要时也可单独试验研究。

2.3.2 试样加工操作

试样加工包括四道工序：筛分、破碎、混匀、缩分。为了确保试样的代表性，每一项操作必须严格而又准确地进行。

2.3.2.1 筛分

破碎前，往往要进行预先筛分，以减少破碎工作量。试样破碎后要进行检查筛分，将不合格的粗粒返回。粗碎作业，如果试样中细粒不多，而破碎设备生产能力较大，就不必预先筛分。

粗粒筛分可用手筛，细粒筛分常用机械振动筛。筛孔尺寸应尽可能与该类矿石生产习惯一致。一般应备有筛孔尺寸为 150、100、70、50、35、25、18、12、6、3、2、1 mm 的一整套筛子，供试验选用。

2.3.2.2 破碎

实验室第一、第二段破碎一般用颚式破碎机。第一段破碎机的规格为 250mm×100 (125) mm 或 200mm×150mm，第二段破碎机的规格为 100mm×60mm。第三段（有时还有第四段）破碎，通常采用对辊机，规格一般为 ϕ200mm×75mm 或 ϕ200mm×125mm，需经反复闭路操作，才能将最终粒度控制到小于 1~3mm。制备分析试样，可用盘磨机，规格有 ϕ150、175、200mm 等；也可用实验室球磨机。

2.3.2.3 混匀

破碎后的矿样，缩分前要将矿样混匀，这是很关键的一环。常用的混匀方法有以下三种。

A 移锥法

此法用于大量物料的混匀，主要用于粒度不大于 50~100mm，100~500kg 试料的混匀。移锥法就是用铁铲将矿样在钢板或扫净的水泥地上堆呈锥状的矿堆。具体操作过程是：先将矿样以某一点为中心，分别把待混的矿样往中心点徐徐倒下，形成第一次圆锥形矿堆；进行混矿的两人，彼此互成 180°角度站在圆锥两旁，从圆锥直径的两端用铲子由锥底将矿样依次铲取，放在距锥形堆一定距离的另一个中心点，两人以相同速度沿同一方向进行，将矿样又堆成新的圆锥形矿堆，一般反复堆锥 3~5 次（取单数），即可将试样混匀。

B 环锥法

与上面移锥法类似，第一个圆锥堆成后，将其中心向四周耙成一个环形料堆，然后可自环外部将矿样再铲往中心点徐徐倒下，堆成新的圆锥形矿堆。如此 3~5 次，也可将矿样混匀，如图 2-6 所示。

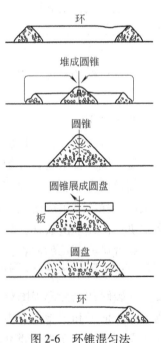

图 2-6 环锥混匀法

C 翻滚法

对于选矿产品、细粒及量少的试样采用此法。其操作过程是将试样放在胶布或漆布上，轮流地提起布的一角或相对的两角，使试样翻滚数次即可达到混匀的目的。若矿石中有用成分颗粒密度很大而含量很低，则有用成分在翻滚过程中将富集到试样的底层。这在下一步分样操作时必须注意。

2.3.2.4 缩分

混匀的试样要进行缩分，以达到所要求的样品重量，常用的缩分方法有以下几种：

（1）堆锥四分法：如图 2-7 所示，将混匀的试样堆成圆锥，然后用薄板切入矿堆一定深度后，旋转薄板将矿堆展成平截头圆锥，继而压平成饼状，然后用十字板或普通木板、铁板等沿中心十字线分割为四份，取其对角的两份合并为一份，虽称之为四分法，实际只将矿样一分为二。

（2）（二分器）法：多槽分样器通常用白铁皮制成，其外形如图 2-8 所示。它由多个向相反方向倾斜的料槽交叉排列组成，料槽倾角一般为 50°左右。料槽总数一般为 10~20个，过少不易分匀。此法主要用于中等粒度矿样的缩分，也可用于缩分矿浆试样。

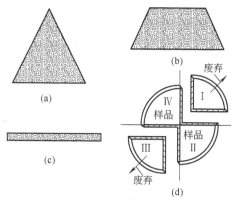

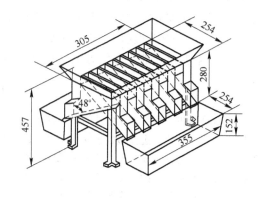

图 2-7 堆锥四分法
（a）试料堆成圆锥；（b）压成平截头圆锥；
（c）压成圆盘；（d）圆盘的平面图

图 2-8 多槽分样器

使用时，先将两个容器置于二分器的下部，再将矿样沿二分器上端的整个长度徐徐倒入，或者沿长度往返徐徐倒下，使试料分成两份，取其中一份为所需矿样。

（3）方格法：将试样混匀以后在胶布上摊平为一薄层，可以铺呈圆形（如图 2-9 所示）、方形或长方形，划分为许多小方格，然后用小勺或平底铲逐格取样。为了保证取样的准确性，必须做到以下几点：一是方格要划匀；二是每格取样量要大致相等；三是每铲都要铲到底。此法主要用于细粒矿样，可同时连续分出多个小份试样，因而常用于浮选、湿式磁选和分析试样的缩取。

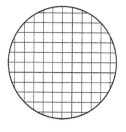

图 2-9 方格法缩分示意图

（4）割环法：浮选和湿式磁选等入选粒度较小的小份试样，除了用方格法以外，还有人习惯于用割环法缩取。其具体做法是：将用移锥法或环锥法混匀的试样，耙成圆环，然后沿环周依次连续割取小份试样。割取时应注意以下两点：一是每一个单份试样均应取自环周上相对（即相距 180°角）的两处；二是铲样时每铲均应从上到下、从外到里铲到底，而不能是只铲顶层而不铲底层，或只铲外缘而不铲内缘。为此目的，环周应尽可能大一些，而环带应尽可能窄一些，样铲的尺寸也应选择恰当，争取做到恰好每两铲即可组成一份试样。

同方格法相比，割环法分样速度较快，但每一单份试样仅取自两个取样点，而不像方格法那样取自许多点，因而对混样的均匀程度的要求更高。有用矿物颗粒密度大、嵌布粒度粗时，不宜采用此法。

学 习 情 境

本章以选矿试验所研究试样为载体，了解矿床采样要求，主要包括试样的代表性及试样的重量要求；了解矿床的采样设计与采样方法。

掌握选矿厂取样方法，特别是选矿厂流动物料的取样方法；掌握选矿厂矿浆人工取样设备的结构与取样的操作要点。

掌握试样缩分流程的编制方法、编制要点与注意事项，掌握试样最小必须量公式在试样缩分流程编制中的应用，以一个试样缩分流程的编制示例介绍试样缩分流程的编制内容与步骤；掌握试样加工操作方法，特别是试样的混匀与缩分的方法。

复习思考题

2-1 矿床采样的代表性主要体现的哪些方面？

2-2 什么是采样点，选择布置采样点要考虑哪些因素？

2-3 矿床采样方法有哪几种，各种采样方法的特点是什么？

2-4 选矿厂块状料堆的取样方法有几种，各种取样方法有何区别与联系？

2-5 选矿厂矿浆取样的操作要点是什么？

2-6 试样最小必需量公式的含义是什么，是如何应用的？

2-7 编制试样缩分流程时应注意哪几个方面？

2-8 试样加工操作方法中混匀与缩分的方法有哪几种，其操作要点是什么？

3 拟订选矿试验方案

3.1 矿石性质研究的内容和程序

选矿试验方案，是指选矿试验中准备采用的选矿方法、选矿流程和选矿设备等。正确地拟订选矿试验方案，首先必须对矿石性质进行充分的了解，同时还必须综合考虑以下几个方面的因素：

（1）矿区概况。如地质条件、气候、水源、能源和交通等。

（2）矿山开采方案。采矿方法和设备决定了今后选矿厂原矿的粒度特性和供矿方式，影响到破碎设备以及运输和仓储能力和选择；采矿顺序则对确定采样方案具有决定性意义。

（3）产品质量要求和市场状况。

（4）环境保护规范。环境保护方面的要求，往往会限制使用一些技术上明显有效、甚至经济上也似乎有利但于环保不利的工艺。

（5）文献资料和生产实践等。

矿石性质的研究内容极其广泛，所用方法多种多样，并在不断发展中。考虑到这方面的工作大多是由各种专业人员承担，并不要求选矿人员自己去做，因而，在这里只准备着重讨论三个问题，即：

（1）初步了解选矿试验研究所涉及的矿石性质研究的内容、方法和程序。

（2）如何根据试验的目的和任务提出对于矿石性质研究工作的要求。

（3）通过一些常见的矿产试验方案实例，说明如何分析矿石性质的研究结果，并据此选择选矿方案。

3.1.1 矿石性质研究的内容

矿石性质研究的内容取决于各具体矿石的性质和选矿研究工作的深度，一般包括以下几个方面：

（1）化学组成的研究。其内容是研究矿石中所含化学元素的种类、含量及相互结合情况。

（2）矿物组成的研究。是研究矿石中所含的各种矿物的种类和含量，有用元素和有害元素的赋存形态。

（3）矿石结构构造、有用矿物的嵌布粒度及其共生关系的研究。

（4）选矿产物单体解离度及其连生体特性的研究。

（5）粒度组成和比表面的测定。

（6）矿石及其组成矿物的物理、化学、物理化学性质以及其他性质的研究。其内容主要有密度、磁性、电性、形状、颜色、光泽、发光性、放射性、硬度、脆性、湿度、氧化程度、吸附能力、溶解度、酸碱度、泥化程度、摩擦角、堆积角、可磨度、润湿性、晶体构造等。

矿石性质的研究不仅包括对原矿试样的性质进行研究，也包括对选矿产品的性质进行考察，只不过前者一般在试验研究工作开始前就要进行，而后者是在试验过程中根据需要逐步去做。二者的研究方法也大致相同，但原矿试样的研究内容要求比较全面、详尽，而选矿产品的考察通常仅根据需要选做某些项目。

3.1.2　矿石性质研究程序

矿石性质研究须按一定程序进行，一般可按图 3-1 进行。

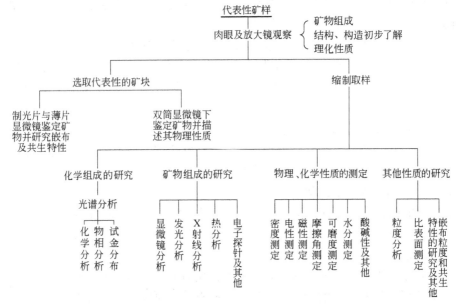

图 3-1　矿石性质研究的一般程序

但研究程序也不是一成不变的，如对于简单的矿石，根据已有的经验和一般的显微镜鉴定工作即可指导选矿试验。

3.2　矿石物质组成研究的方法

矿石的化学组成、矿物组成和结构构造以及矿石和矿物的工艺性质，是制定选矿方案的基本依据。矿石的化学组成研究和矿物组成研究合称矿石的物质组成研究，其研究方法可分为元素分析和矿物分析两大类。在实际工作中经常借助于粒度分析（筛析、水析）、重选（摇床、溜槽、淘砂盘、重液分离、离心分离等）、浮选、电磁分离、静电分离、手选等方法预先将物料分类，然后进行分析研究。

3.2.1　元素分析

元素分析的目的是为了研究矿石的化学组成，查明矿石中所含元素的种类、含量，分清其中哪些是主要的，哪些是次要的，哪些可能有用，哪些可能有害。元素分析通常采用光谱分析、化学分析等方法。

（1）光谱分析。光谱分析是根据矿石中的各种元素经过某种能源的作用发射不同波长的光谱线，通过摄谱仪记录，然后与已知含量的谱线比较而得知矿石中含有哪些元素的分析方法。

光谱分析能迅速而全面地查明矿石中所含元素的种类及其大致含量范围，不至于遗漏某些稀有、稀散和微量元素。因而选矿试验常用此法对原矿或产品进行普查，查明了含有哪些元素之后，再去进行定量的化学分析。这对于选冶过程考虑综合回收及正确评价矿石质量是非常重要的。

光谱分析的特点是灵敏度高，测定迅速，所需用的试样量少（几毫克到几十毫克），但精确定量时操作比较复杂，一般只进行定性及半定量分析。

有些元素，如卤素和 S、Ra、Ac、Po 等，光谱法不能测定；还有一些元素，如 B、As、Hg、Sb、K、Na 等，光谱操作较特殊，有时也不做光谱分析，而直接用化学分析方法测定。

（2）化学全分析和化学多元素分析。化学分析方法能准确地定量分析矿石中各种元素的含量，据此决定哪几种元素在选矿工艺中必须考虑回收，哪几种元素为有害杂质需将其分离。因此化学分析是了解选别对象的一项很重要的工作。

化学全分析是为了了解矿石中所含全部物质成分的含量，凡经光谱分析查出的元素，除痕迹外，其他所有元素都作为化学全分析的项，分析之总和应接近 100%。

化学多元素分析是对矿石中所含多个重要和较重要的元素的定量化学分析，不仅包括有益和有害元素，还包括造渣元素。如单一铁矿石可分析全铁、可溶铁、氧化亚铁、S、P、Mn、SiO_2、Al_2O_3、CaO、MgO 等。

金、银等贵金属需要用类似火法冶金的方法进行分析，所以专门称之为试金分析，实际上也可看做是化学分析的一个内容，其结果一般合并列入原矿的化学全分析或多元素分析表内。

化学全分析要花费大量的人力和物力，通常仅对性质不明的新矿床，才需要对原矿进行一次化学全分析。单元试验的产品，只对主要元素进行化学分析。试验最终产品（主要指精矿或需要进一步研究的中矿和尾矿），根据需要，一般要做多元素分析。

下面以某铜矿为例，说明如何应用光谱分析和化学分析结果指导矿石可选性研究工作的问题。

【例 3-1】该铜矿样光谱分析和化学多元素分析结果分别见表 3-1 和表 3-2。

由表 3-1 所列光谱分析结果看出，矿石中主要有用成分为铜和锌，有可能综合利用的为铅和银，钴需要进一步用化学分析检查，铁要在了解了它的存在形态之后才能知道是否可以利用。此外，还可以看出，矿石中的主要脉石成分为硅铝酸盐，碱性的钙镁化合物不多，由此确定下一步化学分析的对象为：（1）有可能利用的金属为 Cu、Zn、Pb、Ag、Fe、Co；（2）主要脉石成分为 SiO_2、Al_2O_3、CaO、MgO；（3）光谱分析中未测定的重要元素有 S、P、Bi、Au 等。表 3-2 所列即为该矿样的化学多元素分析结果，据此可以进一步确定：（1）主要有用成分为铜；（2）选矿过程中可以综合回收的为黄铁矿；（3）金、银和钴含量较低，在选矿过程中不易单独回收，但有可能富集到选矿产品里，在冶炼过程中回收；（4）铅含量很低，可不考虑；锌虽然含量也较低，但由于可能进入铜精矿中成为有害于冶炼的杂质，因而在选矿过程中仍需注意；（5）脉石以石英为主。

表 3-1　某铜矿样光谱分析结果

元素	含量	元素	含量	元素	含量	元素	含量
铝	百分之几	钴	万分之几	锡	无	钙	千分之几
铍	无	硅	百分之几	银	有	锶	无
钒	无	镁	千分之几	铅	千分之几	钡	无
钨	无	锰	无	锑	无	钾	
铷	无	铜	百分之几	钛	无	钠	千分之几
锗	无	钼	痕迹	铬	无	锂	无
铁	百分之几	砷	无	锌	百分之几	铋	
镉	无	镍	无	锆	无		

表 3-2　某铜矿样化学多元素分析结果

分析项目	Cu	Pb	Zn	Fe	Co	Bi	S	P	SiO_2	Al_2O_3	CaO	MgO	Au	Ag
含量/%	1.52	0.055	0.68	13.50	0.01	0.007	9.50	0.02	60.66	7.28	0.60	2.38	0.5[①]	24.5[①]

①金和银的含量单位为 g/t。

3.2.2　矿物分析

光谱分析和化学分析只能查明矿石中所含元素的种类和含量，矿物分析则可进一步查明矿石中各种元素呈何种矿物存在，以及各种矿物的含量、嵌布粒度特性和相互间的共生关系。其研究方法通常为物相分析和岩矿鉴定。

（1）物相分析。物相分析是利用矿石中的各种矿物在各种溶剂中的溶解度和溶解速度不同，使矿石中各种矿物分离，从而测出试样中某种元素呈何种矿物存在和含量多少的分析方法。一般可对如下元素进行物相分析：

铜、铅、锌、锰、铁、钨、锡、锑、钴、镍、钛、铝、砷、汞、硅、硫、磷、钼、锗、铟、铍、铀、镉等。

选矿人员一般不需掌握物相分析的具体方法，但必须了解哪些元素可以做物相分析，每一种元素需要分析哪几个相，各种矿物的可选性怎样。

与岩矿鉴定相比较，物相分析操作较快，定量准确，但不能将所有矿物一一区分，更重要的是无法测定这些矿物在矿石中的空间分布以及嵌布、嵌镶关系，因而在矿石物质组成研究工作中只是一个辅助的方法，不可能代替岩矿鉴定。

由于矿石性质复杂，有的元素物相分析方法还不够成熟或处在继续研究和发展中，因此，必须综合分析物相分析、岩矿鉴定或其他分析方法所得资料，才能得出正确的结论。例如某铁矿石中矿物组成比较复杂，除含有磁铁矿、赤铁矿外，还含有菱铁矿、褐铁矿、硅酸铁或硫化铁，由于各种铁矿物对各种溶剂的溶解度相近，分离很不理想，分析结果有时偏低或偏高（如菱铁矿往往偏高，硅酸铁有时偏低）。在这种情况下，就必须综合分析元素分析、物相分析、岩矿鉴定、磁性分析等资料，才能最终判定铁矿物的存在形态，并据此拟订正确合理的试验方案。

（2）岩矿鉴定。通过岩矿鉴定可以确切地知道有益和有害元素存在于什么矿物之中；查清矿石中矿物的种类、含量、嵌布粒度特性和嵌镶关系；测定选矿产品中有用矿物单体解离度。

测定的常用方法包括肉眼和显微镜鉴定等。常用的显微镜有实体显微镜（双目显微镜）、偏光显微镜和反光显微镜等。

实体显微镜只有放大作用，是肉眼观察的简单延续，用于放大物体形象，观察物体的表面特征。观察时，先把矿石碎屑在玻璃板上摊成一个薄层，然后直接进行观察，并根据矿物的形态、颜色、光泽和解理等特征来鉴别矿物。这种显微镜的分辨能力较低，但观察范围大，能看到矿物的立体形象，可初步观察矿物的种类、粒度和矿物颗粒间的相互关系，估定矿物的含量。

偏光显微镜只能用来观察透明矿物。

反光显微镜在显微镜筒上装有垂直照明器，适用于观察不透明矿物，要求把矿石的观察表面磨制成光洁的平面，即把矿石制成适用于显微镜观察的光片。大部分有用矿物属于不透明矿物，主要运用这种显微镜进行鉴定。

在显微镜下测定矿石中矿物含量的方法主要有面积法、直线法和计点法三种，即具体测定统计待测矿物所占面积（格子）、线长、点子数的百分率，工作量都比较大。选矿试验中若对精确度要求不高，也可采用估计法，即直接估计每个视野中各矿物的相对含量百分比，此时最好采用十字丝或网格目镜，以便易于按格估计。经过多次对比观察积累经验后，估计法亦可得到相当准确的结果。应用上述各种方法都是首先得出待测矿物的体积百分数，乘以各矿物的密度即可算出该样品的矿物含量百分数。

有关显微镜的构造和使用、薄片和磨光片的制备以及具体的测试技术等，可参考有关地质和矿石学方面的书籍。

3.2.3 矿石物质组成研究中的某些特殊方法的应用

对于矿石中元素赋存状态比较简单的情况，一般采用光谱分析、化学分析、物相分析、偏光显微镜、反光显微镜等常用方法即可。对于矿石中元素赋存状态比较复杂的情况，需进行深入的查定工作，采用某些特殊的或新的方法，如扫描电镜测试、透射电镜测试、电子探针红外光谱测试、原子吸收光谱测试、X射线衍射分析、X射线光电子能谱检测等。

3.3 矿石性质与可选性的关系

3.3.1 有用和有害元素赋存状态与可选性的关系

有用和有害元素的赋存状态，决定着矿石的可选性。有用和有害元素在矿石中的赋存状态可分为如下三种主要形式：（1）独立矿物；（2）类质同象；（3）吸附形式。它们的赋存状态是拟订选矿试验方案的重要依据，因此研究它们的赋存状态是矿石性质研究中必不可少的一个组成部分。

3.3.1.1 独立矿物形式指有用和有害元素组成独立矿物存在于矿石中

包括以下三种情况：

（1）同种元素自相结合成自然元素矿物，称为单质矿物。常见单质矿物如自然金、自然银、自然铜、自然铋等。

（2）呈化合物形式存在于矿石中。两种或两种以上元素互相结合而成的矿物赋存于矿石中，这是金属元素赋存的主要形式，是选矿的主要对象，如铜、铁、硫组成黄铜矿；铁和氧组成磁铁矿；锌和硫组成闪锌矿等。同一元素可以一种矿物形式存在，也可以不同矿物形式存在。这种形式存在的矿物，有时呈微小珠滴或叶片状的细小包裹体赋存于另一种成分的矿物中，如闪锌矿中的黄铜矿，磁铁矿中的钛铁矿，磁黄铁矿中的镍黄铁矿等。元素以这种方式赋存时，对选矿工艺有直接影响，如某铜锌矿石中，部分黄铜矿呈细小珠滴状包裹体存在于闪锌矿中，要使这部分铜单体分离，就需要提高磨矿细度，但这又易造成过粉碎。当黄铜矿包裹体的粒度小于 $2\mu m$ 时，目前还无法选别，从而使铜的回收率降低。一些金属矿物中的贵金属包体，却可使这些矿物的精矿价值增高，甚至被看做是贵金属精矿，如含金黄铁矿。

（3）呈胶状沉积的细分散状态存在于矿石中。胶体是一种高度细分散的物质，带有相同的电荷，所以能以悬浮状态存在于胶体溶液中。由于自然界的胶体溶液中总是同时存在有多种胶体物质，因此当胶体溶液产生沉淀时，在一种主要胶体物质中，总伴随有其他胶体物质，某些有益和有害组分也会随之混入，形成像褐铁矿、硬锰矿等的胶体矿物。一部分铁、锰、磷等的矿石就是由胶体沉淀而富集的。由于胶体带有电荷，沉淀时往往伴有吸附现象。这种状态存在的有用成分，一般不易选别回收；以这种状态混入的有害成分，一般也不易用机械的方法排除。但是，同一是相对的，差异才是绝对的，由于沉淀时物质分布不均匀，这样就造成矿石中相对贫或富的差别，给用机械选矿方法分选提供了一定的有利条件。

3.3.1.2 类质同象形式

化学成分不同，但互相类似而结晶构造相同的物质，在结晶过程中，构造单位（原子、离子、分子）可以互相替换，而不破坏其结晶构造的现象，称为类质同象。如钨锰铁矿，其中锰和铁离子可以互相替换，而不破坏其结晶构造，所以 Fe^{2+} 和 Mn^{2+} 就是以类质同象的形式存在于矿石中。在晶体中，质点间互相替换的程度是不同的，有时可以无限地替换，例如钨铁矿（$FeWO_4$）中的 Fe^{2+} 可被 Mn^{2+} 顶替，若替换一部分则成（Fe，Mn）WO_4；如继续顶替，Mn^{2+} 超过 Fe^{2+} 时，则成（Mn，Fe）WO_4；直到完全顶替，成为钨锰矿（$MnWO_4$）。其成分变化可以示意如下：

钨铁矿　　　　　　钨锰铁矿　　　　钨锰矿

$FeWO_4 \rightarrow$（Fe，Mn）　　$WO_4 \rightarrow$（Mn，Fe）　　$WO_4 \rightarrow MnWO_4$

这种可以无限制替换的类质同象称为完全类质同象。有些矿物，晶体中一种质点被另一种质点替换，只能在一定范围内进行，例如闪锌矿中的 Zn^{2+} 可被 Fe^{2+} 顶替，但一般不超过 20%，这种有限制替换的类质同象，称为不完全类质同象。

类质同象混合物是矿石中微量元素的主要赋存状态之一。那些在自然界不构成或很少构成单独矿物的稀散元素就主要以这种形式存在于载体中，如铝矿物中的镓，闪锌矿中的铟、锗和镓，以及辉钼矿中铼等。类质同象混入物不能依靠浮选和各种物理选矿方法同载体分离，但可选入载体矿物精矿中，然后在冶金过程中回收。以类质同象混入物存在于脉石矿物中的有用元素将无法回收，以此形式存在于有用矿物中的有害杂质也不可能在选矿过程中排除。

3.3.1.3 吸附形式

某些元素以离子状态被另一些带异性电荷的物质所吸附，而存在于矿石或风化壳中，如有用元素以这种形式存在，则用一般的物相分析和岩矿鉴定方法查定是无能为力的。因此，当一般的岩矿鉴定查不到有用元素的赋存状态时，就应送去做 X 射线或差热分析或电子探针等专门的分析，才能确定元素是呈类质同象还是呈吸附状态。例如我国某花岗岩风化壳，过去曾做过化学分析，发现稀土元素的品位高于工业要求，但通过物相分析和岩矿鉴定等，都未找到独立或类质同象的矿物，因而未找到分离方法。以后经过专门分析，深入查定，终于发现了这些元素呈离子形式被高岭石、白云母等矿物吸附。

元素的赋存状态不同，处理方法及其难易程度也不一样。矿石中的元素呈独立矿物存在时，一般用机械选矿方法回收。除此之外，按目前选矿技术水平都存在不同程度的困难。如铁元素呈磁铁矿独立矿物存在，采用磁选法易于回收；然而呈类质同象存在于硅酸铁中的铁，通常机械选矿方法是无法回收的，只能用直接还原等冶金方法回收。

3.3.2 矿石的结构、构造与可选性的关系

矿石的结构、构造是说明矿物在矿石中的几何形态和结合关系。结构是指某矿物在矿石中的结晶程度，矿物颗粒的形状、大小和相互结合关系；而构造是指矿物集合体的形状、大小和相互结合关系。在一般的地质报告中都会对矿石的结构、构造特点给以详细的描述。

矿石的结构、构造特点，对于矿石的可选性同样具有重要意义，而其中最重要的则是有用矿物的颗粒形状、大小和相互结合的关系，因为它们直接决定着破碎、磨碎时有用矿物单体解离的难易程度以及连生体的特性。

嵌布粒度是指矿石中有用矿物和脉石矿物相互嵌镶的粒度关系，嵌布粒度特性是指矿石中矿物颗粒的粒度分布以及共生组合和嵌镶关系。嵌布粒度特性通常包括三层含义：1）矿物颗粒的粒度分布特性。凡矿物颗粒相对地集中于某一较小的粒度范围内的，称为等粒嵌布，否则称为不等粒嵌布。2）矿物颗粒在矿石中分布的均匀程度。分布不均匀，往往有利于选别。例如，若多种有用矿物颗粒相互毗邻，紧密共生，形成较粗的集合体分布于脉石基质中（称为集合体嵌布），就有可能在粗磨条件下丢尾，从而减少下段磨矿费用和选别作业处理的矿量。又如，胶体分散状沉积的矿石，如果有用矿物分布均匀，基本不可选；如果有用矿物和脉石矿物相对地富集于不同的层带中，就有可能用选矿方法分离富集。3）共生组合和嵌镶关系。它决定着破碎、磨矿产品中连生体的组成和性质，从而也决定着这些连生体在选矿过程中的可能走向、精矿的纯度和尾矿中有用成分的损失量。

3.3.2.1 矿石的类型

根据矿石中矿物颗粒的浸染粒度，矿石可大致划分为以下几个类型：

（1）粗粒嵌布。矿物颗粒的尺寸为 20~2mm，可用肉眼看出或测定。这类矿石可用重介质选矿、跳汰或干式磁选法来选别。

（2）中粒嵌布。矿物颗粒的尺寸为 2~0.2mm，可在放大镜的帮助下用肉眼观察或测量。这类矿石可用摇床、磁选、电选、重介质选矿、表层浮选等方法选别。

（3）细粒嵌布。矿物颗粒尺寸为 0.2~0.02mm，需要在放大镜或显微镜下才能辨认，只有在显微镜下才能测定其尺寸。这类矿石可用摇床、溜槽、浮选、湿式磁选、电选等方法选别。矿石性质复杂时，需借助于化学的方法处理。

（4）微粒嵌布。矿物颗粒尺寸为 20~2μm，只能在显微镜下观测。这类矿石可用浮选、水冶等方法处理。

（5）次显微嵌布。矿物颗粒尺寸为 2~0.2μm，需采用特殊方法（如电子显微镜）观测。这类矿石可用水冶方法处理。

（6）胶体分散。矿物颗粒尺寸在 0.2μm 以下，需采用特殊方法（如电子显微镜）观测。这类矿石一般可用水冶或火法冶金处理。

3.3.2.2 实际的矿石嵌布类型

实践中可能遇到的矿石嵌布粒度特性大致可分为以下四种类型：

（1）有用矿物颗粒具有大致相近的粒度（如图 3-2 中曲线 1），可称为等粒嵌布矿石，这类矿石可将矿石一直磨细到有用矿物颗粒基本完全解离为止，然后进行选别，其选别方法和难易程度则主要取决于矿物颗粒粒度的大小。

（2）粗粒占优势的矿石，即以粗粒为主的不等粒嵌布矿石（如图 3-2 中曲线 2 所示），一般应采用阶段碎磨、阶段选别流程。

（3）细粒占优势的矿石，即以细粒为主的不等粒嵌布矿石（如图 3-2 中曲线 3 所示），一般须通过技术经济比较之后，才能决定是否需要采用阶段破碎磨碎、阶段选别流程。

（4）矿物颗粒平均分布在各个粒级中（如图 3-2 中曲线 4），即所谓极不等粒嵌布矿石，这种矿石最难选，常需采用多段破碎磨碎、多段选别的流程。

3.3.2.3 晶粒形态和嵌镶特性

根据矿物颗粒结晶的完整程度，可分为：1）自形晶——晶粒的晶形完整；2）半自形晶——晶粒的部分晶面残缺；3）他形晶——晶粒的晶形全不完整。矿物颗粒结晶完整或较好，将有利于破碎、磨矿和选别。反之，矿物没有完整晶形或晶面，对选矿不利。

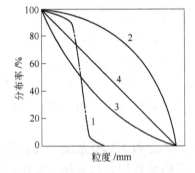

图 3-2 矿物嵌布粒度特性曲线

矿物晶粒与晶粒的接触关系称为嵌镶。如果晶粒与晶粒接触的边缘平直光滑，则有利于选矿；反之，如为锯齿状的不规则形状则不利于选矿。

由上可见，矿石中有用矿物颗粒的粒度和粒度分布特性，决定着选矿方法和选矿流程的选择，以及可能达到的选别指标，因而在选矿试验研究工作中，矿石嵌布特性的研究通常具有极重要的意义。

3.4 选矿产品的考察

3.4.1 选矿产品考察的目的和方法

3.4.1.1 磨矿产品的考察

目的是考察磨矿产品中各种有用矿物的单体解离情况、磨矿产品的粒度特性以及各个化学组分和矿物组分在各粒级中的分布情况。

3.4.1.2 精矿产品的考察

（1）研究精矿中杂质的存在形态、查明精矿质量不高的原因。考查多金属的粗精矿，可为下一步精选提供依据。例如某黑钨精矿含钙超过一级一类产品要求值 0.68% ~ 0.77%，查明主要是白钨含钙所引起，通过浮选白钨后，黑钨含钙可降至标准以内。

（2）查明稀贵和分散金属富集在何种精矿内（对多金属矿而言），为化学处理提供依据。如某多金属矿石中含有镉和银，通过考察，查明镉主要富集在锌精矿内，银主要富集在铜精矿中，据此可采用适当的化学处理方法加以回收。

3.4.1.3 中矿产品考察

（1）研究中矿矿物组成和共生关系，确定中矿处理的方法。

（2）检查中矿单体解离情况。如大部分解离即可返回再选；反之，则应再磨再选。

3.4.1.4 尾矿产品考察

考察尾矿中有用成分存在形态和粒度分布，了解有用成分损失的原因。

表 3-3 所列为某铜矿选矿厂的尾矿水析各级别化学分析和物相分析结果。由表中数据可以看出，铜品位最高的粒级是 $-10\mu m$，但该粒级产率并不大，因而铜在其中的分布率亦不大；铜品位占第二位的为 $+53\mu m$ 级别，该粒级产率较大，因而算得的分布率达30.56%，是造成铜损失于尾矿的主要粒级之一。至于 $-30+10\mu m$ 级别，虽然铜分布率达34.82%，但这是由于产率大所引起，铜品位却是最低的，不能把该粒级看做是造成损失的主要原因。再从物相分析结果看，细级别中次生硫化铜和氧化铜矿物比较多，粗级别中则主要是原生硫化铜矿物，说明氧化铜和次生硫化铜矿物较软，有过粉碎现象；而原生硫化铜矿物却可能还没有充分单体解离，故铜主要损失于粗级别中。这在选矿工艺上是常见的所谓"两头难"的情况。从铜的分布率来看，主要矛盾可能还在粗级别，适当细磨后回收率可能会有所提高。

表 3-3 某铜矿选矿厂尾矿水析结果

粒级 /μm	产率 /%	铜化学分析		铜物相分析，铜分布率/%			
		品位/%	分布率/%	氧化铜	次生硫化铜	原生硫化铜	共　计
+53	26.93	0.240	30.56	6.25	25.00	68.75	100.00
+40	8.30	0.222	8.70	3.15	22.54	74.31	100.00
+30	15.97	0.197	14.90	5.08	22.84	72.08	100.00
+10	42.03	0.175	34.82	12.57	40.00	47.43	100.00
-10	6.77	0.345	11.02	15.06	53.64	31.30	100.00
合　计	100.00	0.211	100.00				

从水析和物相分析结果可知，铜主要呈粗粒的原生硫化铜矿物损失于尾矿中。为了进一步考察粗粒级的原生硫化铜矿物为什么损失的原因，须对尾矿试样再做显微镜考察，其结果见表3-4，考察结果基本上证实了原来的推断，但原因更加清楚。粗级别中铜矿物主要是连生体，表明再细磨有好处。细级别中则尚有大量单体未浮起，表明在细磨的同时必须强化药方，改善细粒的浮选条件。除此以外还须注意，连生体中铜矿物所占的比率均小，再细磨后是否能增加很多单体，还需通过实践证明。

表 3-4　某铜矿选矿厂尾矿显微镜考察结果

	粒级/μm	+75	−75+53	−53+30	−30+10	−10
	单体黄铜矿/%	9.1	15.4	27.5	65.6	大部分
连生体	黄铜矿和黄铁矿毗连/%	51.0	30.4	27.0	8.5	个别
	黄铜矿在黄铁矿中呈包裹体/%	32.8	34.5	28.0	9.0	个别
	铜蓝和黄铁矿/%	0.5	9.5	3.5	1.0	个别
	其他[①]/%	6.6	9.2	14.0	15.9	—
铜矿物在连生体中的粒度和分布/%	−10μm	52.3	43.1	85.0	89.3	—
	−20+10μm	47.7	56.9	15.0	10.7	—

①其他栏包括其他铜矿物（如铜蓝）的单体和其他类型的连生体。

尾矿中所含连生体里，黄铜矿和黄铁矿毗连形式有利于再磨使其单体分离，而被黄铁矿包裹形式的连生体再磨时单体解离较难，这将对浮选指标有很大影响。

由上可知，选矿产品考察的步骤为：1）将产品筛析和水析；2）根据需要，分别测定各粒级的化学组成和矿物组成；3）测定各种矿物颗粒的单体解离度，并考察其中连生体的连生特性。由于元素分析和矿物分析问题前面已介绍，本节将着重讨论后两方面的问题。

3.4.2　选矿产品单体解离度的测定

选矿产品单体解离度的测定，用以检查选矿产品（主要指磨碎产品、精矿、中矿和尾矿等）中有用矿物解离成单体的程度，作为确定磨碎粒度和探寻进一步提高选别指标的可能性依据。

一般把有用矿物的单体含量与该矿物的总含量的百分比率称为单体解离度。计算公式如下：

$$F = \frac{f}{f + f_i} \times 100 \qquad (3-1)$$

式中　F——某有用矿物的单体解离度，%；

　　　f——该矿物的单体含量；

　　　f_i——该矿物在连生体中的含量。

测定方法是首先采取代表性试样，进行筛分分级，75μm以下须事先水析，再在每个粒级中取少量代表性样品，一般10~20g，制成光片，置于显微镜下观察，用直线法或计点法统计有用矿物单体解离个数与连生体个数；连生体中应分别统计出有用矿物与其他有用矿物连生或与脉石连生的个数。此外，还应区分有用矿物在连生体中所占的颗粒体积大小，一般分为1/4、1/2、3/4几类，不要分得太细，以免统计繁琐。一般每一种粒级观察统计500颗粒左右为宜。由于同一粒级中矿物颗粒大小是近似相等的，同一矿物其密度也是一样的，这样便可根据颗粒数之间的关系先分别算出各粒级中有用矿物的单体解离度，而后求出整个产品的单体解离度。

【例3-2】 某方铅矿的单体解离度测定，其结果如表3-5所示。

表3-5 单体解离度的测定

粒级/mm（目）	产率/%	方铅矿单体数	方铅矿连生体数					
			与闪锌矿连生			与脉石连生		
			占1/4	占1/2	占3/4	占1/4	占1/2	占3/4
0.175+0.147（-80+100）	27.85	220	24	60	25	12	20	8
-0.147+0.104（-100+150）	18.65	288	10	18	22		24	10
-0.104+0.074（-150+200）	29.67	236	10	16	8	6	12	
-0.074（-200）	23.83	227	4	8		9	5	

-0.175+0.147mm（-80+100目）粒级中方铅矿的单体解离度=

$$\frac{220}{220 + (24 \times \frac{1}{4} + 60 \times \frac{1}{2} + 25 \times \frac{3}{4}) + (12 \times \frac{1}{4} + 20 \times \frac{1}{2} + 8 \times \frac{3}{4})} = 74.89\%$$

同理 -0.147+0.104mm（-100+150目）粒级中方铅矿的单体解离度=85.84%

-0.104+0.074mm（-150+200目）粒级中方铅矿的单体解离度=90.77%

-0.074mm（-200目）粒级中方铅矿的单体解离度=95.88%

该矿物的总体单体解离度=

27.85%×74.89%+18.65%×85.84%+29.67%×90.77%+23.83×95.88%=86.65%

3.4.3 选矿产品中连生体连生特性的研究

考察选矿产品时，除了检查矿物颗粒的单体解离程度以外，还常需研究产品中连生体的连生特性。连生体的特性影响着它的选矿行为和下一步处理的方法。

研究连生体特征时，应对如下三方面进行较详细的考察：

（1）连生体的类型。有用矿物与何种矿物连生，是与有用矿物连生，还是与脉石矿物连生，或者好几种矿物连生。

（2）各类连生体的数量。有用矿物在每一连生体中的相对含量（通常用有用矿物在连生体中所占的面积分数来表示），各类连生体的数量，及其在各粒级中的差异。

（3）连生体的结构特征。主要研究不同矿物之间的嵌镶关系，大体有这几种情况，如图3-3所示。图3-3a型为甲（黑色）、乙（白色）两种矿物颗粒简单毗连，形成连生体的原因是矿粒尺寸大于矿物颗粒的粒度，再次破碎后就可能解离，连生体的选别行为取决于两种矿物比率。图3-3b型为乙矿物以壳状包于甲矿物外部，同样可指望依靠再磨使它解离，在物理场中的选别行为亦取决于两种矿物的组成比例，浮选行为则仅取决于乙矿物。图3-3c型连生体中甲矿物以薄膜覆盖于乙矿物上，量虽小却同样决定着整个矿粒的浮选行为。由于矿石实际上已经磨到使乙矿物单体颗粒所应有的粒度，因而再磨不仅经济上不合理，而且也难以使两种矿物彻底解离。图3-3d型和图3-3e型连生体中甲矿物的占有比例同图 3-3c 型一样很小，但选别行为均取决于作为主体矿物的乙矿物。后三种连生体从矿床成因上来说多半是交代蚀变或固溶体分离的产物，在铜、铅、锌多金属矿石选别产品中常可见到。

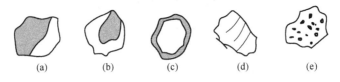

图 3-3　各种典型连生体

（a）简单毗连；（b）壳状；（c）膜状；（d）脉状；（e）微细包体

3.5　有色金属硫化矿选矿试验方案示例

3.5.1　某铅锌萤石矿选矿试验方案拟订实例

3.5.1.1　矿石性质研究资料分析

此矿属粗粒不等粒嵌布的简单易选硫化铅锌萤石矿。根据表 3-6 化学多元素分析和表 3-7 物相分析结果可知，主要回收对象为铅、锌、萤石，其他元素无工业价值。铅、锌主要以方铅矿和闪锌矿形式存在，铅、锌氧化率均在 10%以下。金属矿物呈粗粒不等粒嵌布，只有少量铅锌呈星点状嵌布于千枚岩中。大多数呈不规则粒状，其次呈自形和半自形立方体，并且大多数都是单独出现，在石英中呈粗粒或细粒嵌布。矿石以块状构造为主。因此，该矿石的嵌布特性和嵌镶关系、结构、构造等均有利于破碎、磨矿和选别，属于粗粒不等粒嵌布的简单易选硫化铅锌萤石矿。

表 3-6　某铅锌萤石矿化学多元素分析结果

名　称	Pb	Zn	PbO	ZnO	Cu	Fe	CaF_2	$CaCO_3$	$BaSO_4$	SiO_2	R_2O_3
含量/%	1.18	1.57	0.22	0.26	0.09	2.14	10.73	0.95	0.33	67.84	9.92

注：R 代表稀土元素。

表 3-7　某铅锌萤石矿物相分析结果

名　　称	铅含量/%	名　　称	锌含量/%
铅矾（$PbSO_4$）	0.0032	闪锌矿（ZnS）	1.530
白铅矿[$PbCO_3$（PbO）]	0.0420	铁闪锌矿（ZnFeS）	0.000
方铅矿（PbS）	1.0700	水溶性硫酸锌（$ZnSO_4$）	0.000
铅铁矾及其他[$PbO_4Fe_2(SO_4)_4Fe(OH)_3$]	0.0170	红锌矿（ZnO）	0.000
铬酸铅（$PbCrO_4$）	痕迹（0.00085）	菱锌矿（$ZnCO_3$）	0.000
		异极矿（$H_2Zn_2SiO_5$）	0.000

3.5.1.2　同类矿石的生产实践

国内选别铅锌矿以浮选法为主，方案有下列几种：混合浮选、优先浮选和少数选厂采用的等可浮流程，个别选厂还采用重选-浮选联合流程。

在国外仍以浮选为主，也有采用浮选-重选联合流程的，如用重介质预选铅、锌及铜矿，然后浮选。在选别流程上也以混合浮选、优先浮选为主。

混合浮选主要优点是能大大节省设备、动力和药剂消耗，但要选择适宜的分离方法，技术操作要求较严。

3.5.1.3 试验方案的选择

根据矿石性质，结合国内外选矿实践，处理该矿石可采用三个方案：

（1）优先浮选流程。根据矿石性质研究结果可知，该矿石属于粗粒不等粒嵌布的简单易选硫化铅锌萤石矿。方铅矿和闪锌矿的结构构造、嵌布特性和嵌镶关系都有利于选别，磨矿时易于单体分离，不需要细磨，加之方铅矿的可浮性很好，天然的闪锌矿较易浮选，这些都是采用优先浮选的有利条件。萤石可以从硫化矿浮选尾矿中用浮选回收。

（2）铅锌混合浮选流程。铅锌混合浮选的主要矛盾是铅锌分离的问题，如果此问题未解决好，混合精矿分选时，铅锌的回收率就会降低；同时在混合精矿分选时，要除去过剩的药剂，处理过程比较繁杂。如果混合浮选和优先浮选的指标相近，则应该选择优先浮选方案。

（3）重介质跳汰-浮选流程。该矿石嵌布粒度粗，如方铅矿粒度一般为 $1 \sim 5mm$，最大可达 $20mm$；闪锌矿粒度一般为 $2 \sim 10mm$，最大可达 $22mm$，加之密度较大，故可考虑采用重选法。

先做密度组分分析。采用 HgI_2 和 KI 作为重液（相对密度为 2.65），分选给矿粒度 $25 \sim 3mm$ 的矿石，可以首先丢掉原矿中 $25\% \sim 32\%$ 废弃尾矿，废弃尾矿品位：$Pb0.01\% \sim 0.2\%$、$Zn0.17\% \sim 0.14\%$、$CaF_2 1.1\% \sim 4.2\%$。上述情况表明本矿石可采用重介质选矿丢尾。通过显微镜观察、重力分析等均证明在较粗的粒度下也可得到合格精矿，故决定先按以下两个方案进行重选试验：

（1）将矿石中 $-25+3mm$ 的级别进行重介质选矿，以丢弃部分废石。

（2）用跳汰分选出合格精矿，并除去一部分废弃尾矿。进行跳汰选矿试验时，可以将原矿直接跳汰，也可将原矿经重介质分选后所获得的重产物再进行跳汰。

跳汰结果表明，获得高品位铅精矿（78%）比较容易，而要获得高品位锌精矿很困难，获得合格的萤石精矿及有用金属含量低于 0.2% 的废弃尾矿则是不可能的，同时给矿粒度最大不能超过 $12mm$。

矿物鉴定结果表明，不能获得高品位锌精矿的主要原因，是由于已解离的闪锌矿不能很好地与重晶石及萤石分开；不能获得废弃尾矿的原因，是由于尾矿中的脉石上含有扁状晶粒和星点状嵌布的方铅矿和闪锌矿，占 $10\% \sim 15\%$，并且绝大多数与石英连生，即使将它磨至 $0.5 \sim 1mm$ 也不易解离，因此不可能采用跳汰法丢尾矿。

跳汰可产部分精矿，不能废弃的尾矿可进行浮选试验。合理的方案应该是经重介质（相对密度 2.65）分选后的重产物用跳汰回收粗颗粒的铅和锌精矿，然后将重选尾矿和未经重选的细粒物料送浮选。

试验结果表明，重浮联合流程同单一浮选指标相近，但可在磨矿前丢去 $25\% \sim 30\%$ 的废弃尾矿，减少磨矿费用，降低生产成本。

优先浮选和混合浮选两个方案对比，二者指标相同，磨矿细度也相同。选厂技术管理水平较高时推荐混合浮选流程，一般情况推荐优先浮选流程。

原试验报告最终推荐两个方案供设计部门考虑，即：1）重介质-跳汰-浮选联合流程；2）单一浮选流程（优先浮选）。根据当时的实际情况，设计部门最后选用单一浮选流程。多年生产实践证明，该流程基本上是合理的。

3.5.2   其他有色金属硫化矿选矿试验的主要方案

有色金属硫化矿绝大部分用浮选法处理，但若有用矿物密度较大，嵌布较粗，也可考虑采用重浮联合流程。因而选矿试验时首先要根据矿物的密度和嵌布粒度，必要时通过重液分离试验来判断采用重选的可能性，然后根据矿物组成和有关物理化学性质选择浮选流程和药方。

3.5.2.1   硫化铜矿石

未经氧化（或氧化率很低）的硫化铜矿石的选矿试验，基本上采用浮选方案。

在硫化铜矿石中，除了硫化铜矿物和脉石以外，一般都含有硫化铁矿物（黄铁矿、磁黄铁矿、砷黄铁矿等），硫化铜矿物同脉石的分离是比较容易的，与硫化铁矿物的分离较难，因而硫化铜矿石浮选的主要矛盾是铜硫分离。

矿石中硫化铁矿物含量很高时，应采用优先浮选流程；反之，应优先考虑铜硫混合浮选后再分离的流程，但也不排斥优先浮选流程。

铜硫分离的基本药方是用石灰抑制硫化铁矿物，必要时可添加少量氰化物。硫化铁矿物的活化可用碳酸钠、二氧化碳气体、硫酸等，同时需添加少量硫酸铜。也有研究采用热水浮选法分离铜硫，有可能少加或不加石灰等抑制剂，并改善铜硫分离效果。

矿石中含磁铁矿时，可用磁选法回收。

矿石中含钴时，钴通常存在于黄铁矿中，黄铁矿精矿即钴硫精矿，可用冶金方法回收。

矿石中含有少量钼时，可先选出铜钼混合精矿，再进行分离。

铜镍矿也是多数采用混合浮选流程，混合精矿可先冶炼成镍冰铜后再用浮选法分离，也可直接用浮选分离。

3.5.2.2   硫化铜锌矿石

硫化铜锌矿石主要用浮选法处理。

硫化铜锌矿石中通常都含有硫化铁矿物。浮选的主要任务是解决铜、锌、硫分离，特别是铜锌分离的问题。

浮选流程需通过试验对比，但可根据矿石物质组成初步判断。硫化物含量高时应先考虑优先浮选流程或铜锌混合浮选后再浮硫的部分混合浮选流程；反之，则可考虑用全浮选流程，或优先浮铜后锌硫混合浮选。铜矿物和锌矿物彼此共生的粒度比同黄铁矿共生的粒度细时，可采用铜锌部分混合浮选流程；反之，不如先浮铜再混合浮选锌硫。

铜锌分离的基本药方通常是用氰化物或亚硫酸盐（包括 $NaSO_3$、$Na_2S_2O_3$、$NaHSO_3$、H_2SO_4、SO_2 气体等）抑锌浮铜，大多数要与硫酸锌混合使用。还可考虑试用以下三个方案：1）用硫化钠加硫酸锌抑锌浮铜；2）在石灰介质中用赤血盐抑铜浮锌；3）在石灰介质中加温矿浆（60℃）抑铜浮锌。

由于铜锌矿物常常致密共生，闪锌矿易被铜离子活化，特别是经过氧化的复杂硫化矿石，由于可溶性铜盐的生成，活化了闪锌矿，铜锌分离变得十分困难，一般方法尚难分离，可考虑采用添加可溶性淀粉和硫酸铜浮锌抑铜的方法，能得到较好指标。

锌硫分离的传统药方是用石灰抑硫浮锌，在有条件的地区，也可试用矿浆加温的方法代替石灰（或两者混用）抑制黄铁矿，也可用 SO_2 加蒸气加温法浮硫抑锌。

3.5.2.3 硫化铜铅锌矿石

硫化铜铅锌矿石的选矿主要也是用浮选。试验时应优先考虑以下两个流程方案：1）部分混合浮选流程，即先混合浮选铜、铅，再依次或混合浮选锌和硫化物；2）混合浮选流程，即将全部硫化物一次浮出，然后再分离。

铜铅分离是铜铅锌矿石浮选时的主要问题，其方案可以是抑铅浮铜，也可以是抑铜浮铅，究竟哪一方案较好，要通过具体的试验确定。一般原则是：当矿石中铅的含量比铜高许多时，应抑铅浮铜；反之，当铜含量接近或多于铅时，应抑铜浮铅。

常用铜铅分离方法如下：

（1）重铬酸盐法。即用重铬酸盐抑制方铅矿而浮选铜矿物。

（2）氰化法。即用氰化物抑制铜矿物而浮选铅矿物。

（3）铁氰化物法。当矿石中次生铜矿物含量很高时，上述两个方法的效果都不够好，此时若矿石中铜含量较高，则可用铁氰化物（黄血盐和赤血盐）来抑制次生铜矿物浮选铅矿物；若铅的含量比铜高许多，就应试验下面（4）、（5）两个方案。

（4）亚硫酸法（二氧化硫法）。即用二氧化硫气体或亚硫酸处理混合精矿，使铅矿物被抑制而铜矿物受到活化。为了加强抑制，可再添加重铬酸钾或连二亚硫酸锌或淀粉等，也可将矿浆加温（加温浮选法），最后都必须用石灰将矿浆 pH 值调整到 5~7，然后进行铜矿的浮选。

（5）亚硫酸钠-硫酸铁法。即用亚硫酸钠和硫酸铁作混合抑制剂，并用硫酸酸化矿浆，在 pH = 6~7 的条件下搅拌，抑制方铅矿而浮选铜矿物。

（6）$Ca(ClO)_2$ 法抑铜浮铅。铜铅混合精矿分离困难的主要原因之一，是由于混合精矿中含有过剩的药剂（捕收剂和起泡剂）的缘故。在混合精矿分离前除去矿浆中过剩的药剂和从矿物表面除去捕收剂薄膜可以大大改善混合精矿的分离效果。

复杂难选的铜、铅、锌、黄铁矿石，由于矿石组成复杂及可浮性变化较大，主要通过特效药方解决，力求少用氰化物，多用 SO_2，在 pH = 5.5~6.5 条件下浮铜抑铅、锌、铁，比较有效的是用综合抑制剂：SO_2 加糊精和栲胶、$NaHSO_3$ 等。其次，粗选时用低级黄药及铵黑药，精选前加活性炭解吸。此外，流程上考虑先浮易浮的，然后浮难浮的及连生体（即等可浮流程）。对于嵌布粒度很细的情况，需采用阶段磨浮流程，先选出铜铅或锌硫混合精矿，然后将混合精矿再磨再选，有的甚至须采用选冶联合流程。

3.6 有色金属氧化矿选矿试验方案

3.6.1 某氧化铜矿选矿试验方案

3.6.1.1 矿石性质研究资料的分析

该矿包括松散状含铜黄铁矿石和浸染状高岭土含铜矿石两种类型，总的属于高硫低铜矿石。矿石氧化率高，风化严重，含可溶性盐类多，属难选矿石。

A 化学分析和物相分析结果

从化学分析结果（表 3-8）可知，此矿石中具有回收价值的元素有铜和硫，金、银可能富集于铜精矿中，不必单独回收，所含稀散元素品位不高，赋存状态未查清，故暂未考虑回收。CaO、MgO、Al_2O_3、SiO_2 等是组成脉石矿物的主要成分。

从物相分析结果（表 3-9、表 3-10）可知，氧化矿中的铜主要为氧化铜，占总铜的 60% 以上，其矿物种类尚未查清。硫化铜主要为次生硫化铜，占总铜 30% 以上。铁主要呈黄铁矿存在。因此主要选别对象为氧化铜矿和黄铁矿，其次为次生硫化铜矿。

表 3-8 某氧化铜矿化学多元素分析结果 （%）

项目	Cu	S	Fe	Co	Ni	Mn	Pb	Zn	Ge	Ga
含量	0.574	31.22	31.05	0.0024	0.00105	0.087	0.109	0.168	0.0016	0.0019
项目	Se	Bi	Cd	Ti	CaO	MgO	Al_2O_3	SiO_2	Au	Ag
含量	0.0027	0.025	微	0.119	5.59	3.91	2.55	10.41	7.5×10^{-5}	2.98×10^{-3}

表 3-9 铜物相分析结果 （%）

硫 化 铜				氧 化 铜						总 计	
原生		次生		水溶铜		酸溶铜		结合铜		硫化铜	氧化铜
含量	占全铜	含量	占全铜	含量	占全铜	含量	占全铜	含量	占全铜	占全铜	占全铜
0.04	6.94	0.1741	30.21	0.188	32.64	0.117	20.31	0.057	9.90	37.15	62.85

表 3-10 铁物相分析结果 （%）

Fe_3O_4 之 Fe		Fe_2O_3 之 Fe		FeS_2		Fe_nS_{n+1} 之 Fe		总 Fe	
含量	占总铁	含量	占总铁	含量	占总铁	含量	占总铁	含量	占总铁
微	—	3.12	10.24	27.36	89.76	微	—	30.48	100.00

B 岩矿鉴定结果

从岩矿鉴定结果可进一步了解，此氧化铜矿石处于硫化矿床的氧化带，矿石和脉石均大部分风化呈粉末松散状。这将对选矿不利。

该矿包括两种类型的矿石，现将鉴定结果分述如下：

（1）黄铁矿型矿石。矿石呈他形、半自形、粒状结构，块状及松散状构造。金属矿物以黄铁矿为主，次为铜矿物。在铜矿物中，又以氧化铜为主，其矿物组成尚不清楚，次为次生硫化铜（辉铜矿）并有微量的黝铜矿及铜蓝，铜矿物嵌布粒度极细，在 0.005~0.01mm 之间，少数为 0.1mm 左右。黄铁矿的粒度较粗，在 0.01~0.2mm 之间。脉石矿物主要为方解石，次为石英和白云石。

（2）浸染型矿石。矿石呈细脉浸染状结构，金属矿物主要为黄铁矿，其嵌布粒度在 0.01~0.1mm 之间，个别为 2mm，次为铜矿物。铜矿物中主要是氧化铜，次为黄铜矿、斑铜矿和铜蓝，铜矿物的嵌布粒度多在 0.01~0.08mm 之间，少数为 0.003~0.005mm，脉石矿物主要为高岭土，次为方解石和石英。

从上述结果可知，黄铁矿单体解离将比铜矿物好些。由于风化严重，可浮性都不好。

C 水溶铜和可溶性盐类测定结果

由于矿石氧化和风化严重，为查明铜矿物在介质中的可溶性和矿浆中的离子组成，进行了铜和可溶性盐类的测定。

（1）可溶性盐类的测定。将原矿样干磨至$-75\mu m$，用蒸馏水在液：固$=3:1$的条件下，搅拌1h，然后过滤，分析滤液，分析结果见表3-11。从表3-11看出，可溶性盐类多，主要呈硫酸盐形式存在。

表3-11 某氧化铜矿石可溶性盐类测定结果

项 目	Cu^{2+}	Fe^{2+}	Fe^{3+}	Ca^{2+}	Mg^{2+}	Al^{3+}	HCO_3^-
含量/mg·L^{-1}	微	0.08	0.06	266.82	11.40	无	40.95
项 目	SiO_3^{2-}	SO_4^{2-}	Mn^{2+}	Pb^{2+}	Zn^{2+}	pH 值	
含量/mg·L^{-1}	3.78	1115.0	9.6	无	1.0	>1	

（2）原矿不同粒度下水溶铜测定。从水溶铜（表3-12）和可溶性盐类测定来看，该铜矿在水中的溶解随粒度而变，在粗粒时，极易溶于水或稀酸。

表3-12 某氧化铜矿不同粒度下水溶铜测定结果

粒 度	$-75\mu m$, 100%	$-75\mu m$, 50%	2~0mm	5~0mm	10~0mm	15~0mm
水溶铜占总铜/%	微	微	35.97	37.20	42.05	36.66
水溶液 pH 值	>7	5.4	4.4	4.0	3.5~4.0	3.5~4.0

注：液：固$=1.5:1$，浸出时间5min（用自来水浸出），浸出后分析滤液。

从矿石性质研究结果包括水溶铜和可溶性盐类测定结果看出，此氧化铜矿为高硫低铜矿石，氧化率高达60%，风化严重，可溶性盐类多，属于难选矿石。

3.6.1.2 试验方案选择

氧化铜矿的选矿方案，目前国内已投产厂矿大多采用硫化钠预先硫化，然后用单一浮选法选别。而难选氧化铜矿石用单一浮选法难以回收，这部分资源的利用，总的趋势是采用选矿-冶金联合流程或冶金方法处理。

氧化铜矿可供选择的主要方案有：1）浮选（包括优先浮选和混合浮选）；2）浸出-沉淀-浮选；3）浸出-浮选（浸渣浮选）。下面分别介绍有关试验情况。

A 单一浮选方案

所研究的矿石主要选别对象为氧化铜矿、次生铜矿和黄铁矿。根据国内外已有经验，一般简单氧化铜矿经硫化后有可能用黄药进行浮选。本试样采用优先浮选和混合浮选进行探索，证明采用单一浮选方案不能得到满意结果，其主要原因是矿石在粗粒情况下，大部分氧化铜可为水溶解，用单一浮选法，这部分铜损失于矿浆中；其次是由于铜矿物嵌布粒度极细，矿石严重风化，含泥和可溶性盐类多，药耗量大，选择性差等。根据该矿石的特点，有可能采用选冶联合流程处理。

B 浸出-沉淀-浮选

当矿石含泥量较高，在氧化铜矿和硫化铜矿兼有的情况下，一般采用浸出-沉淀-浮选法（即 L. P. F 法）。但在本试样浸出试验中，发现该矿石在粗粒情况下，大部分氧化铜矿可为水或稀酸溶解，细磨后反而不溶。其原因是该矿石中含有大量石灰岩和其他碱性脉石，这些脉石磨细后不仅对浸出不利，而且导致已溶解的铜又重新沉淀，致使浸出和浮选均难进行；另外，由于原矿中黄铁矿含量高，若在浸出矿浆中直接沉淀浮选，铜硫分离比较困难，因而应采用渣液分别处理的方法比较适宜。

    C   浸出-浮选（浸渣浮选）

    此方案包括酸浸-浮选和水浸-浮选，这一方案比较适合这种复杂难选矿石。试验证明，由于原矿中含有大量石灰石，浸出粒度不能采用浮选粒度，应利用其风化的性质，采用粗粒浸出。浸出过程可用水浸出，也可用 0.3% ~ 1.0% 的稀酸溶液，虽然两者浸出率差别较大，但最终指标却很接近。

    浸出后渣液分别处理，浸液中的铜可用一般方法提取，如铁粉置换、硫化钠沉淀等方法，也可用萃取剂萃取，使其提浓，直接电解，生产电铜。试验中采用脂肪酸萃取，取得了良好的效果。

    从已做过的流程和方法看，浸出-浮选联合流程是处理此矿的有效方法。水浸-浮选和酸浸-浮选法均能获得较为满意的指标。

    所推荐的处理方案浸出粒度粗，浸出时间短，无需用酸。这在今后的洗矿中浸出过程将自动进行，有利于生产，但还需通过生产实践进一步验证。

3.6.2   氧化铅锌矿选矿试验方案

    根据矿石的氧化程度，可将铅锌矿石分为三类；硫化铅锌矿石（氧化率小于 10%）、氧化铅锌矿石（氧化率大于 75%）、混合铅锌矿石（氧化率在 10% ~ 75%）。硫化铅锌矿石和混合铅锌矿石主要用浮选法选别，而氧化铅锌矿石由于氧化率高，含泥量多，较难选别，一般需采用选矿-冶金方法处理或单一冶金方法处理。

    3.6.2.1   氧化铅矿石

    对于易选氧化铅矿石，主要矿物为白铅矿（$PbCO_3$）和铅矾（$PbSO_4$），可单独采用浮选或重选与浮选的联合流程，浮选可采用硫化后黄药浮选法。

    对于难选氧化铅矿石的研究，应该从机械选矿方法的试验出发逐步地转入冶金的方法。

    3.6.2.2   氧化锌矿石

    主要的氧化锌矿物为菱锌矿和异极矿，可采用的浮选方法有以下四种：

    （1）加温硫化法。主要适用于菱锌矿矿石。首先将矿浆加热到 70℃ 左右，加硫化钠硫化，再加硫酸铜活化，用高级黄药作捕收剂进行浮选。

    （2）脂肪酸反浮选法。用氟化钠抑制菱锌矿，然后用油酸作捕收剂浮选脉石矿物。

    （3）脂肪酸正浮选法。用油酸浮选菱锌矿，用氢氧化钠、水玻璃、柠檬酸作抑制剂。

    （4）胺法。原矿经脱泥后，在常温下加硫化钠硫化，用 8 ~ 18 个碳的第一胺在碱性矿浆中浮选锌矿物。

    上述四种浮选方法，主要采用的是第一、四两种。若浮选法无效时亦可采用烟化法。

    3.6.2.3   铅锌混合矿石

    铅锌混合矿石的浮选试验可参照硫化矿石和氧化矿石的试验方法进行，但试验中要确定适当的浮选顺序，常用的方案有：1）硫化铅、氧化铅、硫化锌、氧化锌；2）硫化铅、硫化锌、氧化铅、氧化锌。

学 习 情 境

　　本章以选矿试验方案的拟订为载体，学习掌握矿石性质研究的内容和程序；掌握常用的矿石化学组成与矿物组成研究方法；了解有用及有害元素的赋存状态与矿石可选的关系；了解矿石结构、构造、有用矿物的嵌布粒度特性及共生关系等与矿石可选性的关系。

　　掌握选矿产品考察的目的和方法，了解选矿产品单体解离度的测定方法，了解选矿产品中连生体连生特性的研究。

　　通过有色金属硫化矿、氧化矿的选矿试验方案拟订示例，学习掌握如何根据矿石性质拟订选矿试验方案的方法与步骤。

复习思考题

3-1　矿石性质研究的内容有哪些？

3-2　元素分析方法有哪几种，各种分析方法有什么区别与联系？

3-3　矿物分析方法中的物相分析与岩矿鉴定方法有何不同？

3-4　有用和有害元素的赋存状态与矿石的可选性的关系是什么？

3-5　有用矿物的嵌布粒度特性与矿石的可选性的关系是什么？

3-6　简述选矿产品考察的目的与方法。

3-7　选矿产品中连生体连生特性与矿石可选性的关系是什么？

3-8　某铁矿的矿石性质研究资料如下，试根据其矿石性质初步拟订可能采用的选矿试验方案。

　　（1）该铁矿的光谱分析结果见表3-13，化学多元素分析结果见表3-14。

表 3-13　某地表赤铁矿光谱分析结果

元　素	Fe	Al	Si	Ca	Mg	Ti	Cu	Cr
大致含量/%	>1	>1	>1	>1	0.5	0.1	0.005	—

元　素	Mn	Zn	Pb	Co	V	Ag	Ni	Sn
大致含量/%	0.02	<0.002	<0.001	<0.001	0.01~0.03	0.00005	0.005~0.001	—

表 3-14　某地表赤铁矿化学多元素分析结果

项　目	TFe	SFe	FeO	SiO$_2$	Al$_2$O$_3$	CaO	MgO	S	P	As	灼减
含量/%	27.40	26.27	3.25	48.67	5.39	0.68	0.76	0.25	0.15	—	3.10

　　注：TFe为全铁含量，SFe为可溶铁（指化学分析时能用酸溶的含铁量）。

　　（2）该铁矿的岩矿鉴定结果。

　　1）矿物组成。该矿物所含铁矿物的相对含量见表3-15。脉石矿物以石英为主，绢云母、绿泥石、黑白母、黄铁矿等次之，并含有一定数量的铁泥质杂质等。含铁脉石矿物以绿泥石为主，黑云母次之，另含少量黄铁矿。

表 3-15   各种铁矿物的相对含量

铁矿物	赤铁矿	磁铁矿	褐铁矿
含量/%	69	14	17

2）铁矿物的嵌布粒度特性。在显微镜下用直线法测定的结果见表 3-16。

表 3-16   铁矿物的嵌布粒度特性

粒级/μm	−2000+200	−200+20	−20+2	按 12μm 计	
				+12	−12
含量/%	4	69	27	80	20

4 测定试样工艺性质

矿石可选性研究中，常需测定试样（包括原矿和产品以及纯矿物）的某些性质，如粒度、密度、堆密度、摩擦角、堆积角、可磨度、硬度、水分、比磁化系数等。目的是：1）为选矿厂设计提供依据；2）为拟订试验方案提供依据；3）作为考查和分析试验结果的手段，指导下一步试验工作。

4.1 粒度分析

描述矿粒（或矿块）所占空间的代表性尺寸称为颗粒（或矿块）的粒度。选矿中常用"直径 d"来表示粒度。选矿中处理的都是粒度不同的各种矿粒混合物，将这些混合物按粒度分成若干级别，这些级别称为粒级；物料中各粒级的相对含量称为粒度组成；测量计算物料的粒度组成或粒度分布的工作称为粒度分析。

粒度的测定方法很多，按其测得的粒度性质基本上可分为四类：筛分分析、沉降分析、计数法和测比表面法。各种测定方法的适用范围和测得的粒度性质如表 4-1 所示。由于粒度问题的复杂性，因而在测定方面至今尚无一种包罗万象的"全能方法"。为了全面地描述粒度特性，常需几种方法并举，互相补充。在选择粒度测定方法时，应考虑如下因素：测定目的、精度要求、设备成本、分析时间的长短、使用的频繁程度、操作者的技术、被测物料的物理和化学性质及其粒度范围等。

表 4-1　粒度测定方法及其适用的范围

粒度测定方法分类	粒度/µm									测得的粒度性质
	10^{-3}	10^{-2}	10^{-1}	10^{0}	10^{1}	10^{2}	10^{3}	10^{4}	10^{5}	
筛分分析					微细筛	普通标准筛				粒度分布
沉降分析	超离心分级		离心分级	水析（重力） 风析		（重力）				当量粒子直径分布
计数法		电子显微镜	光散射法	库尔特仪 光学显微镜	各种光学计数法（宏观的、微观的） （电场干扰法） 光电扫描法					统计的粒子直径分布
测比表面法	渗透法（分子流、干）	吸附法（干、湿）		渗透法	（层流、干、湿）					按比表面换算的平均直径

选矿生产和试验研究中经常采用的粒度分析方法是筛分分析、沉降分析、显微镜分析和粒度仪分析法等，其中又以筛分分析法应用最广。几种粒度测定方法比较如下：筛析法的优点是所用设备便宜、坚固、操作容易，适用于测定粗粒；一般干筛可筛至100μm，再细最好用湿筛。沉降分析适合于小于40~60μm粒级的粒度分析。前者测得的是几何尺寸，后者是具有相同沉降速度的当量球径。筛析法的结果受颗粒形状的影响很大。

4.1.1 筛分分析

用筛分的方法将物料按粒度分成若干级别的粒度分析方法，称为筛分分析简称筛析。

4.1.1.1 粗粒物料的筛析

在选矿试验中，一般遇到的试样粒度小于100mm。对于小于100mm而大于0.045mm的物料，通常采用筛析法测定粒度组成，其中100mm至6mm物料的筛析，属于粗粒物料的筛析，采用钢板冲孔或铁丝网编成的手筛来进行。其方法是用一套筛孔大小不同的筛子进行筛分，将矿石分成若干粒级，然后分别称量各粒级重量。如果原矿含泥、含水较高，大量的矿泥和细粒矿石黏附在大块矿石上面，则应将它们清洗下来，以免影响筛析的精确性。

4.1.1.2 细粒物料的筛析

粒度范围为6~0.045mm的物料，筛分分析通常是在实验室中利用标准试验筛进行。干法筛析步骤如下：

（1）筛析所需试样的最小重量亦取决于样品中的最大粒度，可用前面所述的试样最小必需量公式计算。每次给入标准筛的量以25~150g为宜。若试样总量过多，应分批筛分。

（2）将标准筛筛面清除干净，按筛孔尺寸的大小从上至下逐渐减小的顺序套好，并记下筛序，装上筛底。

（3）把物料倒入最上层筛面上，盖好上盖，放到振筛机上固定好。

（4）筛分10~30min，然后逐个取下各筛子。

（5）用手筛法检查筛分。在检查筛分中，如果1min内筛下来的物料重量小于筛上物料重量的1%，可以认为已达到筛分终点，否则应继续筛分。

（6）确认筛分结束后，将各粒级产品称重后装入试料袋内，并将筛析结果记入相应表中。

这里需要注意两种妨碍我们做出正确判断的情况：一是筛孔堵塞，导致过早达到终点；二是易磨损的软物料和具有尖棱角的脆性物料，在筛分过程中不断磨损和折断，导致筛分几乎"永远"达不到终点。

当物料含泥含水量较高时，应采用干湿联合的方法：先将物料倒入细孔筛中，在水盆中进行筛分，并更换盆中的水，直至盆中的水不再混浊为止。然后收集筛下产物，过滤、干燥、称量。或将筛上物料烘干称量，用筛上物料与原物料的重量差计算细泥重量。烘干的筛上物料再进行干法筛分。计算粒度重量时，应将干、湿法筛得的最细粒级量合并计量。各粒级总重量与原样重量之差不得超过原样重的1%，否则应重做。直接用0.074mm（200目）筛湿筛时，每次给量不宜超过50g。有过粗粒子时，应用粗孔筛预先隔除，以防损坏筛网。

目前普通标准筛的筛分粒度下限是 $38\mu m$ 左右，但用光电技术制造的微孔筛，粒度下限可降至 $5\mu m$。

4.1.1.3 筛析数据的处理

为了便于分析和研究问题，应将筛析数据整理成表格和曲线的形式。最常用的筛析记录表格形式如表 4-2 所示。表中给出了各个粒级物料的产率。为了便于观察各粒级物料的分布规律，常将表中数据绘成各种"粒度特性曲线"。常用绘图法有三种，即简单坐标法、半对数坐标法和全对数坐标法。

表 4-2　筛析结果表

粒　　级		重量/g	产率/%	
mm	网目		个别	累计
+0. 60	+28	10	5. 0	5. 0
+0. 300	+48	27	13. 5	18. 5
+0. 150	+100	35	17. 5	36. 0
+0. 106	+150	25	12. 5	48. 5
+0. 074	+200	25	12. 5	61. 0
-0. 074	-200	78	39. 0	100. 0
共　　计		200	100. 0	

（1）简单坐标法（图 4-1a）。用横坐标表示颗粒直径（μm），纵坐标表示大于某一筛孔尺寸粒子的累积产率。利用这种曲线，可以求出任一粒级的产率。此法适用于粒度范围窄的物料，如粒度范围很宽，则横坐标会很长，而且在细级别处各点将挤在一起，不易分辨。

（2）半对数坐标法（图 4-1b）。此图的横坐标（颗粒级别尺寸）按对数划分刻度（但图中仍标注原颗粒尺寸），纵坐标仍同简单坐标法一样，故称半对数坐标法。因为标准筛都有一定筛比，即整套筛子中相邻两个筛子的筛孔尺寸都有一定比例，所以取对数时其间距是相等的。在绘图时，只要任意选定间距，即可逐点注上各筛孔的尺寸，所以绘制时很方便，同时也避免了细粒级的各点密集的缺点，因而适用于宽级别的物料。

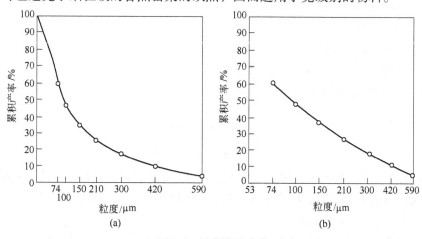

图 4-1　粒度特性曲线

（a）简单坐标法；（b）半对数坐标法

（3）全对数坐标法。此法的纵横坐标全按对数分度。因为一般粒度组成均匀的物料，用此法绘图后，常可得出直线，这样就有可能利用延长直线的外插法，求出比最细的筛孔更细的那一部分物料的产率。同时，也易于求出该直线的方程，从该直线的斜率，还可判断该破碎机的工作情况与产品质量。例如斜率愈大，就表示所得产物的粒度范围愈窄，就是过粉碎及泥化现象愈小。

有时，还应用其他坐标绘图，如纵坐标（累积产率）用对数，横坐标（粒度）用简单坐标，或者纵坐标用个别产率等。

4.1.2　沉降分析

沉降分析法是测定细粒物料（-0.1mm）粒度的常用方法，其原理是通过测定颗粒在适当介质中的沉降速度来计算颗粒的尺寸。沉降分析法的类型很多，有重力沉降和离心沉降、液体沉降与气体沉降、静态沉降与动态沉降等。在流体中（气体或液体）进行物料分级的所谓动态沉降法，有水析、串联旋流分级器、风力离心分级器等。

沉降分析原理简单，测定范围较宽（0.02~250μm），测量结果的统计性和再现性高，所以被普遍采用。常用方法是沉积法、淘析法、流体分级法等。

沉积法不能分出各个单独产品，但能较快地测定细度和比表面。采用水、乙醇、水+甘油、乙醇+甘油、醚、苯、甲苯、丙酮、环己醇等作介质。常用分散剂有六偏磷酸钠、焦磷酸钠、水玻璃、氨水和氯化钠等。分散的方法有超声波分散、搅拌器分散、抽真空脱气、减压沸腾、介质中长时间混合、球磨、乳钵分散等，或几种分散方法联合使用。

淘析法和流体分级法由于可以直接得到各个粒级的产品，供进一步分别检测用，因此在选矿工艺中得到了广泛应用。

沉降分析通常要求在稀悬浮液中进行，以保证悬浮液中的固体颗粒均能自由沉降，互不干涉。由于一般仅对小于0.1mm的物料进行沉降分析，故可按斯托克斯公式计算其沉降速度，如沉降介质为水，则可得

$$v = \frac{h}{t} = 5450d^2(\rho_i - 1) \tag{4-1}$$

式中　　v——粒子沉降末速，cm/s；

　　　　h——沉降距离，cm；

　　　　t——沉降时间，s；

　　　　ρ_i——固体密度，g/cm³；

　　　　d——球形固体颗粒直径，cm。

于是，有

$$d = \sqrt{\frac{h}{5450(\rho_i - 1)t}} \tag{4-2}$$

h值的选择，应使时间t不过长或过短，一般分级沉降速度小的微粒部分时，h要求小些，相反，分级粗颗粒时，h要大些，但最小不能小于在该容器内液:固=6:1时所具有的高度（对于泥质物料为10:1）。

在实际操作中，为了避免计算错误，通常都是在计算完毕后，根据要求的粒度，参照已编制的专门表格（表4-3）来校验一下沉降所需要的时间是否正确。

表 4-3　沉降高度 $h=30$cm 时，不同密度的矿粒，相应于不同沉降时间的粒度　（μm）

沉降时间/min	密度/g·cm⁻³									
	2	2.5	3	3.5	4	4.5	5	5.5	6	7.5
1	95.78	78.20	67.73	60.58	55.30	51.20	47.89	45.16	42.84	37.76
2	67.72	55.30	47.89	42.84	39.10	36.20	33.86	31.93	30.30	26.58
3	55.30	45.16	39.10	34.89	31.93	29.56	27.66	26.07	24.73	21.70
4	47.90	39.10	33.86	30.29	27.85	25.60	23.94	22.58	21.42	18.78
5	42.84	34.98	30.29	27.10	24.74	22.90	21.42	20.20	19.16	16.80
7	36.20	29.56	25.60	22.90	20.90	19.35	18.10	17.07	16.19	14.20
10	30.30	24.73	21.42	19.16	17.49	16.19	15.14	14.28	13.55	11.88
15	24.74	20.19	17.49	15.64	14.28	13.22	12.37	11.66	11.06	9.70
20	21.42	17.49	15.14	13.55	12.37	11.45	10.71	10.10	9.58	8.40
30	17.49	14.28	12.37	11.06	10.10	9.35	8.74	8.24	7.82	6.86
60	12.39	10.10	8.74	7.82	7.14	6.61	6.18	5.83	5.53	4.86
120	8.74	7.14	6.18	5.53	5.05	4.67	4.37	4.12	3.91	3.44
180	7.14	5.83	5.01	4.52	4.12	3.82	3.57	3.37	3.19	2.88
240	6.18	5.05	4.37	3.91	3.57	3.31	3.09	2.91	2.77	2.42
300	5.53	4.52	3.91	3.50	3.19	2.96	2.77	2.61	2.47	2.18
360	5.05	4.12	3.57	3.19	2.92	2.70	2.32	2.38	2.26	1.98

　　上述公式适用于一定粒度范围内的理想球形颗粒。实际测定时，按理要进行形状系数的校正。但在实际工作中，为了简单起见，常用与试样颗粒具有相同沉降速度的球体直径表示颗粒的粒度，这个数值，称为等效直径，或称当量直径，也称斯托克斯直径。

　　矿石试样常是由不同密度的颗粒混合物组成，因而在计算沉降速度或颗粒粒度时，固体密度 ρ_i 究竟应取多少，是一个复杂的问题。若标准不同，计算出来的粒度也不同。一般来说，对于原矿和尾矿，可以用主要脉石矿物的密度作为计算标准，一般用石英作标准。石英密度为 2.65g/cm³，其他脉石矿物，如方解石，密度为 2.7g/cm³，差别不很大。对于精矿，可用精矿试样的实测密度，但如要计算粒级回收率，就仍然只能采用与原矿相同的计算标准，即以石英密度作为计算标准。

　　在实际工作中，各研究者的算法并不一致，也很难统一，因而在对外报道测试结果时，一定要具体注明所标出的粒度是按什么密度计算的。这样，即使有人不同意这个算法，也可自行按等降比换算。

　　采用沉降法进行粒度分析时，稀悬浮液浓度均需满足自由沉降的假定，实际工作中一般认为浓度只要低于5%即可满足此假定，但在常用的 1%～2% 容积浓度（相应的重量浓度大致为 3%～5%）范围内，实际沉降速度与斯托克斯公式算出的速度并不吻合，原因主要是由于"密度对流"，即不同浓度液体间的交换，以及热对流，因而需控制温度。

团聚现象是一个非常重要的问题，因而需添加各种分散剂以防止团聚。颗粒的分散度不仅与添加分散剂有关，同时还与沉降介质、悬浊液浓度、分散方法等有密切关系。

沉降分析适用于均质物料，即假定待测物料全部具有同一密度，若10%物料密度2倍于其余物料的密度时，误差即很大。在选矿试验中，试料一般都是非均质物料，因而计算粒度与实际粒度往往不符。目前不少选矿试验单位，对于水析产品，采用显微镜检查其实际尺寸，这是一个比较可靠的办法，但并不能避免同一粒级中不同密度的粒子实际具有不同的粒度。

4.1.2.1　淘析法

淘析法的基本原理，是利用逐步缩短沉降时间的方法，由细至粗地，逐步地将较细物料自试料中淘析出来。淘析分离装置如图4-2所示，基本器皿为一带毫米刻度纸的透明容器，以及搅拌器、虹吸管等。具体操作如下：

（1）按斯托克斯公式计算 76μm、54μm、37μm、19μm 待测物料粒子的自由沉降末速 ν；根据公式 $t = h/\nu$ 计算不同粒径待测物料颗粒的沉降时间。

（2）称50~100g 待淘析的干试料放进一小烧杯内加水润湿，把气泡赶走。

（3）倒进容积为 2~5L 的玻璃杯（或缸）内，加水至标明的刻度 h 处，用带橡皮头的玻璃棒强烈搅拌，使试料悬浮。

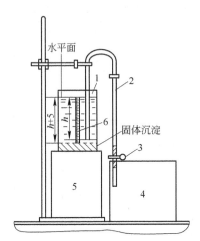

图4-2　淘析分离装置图
1—玻璃杯；2—虹吸管；3—夹子；
4—溢流收集器；5—台座；6—毫米刻度纸条

（4）然后停止搅拌，待矿液面基本平静后即开始按秒表计时，经过时间 t 后打开虹吸管夹3，将高为 h 的矿浆全部吸出至容器4。

（5）重新加水至刻度 h 处，完全重复第二步操作，经多次直至吸出的液体不混浊为止。

（6）将析出的产物沉淀、烘干、称重，即可算出该粒级的产率。

（7）按此法通过改变时间 t（由长到短）而分别得出各粒级（由细到粗）的产物并算出其对应的产率。

确定 h 时要使虹吸管口高于试料层5mm以上，并使矿浆中固体容积浓度不大于3%。为避免矿粒彼此间团聚产生误差，可在淘析时在水中加入少量（使矿浆中分散剂的浓度为0.01%~0.2%）分散剂，如水玻璃、焦磷酸钠或六偏磷酸钠等。为加速10μm以下微细粒级产物的沉淀，可在含该产物的水中加入少许明矾。

最终试验结果的处理方法与筛析结果的处理方法类似。

4.1.2.2　流体分级法

此法与沉积法和淘析法的现象相同，但对细粒而言，运动方向相反，对一定的流体流动速度，小于一定粒度的细粒被流体带动向上，而粗粒沉下。此流体可以是水（即为上升水流法），也可以是气体（空气）。

此法的优点是可以连续地分出不同的粒度组分，一次能得到多级产品，因而在工作量大的情况下，具有明显的优越性。

目前在选矿试验工作中普遍采用上升水流法，通常称水析；此外还常采用一些在离心力场中分级的设备，如风力离心分级器、旋流粒度分析仪等。

A　连续水析仪

连续水析仪是根据矿粒在水介质中自由沉降的规律，利用相同的上升水量，在不同直径的分级管中，产生不同的上升水速，使矿粒按其不同的沉降速度，分成若干级别，每一个级别的产品，都是由沉降速度相等的粒群组成。沉降速度常按石英密度计算。

每个分级管的分级粒度由分级管的直径和给水量确定。如果分级管的断面为 A，内径为 D，给水量为 Q，则存在如下关系：

$$A = \frac{\pi}{4}D^2 = \frac{Q}{v} \tag{4-3}$$

在每个分级管中，沉降速度 v 大于管内上升水流 U_a 的颗粒便沉降下来；小于 U_a 的颗粒则进入下一个分级管内依次进行分级。而每个分级管中保持悬浮的颗粒就是该次分级的临界颗粒。

连续水析仪主要由给矿装置、给水装置、分级管等部分组成，其构造如图 4-3 所示。

云南锡业股份有限公司中心试验室设计的连续水析仪共有五个分级管，其圆柱部分的直径依次为 2.44cm（图中编号 15、21）、4.56cm（编号 23）、8.96cm（编号 24）、13.44cm（编号 25），管中上升水速分别为 0.357、0.102、0.0269、0.0116cm/s，相应于74、37、19、10μm 石英颗粒的自由沉降末速，故可分为 +74、74~37、37~19、19~10、−10μm 五级，但在操作中 +74μm 的物料将大部分留在烧杯内，只有少量进入 74μm 级分级管中。

操作时，包括水玻璃溶液在内的总给水量为 100mL，其中水玻璃溶液的浓度为 1%，给入量为 5mL/min，故与清水混合后实际浓度为 0.05%。

每次水析试样量可取 50g 左右，应预先用 74μm 筛子筛除粗粒。干样要预先用水浸泡。应先调节流速，然后再给矿。给矿时矿浆应不断搅拌，给矿时间约 1.5h，2h 后停止搅拌，6h 后一般即可停止给水，结束分级过程。

上升水流法比淘析法分级速度快，结果也比较稳定，但应注意防止因搅拌不充分而造成粗粒级产率偏大，给矿过快或分级水中断而出现堵塞，以及细粒黏附器壁等现象，以保证水析结果的可靠性。

B　旋流粒度分析仪

旋流粒度分析仪是测定 −74μm 各种物料粒度的分析仪器，在矿业、地质、水利、煤炭、化工等部门均有广泛应用。旋流粒度分析仪的基本原理是利用离心沉降进行微细物料分级，其离心沉降过程是利用旋流器来完成的。离心力强化了分级过程，大大加快了分级速度，缩短了分析时间。轴向回流的存在，使混入粗粒级产品中的细粒物料得以在反复淘洗中分离出来，故其分级精度高。离心力可破坏絮凝物料的絮凝，对细粒物料的粒度分析尤为适宜。

北京矿冶研究总院生产的 BXF 型旋流粒度分析仪构造如图 4-4 所示，它是用 6 个倒置

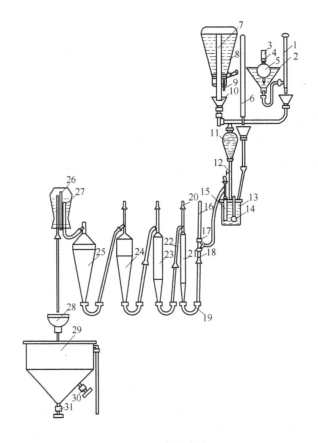

图 4-3 连续水析仪

1—给水滴管；2—给水漏斗；3—进水管；4—给水调节阀；5—浮标；6—滴管；7—中心管；
8—水玻璃溶液瓶；9—水玻璃添加管；10—漏斗；11—给矿瓶；12—胶管夹子；13—烧杯；14—搅拌器；
15，21—74μm 分级管；16—玻璃管；17—套管；18~20，22—软胶管；23—37μm 分级管；24—19μm 分级管；
25—10μm 分级管；26—空气管；27—溢流瓶；28—明矾漏斗；29—锥斗；30—排水管；31—排料管

的水力旋流器串联组成的，即安装方向与一般旋流器的安装方向相反，是底流口（即沉砂口）垂直向上。6 个旋流器互相串联并平行排列，这样每个旋流器的溢流口都在下方，并作为下一个旋流器的进料口。目前该仪器可连续分出七种粒级的产品：74~54μm、54~41μm、41~30μm、30~20μm、20~10μm、10~8μm、-8μm 七级。试验时，水被泵至工作管路，经过转子流量计和给料器后进入 6 组旋流器。工作时打开给料器控制阀，物料即被吸入水流中，每一个旋流器的底流口装有排料阀，工作过程中，排料阀关闭，以保证液流在旋流器内连续循环，水析结束后，打开排料阀，排出收集在容器内的分级物料。

每个水力旋流器的分级粒度界限由制造厂在标准操作条件下规定，如果改变操作条件，则应按照修正图加以修正。在旋流器内，物料分级的快慢取决于离心沉降速度。颗粒在离心场中的运动规律与重力场中的沉降规律具有许多相似的特点。因此，旋流粒度分析仪的分离特性依然遵循着斯托克斯定律。旋流粒度分析仪全部水析时间仅需 5~30min，分级速度快分级效果好。

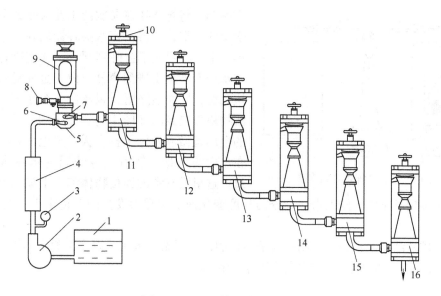

图 4-4 BXF 型旋流粒度分析仪

1—水箱；2—水泵；3—压力表；4—转子流量计；5—给料器；6—流量控制阀；7—给料控制阀；
8—卸压阀；9—试料容器；10—旋流器排料阀；11~16—1~6号旋流器

4.2 矿石密度及堆密度测定

单位体积物料的质量称为密度，用符号 ρ 表示；单位体积物料的重量称为重度，用符号 γ 表示，重度与密度的关系为 $\gamma = g\rho$。物料密度与水的密度之比，或物料重度与水的重度之比称为相对密度（比密度），用 δ 表示。

$$\delta = \frac{\gamma_1}{\gamma_2} = \frac{g\rho_1}{g\rho_2} = \frac{\rho_1}{\rho_2} \tag{4-4}$$

堆积的矿粒群与同体积水的重量比称为堆密度或假密度，单位体积的矿粒群的重量称为堆重度。需注意的是，此处的计算体积包括矿粒间的空隙。工程上还常直接把堆重度称为堆密度。

4.2.1 固体物料密度的测定

固体物料密度通常在室温下测定，温度的轻微变化对固体密度影响不大，因而不必注明，但试料必须事先干燥（105℃±2℃）。

4.2.1.1 大块固体密度的测定

大块固体的密度可以通过最简单的称量法进行，即先将矿块在空气中称量，再浸入水中称量，然后算出密度。介质一般采用水，也可用其他介质。称量可在精确度为 0.01~0.02g 的普通天平上进行，也可用专测密度用的密度天平进行。

A 普通天平法

为了测定大块不规则形状的物体的密度，首先要测物体的干重，然后用细金属丝做一

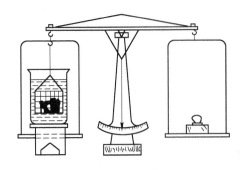

图 4-5　普通天平测密度装置

个圈套，将物体挂在灵敏的工业天平或分析天平横梁的一端，再将一盛水的容器放在一个桥形的小台上，小台应不会碰到秤盘，并使物体完全浸入水中而不至于碰到容器。由于金属丝很难将物块套稳，因而最好用金属丝做一个小笼子，将待测物块放在笼内（图 4-5），笼子用一根尽可能细的金属丝做成的钩子挂在天平梁上，首先测笼子在水中的重量，然后测笼子同物体在水中的重量。这里没有考虑连接物体和天平梁的那根金属丝，由于金属丝很细，浸入水中部分的长度变化而引起浮力发生的变化很小，误差也小，故可忽略。

由于矿块结构的不均一，测一块是不行的，必须测很多块，取多次测定的平均值。如对 80~20mm 的大块物料，可能需测 50kg 的试样。

计算公式如下：

$$\delta = \frac{G_3 - G_1}{(G_3 - G_1) - (G_4 - G_2)} \cdot \Delta \tag{4-5}$$

式中　δ——矿块密度；

　　　G_1——笼子在空气中的重量，g；

　　　G_2——笼子在介质中的重量，g；

　　　G_3——矿块和笼子在空气中的重量，g；

　　　G_4——矿块和笼子在介质中的重量，g；

　　　Δ——介质密度。

B　比重天平法

比重天平法与普通天平法的原理是相同的，但所用的称量仪器是专用比重天平，因而测定时可直接读出矿块密度，不需要再用公式计算。图 4-6 所示为一种比重天平，该天平具有操作方便、测量精度高等特点。

4.2.1.2　粉状物料密度的测定

粉状物料的密度是指粉状物料质量与其实体体积之比。所谓实体体积是指不包括存在于颗粒内部封闭空洞的颗粒体积。因此，如果粉状物料充分细，其密度可采用浸液法和气体容积法进行测定。

图 4-6　比重天平

（1）浸液法是将粉末浸入在易于润湿颗粒表面的浸液中，测定其所排除液体的体积。此法必须真空脱气以完全排除气泡。真空脱气操作有加热法（煮沸）和抽真空法，或两法同时并用。浸液法又有比重瓶法和悬吊法。浸液法对浸液的要求如下：1）不溶解试样；2）容易润湿试样的颗粒表面；3）沸点为 100℃ 以上，有低蒸气压，高真空下脱气时能减少发泡所引起的粉末飞散和浸液损失。对无机粉末状物料来说，符合上述条件的浸液可以采用二甲苯、煤油和水等。浸液法中，比重瓶法具有仪器简单、操作方便、结果可靠等优点。

（2）气体容积法是以气体取代液体测定所排出的体积。此法排除了浸液法对试样溶解的可能性，具有不损坏试样的优点。但测定时受温度的影响，需注意漏气问题。气体容积法分为定容积法与不定容积法。

1）定容积法：对预先给定的一定容积进行压缩或膨胀，测定其压力变化。然后求出密闭容器的体积，从装入试样时与不装试样时体积之差，可求得试样的体积。由于只用流体压力计测定压力，所以很简单，但不易使水银面正确地对齐标线。

2）不定容积法：为了省去对齐标线的麻烦，把水银储存球位置固定在上、下两处。因为压缩或膨胀的体积并不恒定，所以读取流体压力计读数时，同时也就测出粉状物料的密度。

粉状物料的密度测定，可根据试验精确度的要求和试样重量采用量筒法、比重瓶法和显微比密度法等。选矿试验中常用比重瓶法。

A　比重瓶法

比重瓶法包括煮沸法、抽真空法以及抽真空同煮沸相结合的方法，三者的差别仅仅是除去气泡的方法不同，其他操作程序都是一样的。

主要仪器设备包括：1）烘箱、干燥器；2）分析天平，感量0.001g、称量200g；3）比重瓶 50～100mL（见图4-7）；4）真空抽气装置（抽气机、水银压力计、真空抽气缸、保护罩等）。

试验步骤：

（1）称烘干试样15g，借漏斗细心倾入洗净的比重瓶内，并将附在漏斗上的试样扫入瓶内，切勿使试样飞扬或抛失。

图4-7　比重瓶示意图

（2）注蒸馏水入比重瓶至丰满，摇动比重瓶使试样分散，将瓶和用于试验的蒸馏水同时置于真空抽气缸中进行抽气，其缸内残余压力不得超过 2.66kPa，抽气时间不得少于 1 h，关闭马达，由三通开关放入空气。

（3）将经抽气的蒸馏水注入比重瓶至近满，放比重瓶于恒温水槽内，待瓶内浸液温度稳定。

（4）将比重瓶的瓶塞塞好，使多余的水自瓶塞毛细管中溢出，擦干瓶外的水分后，称瓶、水、样合重得 G_2。

（5）将样品倒出，洗净比重瓶，注入经抽气的蒸馏水至比重瓶近满，塞好瓶塞，擦干瓶外水分，称瓶、水合重得 G_1。

然后按下式算出试样相对密度：

$$\delta = \frac{G\Delta}{G_1 + G - G_2} \tag{4-6}$$

式中　G——试样干重，g；

　　　G_1——瓶、水合重，g；

　　　G_2——瓶、水、样合重，g；

　　　Δ——介质比密度；

　　　δ——试样相对密度。

相对密度测定需平行做 3~5 次，求其算术平均值，取两位小数，其平行差值不得大于 0.02。

测定中须注意下列几点：

（1）比重瓶必须事先用热洗液洗去油污，然后用自来水冲洗，最后用蒸馏水洗净。

（2）为了完全除去比重瓶中水中的气泡，也可在抽真空的同时将比重瓶置于 60~70℃的热水中，使水沸腾，然后再冷却到室温下进行称量。

（3）水在 4℃时的相对密度为 1，20℃时的相对密度为 0.998232，在其他温度下的相对密度可查表 4-4 得到，但在对精确度要求不高时均可近似地认为等于 1。

表 4-4 不同温度下水的相对密度

温度/℃	相 对 密 度	温度/℃	相 对 密 度
0	0.999868	18	0.998623
1	0.999927	19	0.998433
2	0.999968	20	0.998232
3	0.999992	21	0.998021
4	1.000000	22	0.997799
5	0.999992	23	0.997567
6	0.999968	24	0.997326
7	0.999929	25	0.997074
8	0.999876	26	0.996813
9	0.999809	27	0.996542
10	0.999728	28	0.996262
11	0.999632	29	0.995973
12	0.999525	30	0.995676
13	0.999404	31	0.995369
14	0.999271	32	0.995054
15	0.999126	33	0.994731
16	0.998970	34	0.994399
17	0.998802	35	0.994059

B 显微相对密度法

显微相对密度法适用于微量（10~20mg）试样相对密度的测定，即用一特制显微比重管或选取内径均匀的化学移液管来制作量器，用带测微尺的显微镜代替肉眼观测试样的排液体积，即可求出矿物相对密度。介质一般采用酒精或二甲苯。精确度可达±0.2。

不论采用何种方法测相对密度，都要注意选择介质。对于亲水性试样，通常都是用水作介质，其他则可用酒精（95%时最稳定）、苯、甲苯、二甲苯等有机液体。

4.2.2 堆密度的测定

堆密度是指碎散物料在自然状态下堆积时，单位体积（包括空隙）的质量，常用的单位为 t/m³。由于水的密度是 1t/m³，因而堆比密度和堆密度的数值相同，但堆比密度是一个无量纲的量。

测定堆密度的主要目的是为设计矿仓、堆栈等贮矿设施提供依据。

具体测定方法如下：

取经过校准的容器，其容积为 V，质量为 G_0，盛满矿样并刮平，然后称量为 G_1，其堆相对密度 δ_D 和空隙度 e 可分别计算如下：

$$\delta_{\mathrm{D}} = \frac{\rho_{\mathrm{D}}}{\rho_{\mathrm{w}}} = \frac{G_1 - G_0}{\rho_{\mathrm{w}} V} = \frac{G_1 - G_0}{V} \tag{4-7}$$

$$e = \frac{\rho_{\mathrm{s}} - \rho_{\mathrm{D}}}{\rho_{\mathrm{s}}} = \frac{\delta_{\mathrm{s}} - \delta_{\mathrm{D}}}{\delta_{\mathrm{s}}} \tag{4-8}$$

式中　G_0，G_1——容器装矿前和装矿后的质量，kg；

　　　　V——容器的容积，L；

　　　ρ_{D}，δ_{D}——矿样的堆密度（kg/L）和堆相对密度；

　　　ρ_{s}，δ_{s}——矿样的密度（kg/L）和相对密度；

　　　　ρ_{w}——水的密度，等于 1 kg/L；

　　　　e——空隙度，空隙体积占容器总容积的分数，以小数计。

测定容器不应过小，否则准确性差。即使矿块很大，容器的边长最少也要比最大块尺寸大 5 倍。为减小误差，应重复测定多次，取其平均值作为最终数据。若要求测定压实状态下的碎散物料的堆相对密度，则在物料装入容器后可利用震动的方法使其自然压实，然后测定。

4.3　摩擦角和堆积角测定

测定摩擦角和堆积角主要是为设计矿仓、给矿溜槽、运输皮带等提供原始数据。

4.3.1　摩擦角测定

摩擦角是指物料恰好能从粗糙斜面开始下滑时的斜面倾角，即物料在粗糙斜面处于滑落临界状态时斜面的倾角。

根据摩擦角的定义，可以制作一台摩擦角测定仪。摩擦角测定仪如图 4-8 所示，取一块木制平板（也可用胶板或其他材质的平板），将其一端铰接固定，另一端可借细绳的牵引自由升降。利用摩擦角测定仪按照摩擦角的定义即可测出待测物料的摩擦角。

摩擦角的测定步骤如下：

（1）将摩擦角测定仪的平板置于水平位置。

（2）将适量的待测物料放到平板上。

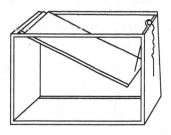

图 4-8　摩擦角测定仪示意图

（3）牵引细绳使平板缓缓下降，注意观察板上物料，当物料开始运动时，立即停止平板的下降，并将平板的位置固定。

（4）测量此时平板的倾角，该倾角即为物料的摩擦角。

（5）重复上述测量步骤进行多次测定，然后取其平均值作为最终测定值。

4.3.2　堆积角测定

堆积角是松散物料自然下落堆积成料堆时，堆积层的自由表面在平衡状态下与水平面形成的最大角度，也称为安息角或休止角。堆积角的大小是物料流动性的一个指标，堆积角越小，物料的流动性就越好。松散物料堆积角形态如图4-9所示。堆积角的测量方法有自然堆积法和朗氏法两种。

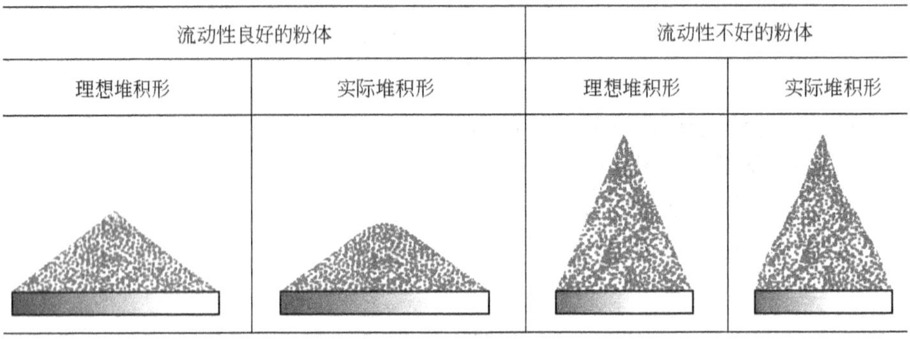

流动性良好的粉体		流动性不好的粉体	
理想堆积形	实际堆积形	理想堆积形	实际堆积形

图4-9　堆积角的理想状态与实际状态示意图

4.3.2.1　自然堆积法

自然堆积法很简单，只需有较平的台面或地面，将物料自然堆积，测量物料形成的圆锥表面与水平面的夹角即可。

测定步骤：

（1）选定一块大小合适的较平整的台面或地面。

（2）用料铲将物料铲到台面或地面，进行自然堆锥（要使物料自锥顶慢慢落下）。

（3）用直尺和量角器测出料锥表面与水平面的夹角，即为所测堆积角。

（4）重新堆锥，重复测量3~5次，取其平均值。

4.3.2.2　朗氏法

朗氏法的测定装置如图4-10所示，试料由漏斗落到一个高架圆台上，在台上形成料锥，测出料锥表面与水平面的夹角，即可得到物料的堆积角。

测定步骤：

（1）调整堆积角测定仪漏斗的高度，使其与高架圆台有合适的间距。

（2）调整堆积角测定仪的漏斗位置，使其与高架圆台同心。

（3）将试料铲于漏斗，使物料经漏斗缓缓落下，并在圆台上形成圆锥体，直至试料沿料锥的各边都等同地下滑时，停止加料。

（4）转动活动直尺，测出堆积角。

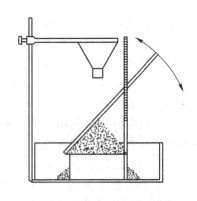

图4-10　堆积角测定仪示意图

（5）重复测量 3 次取其平均值为终测量值。

4.4　物料水分测定

物料水分一般分为：

（1）外在水分或表面水分。它覆盖在颗粒表面上，在干燥环境下保存时，这部分水分就会逐渐蒸发掉，直至变为"风干"状态。

（2）分析水分或吸着水分。它含在颗粒的孔隙和裂隙中，其含量与水蒸气的压力和空气的相对湿度有关。

（3）化合水或结晶水。

矿石和产品的水分将影响到洗矿、破碎、筛分、贮矿、脱水等作业的流程和设备选择，对判定矿石是否可能采用干式磁选等更具有决定性意义。

一般情况下，矿物加工工程中，需要测定的是物料的外在水分和分析水分两项，这两项水分的总和称为总水分或游离水分。其测定方法就是在适当的温度下，将物料的游离水分烘干，通过称量物料烘干前后的重量，计算出物料的水分。这里的水分测定是指粒度相对比较粗物料的水分测定，如果被测物料为粉末状，则其水分可以利用水分测定仪直接测出。

测量步骤如下：

（1）称取料盒重量。

（2）将待测物料破碎至 -2mm，混匀并取试样 100g。

（3）将样品放入料盒中，并将其摊薄均匀。

（4）将料盒置于烘干箱内，让盖子斜开着，控制烘干箱温度在 105~110℃进行烘干。

（5）烘干 8h 后关闭烘箱，将料盒移入干燥器内冷却。

（6）冷却后（约半小时）迅速盖上盒盖，从干燥器中取出料盒称重。

（7）计算物料水分。按下式计算：

$$W = \frac{G - G_1}{G} \times 100\% = \frac{G - G_2 + G_0}{G} \times 100\% \tag{4-9}$$

式中　W——物料的水分，%；

　　　G——待测样品（湿样）重量，g；

　　　G_0——料盒重量，g；

　　　G_1——烘干后干样重量，g；

　　　G_2——料盒、干样合重，g。

（8）重复上述测定步骤，测出三个以上平行样的水分，取其平均值作为最终测定结果。

测定中需注意如下问题：

（1）为了准确测定物料外在水分或总水分，必须及时采样，及时测定。大块物料只能就地测定。方法是先测湿重，然后测风干重（风干至恒重），最后测烘干重，依次可计算出外在水分和总水分。

（2）如果试样粒度大，实验量大，可先在采样地点及时测出外在水分，然后将风干试样破碎缩分，取出少量有代表性试样测定吸着水。

4.5　硬度系数（f 值）测定

4.5.1　测量原理

材料局部抵抗硬物压入其表面的能力称为硬度。固体对外界物体入侵的局部抵抗能力，是比较各种材料软硬的指标。由于规定了不同的测试方法，所以有不同的硬度标准。各种硬度标准的力学含义不同，相互不能直接换算，但可通过实验加以对比。硬度分为：

（1）划痕硬度。测量方法是选一根一端硬一端软的棒，将被测材料沿棒划过，根据出现划痕的位置确定被测材料的软硬。

（2）压入硬度。测量方法是用一定的载荷将规定的压头压入被测材料，以材料表面局部塑性变形的大小比较被测材料的软硬。由于压头、载荷以及载荷持续时间的不同，压入硬度有多种，主要是布氏硬度、洛氏硬度、维氏硬度和显微硬度等几种。

（3）回跳硬度。测量方法是使一特制的小锤从一定高度自由下落冲击被测材料的试样，并以试样在冲击过程中储存（继而释放）应变能的多少（通过小锤的回跳高度测定）确定材料的硬度。

矿石的软硬程度通常用莫氏硬度和硬度系数表示。莫氏硬度属于划痕硬度，共有十个硬度级别，滑石最软硬度为 1，金刚石最硬硬度为 10，莫氏硬度可按硬度表的标准由莫氏硬度计测得。莫氏硬度表中所列的数字，并没有比例上的关系，数字的大小仅表明矿物硬度的排行。硬度系数（f 值）也称普氏硬度系数或坚固性系数，普氏硬度属于压入硬度。矿石的硬度系数可由其制成的标准试件在压力机上测得的破坏载荷计算出来，计算公式如下：

$$R = \frac{P}{S} \tag{4-10}$$

式中　R——矿石试件的抗压强度，MPa；

　　　P——矿石试件的破坏载荷，N；

　　　S——试件承载面的面积，mm^2。

$$f = \frac{R}{100} \tag{4-11}$$

式中　f——硬度系数，MPa。

通常根据矿石的硬度系数可将矿石分为四个硬度级别：1）极坚硬矿石 $f = 15 \sim 20$（如坚固的花岗岩、石灰岩、石英岩等）；2）坚硬矿石 $f = 8 \sim 10$（如不坚固的花岗岩、坚固的砂岩等）；3）中等坚硬岩石 $f = 4 \sim 6$（如普通砂岩、铁矿等）；4）不坚硬矿石 $f = 0.8 \sim 3$（如黄土，仅为 0.3）。

硬度系数 f 是用来描述矿石物理、力学性质的物理量，其大小表示矿石破碎的难易程度，是设计选择矿石破碎和磨矿设备的重要参数。

4.5.2 实验设备、物料

（1）YE-1000 压力实验机，如图 4-11 所示。

（2）取有代表性大于 150mm 的待测块状矿石若干块。

4.5.3 测量步骤

测量步骤为：

（1）仔细阅读压力实验机使用说明书，掌握设备的使用方法。

（2）用制样设备将待测矿石制成直径为 50mm、高度为 100mm 圆柱体的试件（也可制成边长为 50mm 的立方体试件）。

图 4-11　数字式与指针式压力实验机外形图
（a）指针式压力实验机；（b）数字式压力实验机

（3）将试件用抛光机抛光，使试件达到下列要求：沿试件高度，直径的误差不超过 0.3mm，试件两端面不平行度误差，最大不超过 0.05mm；端面应垂直于轴线，最大偏差不超过 0.25°。

（4）用卡尺分别测出试件两端面和中点断面的直径，取其平均值作为试件直径；在试件两端面等距取三点测出试件的高，取其平均值作为试件的高，测量试件高度的同时注意检验两端面的平整度。

（5）将试件置于实验机承压板中心，调整球形座使试件均匀受载。

（6）以 0.5~1.0MPa/s 的加载速度加载，直至试件被破坏为止，记下破坏荷载（P）。

（7）按式（4-10）和式（4-11），计算试件的抗压强度 R 和硬度系数 f 值。

为了获得较准确的 f 值，测定过程中需注意如下问题：

（1）选取的检测矿石和岩石标本应具有充分的代表性。

（2）由于矿石不同表面上抗压强度有差异，同样的标本一般应选三块，分别测定各个面的 f 值，然后取其平均值。

（3）每组标本样应 3~5 个，并取其平均的 f 值。

4.6　矿石可磨度测定

磨矿设备是选矿的关键设备，磨矿设备的投资和运行费用在整个选矿厂中所占的比率都很大，而磨矿细度能否达到要求，对于所设计选矿厂能否达到设计指标又具有决定性的意义，因而在选矿厂设计工作中，矿石可磨度是一个重要的原始数据。

矿石可磨度是度量矿石磨矿难易程度的物理量。按其度量标准可分为两大类：

第一类是以单位容积磨机的生产能力表示可磨度，一般是指单位时间的产量，或磨机每转一转的产量；而生产量有的是指在指定给矿和产品粒度下处理的矿石量，有的是指新生某级别的产品量，有的则是指新生表面积（即新生的总表面积＝比表面积×吨数）。

第二类是以单位电耗量度量可磨度，即在指定的给矿和产品粒度下每磨 1t 矿石的耗电量（kW·h/t），或新生每吨某级别产品的耗电量（kW·h/t-新生级别），或每吨矿石每新生 $1000cm^2/cm^3$ 比表面的耗电量（kW·h/t-$1000cm^2/cm^3$）。

无论是采用第一类还是第二类表示法，都可分为绝对法和相对法，前者是用测出的单位容积生产能力或单位耗电量的绝对值度量可磨度，因而称为绝对可磨度；后者是将待测试样与标准试样的单位容积生产能力或单位耗电量的比值度量可磨度，因而称为相对可磨度。

按照磨矿试验方法的不同，可磨度的测定可分为开路磨矿测定法和闭路磨矿测定法两类。

4.6.1　单位容积生产能力法

当采用单位容积生产能力法设计计算磨矿机时，相对可磨度可作为计算磨矿机生产能力的原始数据。

（1）开路磨矿测定法。测定方法是分别取 -3（-2）$+0.15mm$ 的标准矿石和待测矿石的试样（每份 500g 或 1000g），在固定的磨矿条件下，分别依次进行不同时间的磨矿，然后将各份磨矿产品分别用套筛（或仅用 0.074mm（200 目）的标准筛）筛析，并在图上分别绘出标准矿石和待测矿石的磨矿时间与产品中各筛下（或筛上）级别累积产率的关系曲线（如图 4-12 所示）。磨至同一细度，标准矿石所需磨矿时间为 T_0，待测矿石所需磨矿时间为 T。

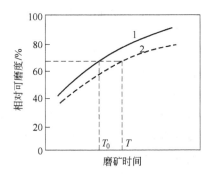

图 4-12　相对可磨度测定曲线
1—标准矿石；2—待测矿石

磨矿机的单位容积生产能力，即绝对可磨度，按给矿量计算应为：

$$q = \frac{60G}{VT} \tag{4-12}$$

式中　q——在指定的给矿和产品粒度下，按给矿量计算的单位容积生产能力，kg/（L·h）；

　　　G——试样原始重量，kg；

　　　V——试验用磨矿机体积，L；

　　　T——磨到指定细度所需时间，min。

按新生 $-75\mu m$ 产品计算应为：

$$q^{-75} = \frac{60G\gamma^{-75}}{100VT} \tag{4-13}$$

式中　q^{-75}——按新生 $-75\mu m$ 产品量计算的单位容积生产能力，kg/（L·h）；

　　　γ^{-75}——新生 $-75\mu m$ 含量，%。

测定相对可磨度时，需用一标准矿石作对照。若在相同条件下，将标准矿石磨到同一细度所需的时间为 T_0，算出绝对可磨度为 q_0 或 q_0^{-75}，按相对可磨度定义，则有

$$K = \frac{q}{q_0} = \frac{q^{-75}}{q_0^{-75}} \tag{4-14}$$

由于磨待测矿石和标准矿石的 G、V、γ^{-75} 均相同，因而不论是按给矿还是按新生 $-75\mu m$ 产品计算生产能力，推算出的相对可磨度计算公式均为：

$$K = \frac{T_0}{T} \tag{4-15}$$

这样，试验的任务仅在于求出 T_0 和 T。

按新生 $-75\mu m$ 含量法测定相对可磨度是最常用的方法，如图 4-12 所示，若曲线 1 和 2 分别代表标准矿石和待测矿石不同时间磨矿产品用 75pm 标准筛筛析结果，所要求 $-75\mu m$ 含量为 x，则自纵坐标上 x 处引一水平线分别与曲线 1 和 2 相交，两交点的横坐标即为所求的 T_0 和 T。

（2）闭路磨矿测定法。把一定数量的 $-3mm$ 左右的原矿，筛除指定粒度的合格产品后，进行不同时间的磨矿，即每次磨矿产品，在筛除指定粒度的合格产品后，返回磨矿机重磨，同时用筛除了合格产品的原矿补足筛除的部分，使磨矿机中的矿石总量保持不变。随着闭路次数的增加，产品中的合格产品量也将逐渐增加，但增加的幅度将逐渐减小，大约经过 10 次闭路，过程即可基本稳定，然后用最后两次的试验数据计算循环负荷和可磨度指标。

循环负荷 C 可按下式计算：

$$C = \frac{100 - \gamma}{\gamma} \times 100 \tag{4-16}$$

式中　γ ——最后两次磨矿产品中合格产品的平均产率,%。

磨矿机的单位容积生产能力按下式计算：

$$q = \frac{60G\gamma}{100VT} \tag{4-17}$$

式中字母的含义同前。

相对可磨度 K 则按下式计算：

$$K = \frac{q}{q_0} = \frac{\gamma T_0}{\gamma_0 T} = \frac{\gamma}{\gamma_0} \tag{4-18}$$

式中　q，q_0——待测矿石和标准矿石的绝对可磨度，即单位容积生产能力，$kg/(L \cdot h)$；

　　　γ，γ_0——待测矿石和标准矿石在相同磨矿时间（$T = T_0$）下闭路磨矿时，最后两次磨矿产品中合格产品的平均产率,%。

磨矿时间不同，返砂量也将不同，可根据生产实践资料，选定合理的返砂量，然后根据所要求的返砂量，确定磨矿时间，并在该磨矿时间下计算可磨度。

4.6.2　单位耗电量法

英、美等国倾向于采用单位耗电量法。可磨度的计算是以邦德破碎假说为基础的，所用方程式为：

$$W = w\left(\frac{10}{\sqrt{P}} - \frac{10}{\sqrt{F}}\right) \tag{4-19}$$

式中　W——测得的单位耗电量，$kW \cdot h/shton$；

　　　w——功指数，$kW \cdot h/shton$；

　　P——产品粒度（80%的产品通过的筛孔尺寸），μm；

　　F——给矿粒度（80%的给矿通过的筛孔尺寸），μm。

　　测定矿石的绝对可磨度就是测定矿石的功指数 w 值。

　　球磨可磨性功指数测定方法如下：

　　试验用 ϕ305mm×305mm（圆筒内径×内长）的平滑衬板磨机，其转速为 70r/min，内装总重 20.125kg，总表面积 5430.9×10^{-4} m^2 的钢球 285 个，其规格和数量分配为（还有其他不同规格和配比）：ϕ36.6mm 的 43 个，ϕ30.2mm 的 67 个，ϕ25.4mm 的 10 个，ϕ19.1mm 的 71 个，ϕ15.9mm 的 94 个。取碎至 -3.327mm（-6 目）（或更细）的试样约 10kg，先缩分出 200g 左右进行筛析，标定其粒度组成，找出 80% 重量通过的筛孔尺寸，然后用量具取 700cm^3（要振实）试样装入磨机中进行干磨。第一次转 100 转，倒出试样，根据工业生产产品粒度选取孔径在 0.589mm（28 目）以下的筛子进行筛分，筛下产物称重，筛上产物返回磨矿机，并补加与筛下产物等重的新物料使磨机中的物料保持恒定，进行第二次磨矿。从第二次开始按下式计算转数：

$$n_i = \left(\frac{G_1}{3.5} - rg_{i-1}\right)/G_{i-1} \qquad (i \geqslant 2) \qquad (4\text{-}20)$$

式中　n_i——第 i 次磨矿的转数，转；

　　　G_1——第一次磨矿的给矿量，g；

　　　r——新给料中小于磨矿用筛孔尺寸的含量，%；

　　　g_{i-1}——第 $i-1$ 次磨矿产品的筛下产物重量，g；

　　　G_{i-1}——第 $i-1$ 次磨矿每一转新生成的筛下产物量，g。

　　依此重复上述操作，且每次磨矿的循环负荷稳定在 250% 左右，直至筛下产物基本恒定。计算出最后稳定的三次磨矿每转新生成的筛下量的平均值，按如下经验公式计算功指数：

$$w = \frac{44.5}{P_l^{0.23} G_0^{0.82}\left(\dfrac{10}{\sqrt{P}} - \dfrac{10}{\sqrt{F}}\right)} \qquad (4\text{-}21)$$

式中　P_l——试验用筛的筛孔尺寸，μm；

　　　G_0——最后三次磨矿每转新生成的筛下产品量的平均值，g。

　　其余符号意义与式（4-19）相同。

　　限于篇幅，棒磨机和自磨机的试验方法不作介绍。

　　可磨度测定时的注意事项：

　　（1）测定相对可磨度时，作对照用的标准矿石必须稳定可靠。通常应选择矿石性质稳定、操作正常、生产数据稳定可靠，而且矿石性质比较相近的矿山的矿石作标准矿样。专业试验研究单位应常储备有足量的同一标准矿样，不要时常更换。

　　（2）由于相对可磨度数值与磨矿细度有关，因而所选磨矿细度必须根据设计要求确定。若在选矿试验时磨矿细度未能最后肯定，则必须按几个可能的粒度分别计算可磨度，并直接附上原始曲线图供设计人员使用。若今后生产上准备采用两段磨矿或阶段磨选流程，则选矿试验时也应分段测定可磨度。

　　（3）是采用干磨还是采用湿磨，应与工业生产一致。采用闭路磨矿测定法时，返砂量的大小也应与生产实际相符。

（4）实验室可磨度测定结果不能用作自磨机的设计原始数据。

4.7　强磁性矿物比磁化系数的测定

4.7.1　测量原理

如图 4-13 所示，将在整个长度上截面相等的试样管装入强磁性矿粉（如磁铁矿矿粉）后，置入磁场中，使其下端处于磁场强度均匀且较高的区域，而另一端处于磁场强度很低的区域。此时试样沿磁场轴线方向所受的磁力 $f_磁$ 为：

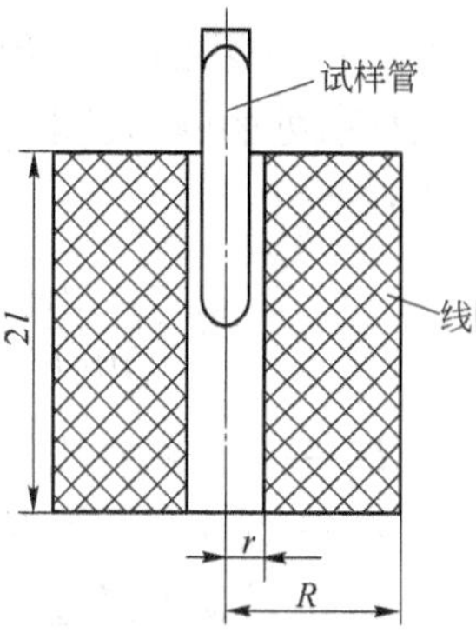

图 4-13　多层螺管线圈

$$f_磁 = \int_{H_2}^{H_1} \mu_0 K_0 \cdot \mathrm{d}l \cdot SH \cdot \frac{\mathrm{d}H}{\mathrm{d}l} = \frac{\mu_0 K_0}{2}(H_1^2 - H_2^2)S \tag{4-22}$$

式中　$f_磁$——试样所受的磁力，N；

　　　K_0——试样的物体容积磁化系数；

　　　μ_0——真空磁导率，H/m；

　H_1，H_2——试样两端处的磁场强度，A/m；

　　　S——试样的截面积，m^2。

当试样足够长，且 $H_1 \gg H_2$，磁场强度 H_2 很小可忽略不计时，上式就可写成：

$$f_磁 = \frac{\mu_0 K_0}{2}H_1^2 S \tag{4-23}$$

所受磁力用天平测出，即：

$$f_磁 = \Delta m \cdot g \tag{4-24}$$

式中　g——重力加速度，$9.81 m/s^2$；

　　　Δm——试样在磁场中重量的变化量，kg。

此时：

$$\Delta m \cdot g = \frac{\mu_0 K_0}{2}H_1^2 S \tag{4-25}$$

已知：

$$K_0 = \chi_0 \rho = \chi_0 \frac{m}{lS} \tag{4-26}$$

$$\Delta m \cdot g = \frac{1}{2}\frac{\mu_0 \chi_0 m}{lS}H_1^2 \cdot S \tag{4-27}$$

$$\chi_0 = \frac{2l\Delta mg}{\mu_0 mH_1^2} \tag{4-28}$$

式中　χ_0——试样的物体比磁化系数，m^3/kg；

　　　m——试样重量，kg；

　　　l——试样的长度，m；

　　　ρ——试样的密度，kg/m^3。

当试样的长度 l 很长，且截面 S 很小时，则

$$\chi = \chi_0 = \frac{2l\Delta mg}{\mu_0 mH_1^2} \tag{4-29}$$

式中　χ——试样的物质比磁化系数，m^3/kg；

上式中 l、g 和 m 值为已知，实验时改变 H 的大小，测定 Δm 值，通过上式可计算 x 值，而且还能确定比磁化强度，即：

$$J = \chi H_1 = \frac{2l\Delta mg}{\mu_0 mH_1} \tag{4-30}$$

式中　J——矿物的比磁化强度。

试样所处的磁场是由多层螺管线圈通入直流电形成的，线圈内某点的磁场强度可由下式求出：

$$H = \frac{2\pi ni}{10(R-r)}\left(l_1 l_n \cdot \frac{R+\sqrt{R^2+l_1^2}}{r+\sqrt{r^2+l_1^2}} + l_2 l_n \cdot \frac{R+\sqrt{R^2+l_2^2}}{r+\sqrt{r^2+l_2^2}} \right) \tag{4-31}$$

式中　H——多层螺管线圈内中心线上的磁场强度，Oe（$1Oe = 7.9578\times10A/m$）；

n——线圈单位长度的匝数；

i——线圈所通过的电流，A；

R——线圈外半径，cm；

l_1——线圈内某点（测点）到线圈上端的距离，cm；

l_2——线圈内某点到线圈下端的距离，cm。

因在线圈内中心点 $l_1 = l_2$，R，r，n 为固定值，故 $H = CI$（Oe）（C 为常数）。根据在不同的磁场强度下测得试样的比磁化强度 J 和比磁化系数 χ，可作出 $J = f(H)$ 和 $\chi = f(H)$ 的曲线，求出试样的比剩余磁化强度 J_r 及矫顽磁力 H_c 值。

4.7.2　实验仪器和设备

测量装置如图 4-14 所示，主要由分析天平、多层螺管线圈、直流电表计、开关及薄壁玻璃管等组成。

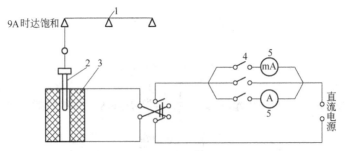

图 4-14　测定矿物磁性装置的线路图

1—分析天平；2—薄壁玻璃管；3—磁化线圈；4—开关；5—直流电流表

4.7.3　测量方法与步骤

（1）检查并熟悉线路和实验装置。

（2）在天平上称量试管重量 P_0 后，装入已知粒度和品位的磁铁矿（或磁黄铁矿或钛磁铁矿）粉并轻轻振动使其紧密，量出其长度 L（约为 $25\sim30cm$）并记录。

（3）将装有磁铁矿粉的试样管装在天平的吊链上置入磁化线圈的磁场中，使试样的一端接近磁化线圈磁场的中心，并且不要碰到线圈的内壁。

（4）用砝码调整使天平平衡，记录试管与试样的合重 P_1。

（5）试样退磁。将磁化线圈通入约为 8.5A 的大电流（磁场强度约 2000Oe 左右），翻转双投开关约 20 次左右（在转向前应先将两电流表的开关拉开，合上线路中间短路开关使电流不经过电流表），电流逐次降低，重复上述操作直到电流为零。

（6）拟订磁化磁场强度大小（如 25、50、100、500、1000、1500、2000Oe）。依次通入相应的电流使磁场强度达到需要的值，翻转双投开关 10 余次进行试样的磁锻炼（注意翻转后电流方向一定），进行磁锻炼后调整天平测出试样在磁场中的重量 P_2（测量时电流只能升不允许往下调整）。当电流升至 8.5A，磁场强度约为 2000Oe 左右以后，降低磁场强度（如 1500，1000，500，100，50，25Oe），调整天平测定试样在不同磁场中的重量 P_2（电流只能减少，不允许增加，且不进行磁锻炼），测磁滞回线。当磁场强度降低为 25Oe 左右后，反转双投开关改变磁场方向并进行试样重量 P_2 的测定。缓慢增加磁场使砝码重量等于 P_1，测出矫顽磁力 H_0。

学 习 情 境

本章以试样工艺性质的测定为载体，掌握矿石常用的粒度分析方法，包括筛分析、沉降分析。

掌握矿石密度和堆密度、摩擦角和堆积角的测定方法。

掌握单位容积生产能力法测定矿石可磨度的方法。

了解矿石水分、硬度与比磁化系数的测定方法。

复习思考题

4-1 细粒物料筛析时的操作要点与注意事项是什么？

4-2 筛分析与沉降分析的区别与适用范围是什么？

4-3 连续水析仪与旋流粒度分析仪的操作要点是什么？

4-4 用比重瓶法测定粉状物料密度时的操作步骤是什么？

4-5 矿石的堆密度、摩擦角与堆积角的测定方法有哪些？

4-6 单位容积生产能力法测定矿石可磨度有开路法与闭路法，它们的操作步骤有什么不同？

4-7 物料水分的测量步骤与注意事项是什么？

5 优化试验设计

选矿试验中一般有两类情况。一类是试验本身花费的时间不长，而为检验产物获得试验结果所需等待的时间却较长。例如，一批试验可以在一个工作日内完成，但第二批试验却必须等到第一批试验的结果出来后才能进行。这时决定试验进度的是试验的批次，而不是试验的个数。实验室浮选试验就属于这一类。第二类情况是每个试验所要花费的时间较长，而为检验产物获得试验结果所需等待的时间相对较短。这时决定试验进度的就是试验个数，而不是试验批次。此外，如果为完成每一个试验所花费的代价很大，如工业性选矿试验，则节约试验个数也将是主要矛盾。

为了提高工作效率，以较少的试验次数、较短的时间和较低的费用，获得较精确的信息，更好地完成试验任务，事先必须对要做的试验进行科学合理的计划和安排，这就是试验设计（或称"试验方法"）的问题。

常用的试验方法有许多种，从不同的角度出发可用不同的分类方法。

从如何处理多因素的问题出发，可将试验方法分为单因素试验法和多因素组合试验法。

所谓单因素试验法，就是将其他因素暂时固定在某一适当的水平上，而每次只变动一个因素，待找到这个因素的最优水平后，便固定下来，再依次考察其他因素。该法试验安排简单容易，一般用于生产现场中较为简单的选矿试验安排。其主要缺点是：当因素间存在交互作用时，难于可靠地找到最优条件，且试验工作量较大。

多因素组合试验法则是将多个需要考查的因素组合在一起同时试验，而不是一次只变动一个因素，因而有利于揭露各因素间的交互作用，可以较迅速地找到最优条件。

从如何处理多水平问题的角度出发，可将试验方法分为同时试验法和序贯试验法。

同时试验法是将试验点（试验条件）在试验前一次安排好，根据试验结果，找出最佳点，如传统的均分法或穷举法就属于同时试验法。

序贯试验法不是一开始就将全部试点安排好，而是先选做少数几个水平，找出目标函数（选别指标）的变化趋势后，再安排下一批试点，这样就可省去一些无希望的试点，从而减少整个试验工作量，但试验批次却会相应地增加。消去法和登山法就属于序贯试验法。消去法要求预先确定试验范围，然后通过试验逐步缩小搜寻范围，直至达到所要求的试验精度为止。单因素优选法中的平分法、分批试验法、0.618 法（黄金分割法）、分数法等都属于消去法。登山法则是从小范围探索开始，然后根据所获得的信息逐步向指标更优的方向移动，直至不能再改进为止。最陡坡法、调优运算和单纯形调优法等属于登山法。

为了由易到难，由浅入深地学习，我们先讨论单因素试验方法，再讨论多因素试验方法，最后讲述正交法的应用。

5.1 单因素试验方法

5.1.1 穷举法

穷举法属于同时试验法的一种。在进行浮选条件试验时，许多因素的水平往往可以根据生产实践经验、理论知识及预先试验的结果，确定在较小的试验范围内。所需要比较的试点不多，多半可以在一个工作日内一批做完，这时可采用穷举法进行试验安排。

例如：根据实践经验，硫化铅的浮选 pH 值以 8~10 为宜。选矿试验时，就只需做 pH 值为 7、8、9、10、11 或再加上 12 这几个试点。在一个工作日内就完全可以把这一批试验全部做完，而不必采用先做几个试点，等检验结果出来后又补做一两个试点的办法。因为分批次以后，试验个数虽然可能节省 1~2 个，试验进度反而会拖慢。

穷举法试验设计主要考虑以下三个问题：

(1) 试验范围。一般可根据生产实践经验和理论知识，估计最优点所在范围，然后适当向外延伸。如磨矿细度试验，就可以根据矿石的嵌布粒度，估计大致的磨矿细度，然后以此为中点，在附近布点。

如果根据已有的经验和知识，无法估计最优点所在范围，就应改用其他方法进行预先试验探索范围。

(2) 试验间隔。试验间隔太小，则试点增多；间隔太大，又可能落掉最优点或至少不能确切地找到最优点的位置。因此，各试验点的间隔要与试验误差相适应，即由于因素水平的变化所引起试验结果的变动要有可能较显著地超过试验误差。例如，当黄药用量为每吨 100g 左右时，5g 甚至 20g 以下的变动对选矿指标的影响就会落在试验误差的范围内。因此，这时黄药用量的变化间隔至少要在 20g/t 以上，否则将毫无意义。

另外，在试验范围内，各个水平的取值方法一般有两种：

(1) 在试验范围不宽时，可使各个水平成等差关系。例如黄药用量在 40~120g/t 范围内进行试验时，即可取 40、60、80、100、120g/t 五个水平；

(2) 在试验范围很宽时，同样一个幅度的波动，在低水平时可能对试验结果有很大的影响，而在高水平时却显不出来，这时应使各个水平成等比关系。例如对泥质铜矿，石灰用量的试验范围定为 500~8000g/t，试点可定为 0.5、1.0、2.0、4.0、8.0g/t 五个水平，这比选用 0.5、2.5、4.5、8.5g/t 五个水平要好得多。

又如磨矿细度试验，若用细度表示因素的水平，可使各个水平成等差关系，如 50、60、70、80、90% 的 -0.074mm（-200 目）等。若用磨矿时间表示因素的水平，最好使它成等比关系，例如可用 14、20、28、40min 五个试点，这比用 10、20、30、40min 的安排要好得多，因为在磨矿的前几分钟内细度变化较大。

(3) 试验顺序。选定了一批五个左右的试点以后，实际工作中一般先从中间水平做起。这样可以根据试验现象判断该水平是否已明显偏高或偏低，若已明显偏低，即可临时去掉低水平各试点而增加高水平的试点；若已明显偏高，就可以不再做高水平各点，而增加低水平的试点。若采用按顺序做的办法，就可能直到最后才发现问题，因而白白做了一些本来有可能不做的试点。

以上讨论的三个问题，其原则对其他试验方法也是适用的。

5.1.2 序贯试验法

5.1.2.1 消去法

消去法是先在大范围内探索，然后逐步消去无希望的区段，直至逼近最优点，如分批试验法、平分法、0.618 法等。

A 分批试验法

根据一个批次可以做的试验个数，将整个试验范围划分成若干区段，第一批试验跳着做，找出最优点所在的区段，然后再在该区段内补做几个试点，即可找到最优点。这样其他区段内剩下的试点就没有必要做了，试验的工作量可大大减少，而试验精度也不会受到影响。分批试验法的区段划分，主要有下面两种办法（见图 5-1）。

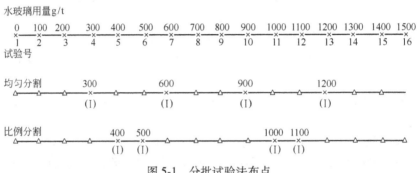

图 5-1 分批试验法布点

a 均分分割法

如果一批可以做 n 个试验，就将整个试验范围平均分成 $n+1$ 段。显然，这时有 n 个分点，于是第一批试验就在这 n 个分点上做。例如，某一硫化矿浮选时，预定水玻璃用量的试验范围为 $0 \sim 1500 g/t$，要求的水平间隔为 $100 g/t$，每个工作日只能做四个试验。若用穷举法就有 16 个试点，需要四个工作日才能做完。现用分批试验法，将试验范围先划分成 $4+1=5$ 个区段（$0 \sim 300$，$300 \sim 600$、$600 \sim 900$、$900 \sim 1200$、$1200 \sim 1500 g/t$，见图 5-1）。第一批做第 4、7、10、13 四个点，即水玻璃用量为 300、600、900、1200g/t 的四个水平。若试验结果最好点是 4 号（300g/t），则第二批做的试点就为 1、2、3、5、6 五个，此时，就应适当延长工作时间，将五个试验一批做完。若第一批最好点是 12，情况与此类似。由此可见，在用均分分批试验法代替穷举法时，试验个数减少到 8~9 个，试验批次可由 4 次减到 2~3 次。

b 比例分割法

仍以上例说明，第一批试验的试点取在 5、6、11、12 号（400、500、1000、1100g/t）。可以看到，不论哪一个点相对最好，需要补做的只有四个试点。若 5 号点最好，需补做的就是 1、2、3、4 四个点。因而不论第一批试验的好点在哪里剩下要做的试验都可以在第二批一次做完。

两种分割法比较，由于比例分割法布点是两两相连，找到相对最好点后只需要在该点一侧补点，因此比均匀分割法更能节省试验个数。当然，在选矿试验精度不高，试验点数较少时，均匀分割法还是可取的。

B 平分法

确定试验范围以后，先取中间试点进行试验，根据试验结果判断该水平是偏低还是偏高。若已偏低，即可将中间水平以下各点消去，而将中点以上的区段作为新的试验范围。第二次再在新的中点进行试验，每做一个试验即将试验范围消去一半。与分批试验法相比，平分法能明显地节约试验个数，但是会增加试验批次，在选矿试验中，主要用于预先试验。

例如，红铁矿浮选时，脂肪酸可能的用量范围为 50~800g/t，很难用穷举法一次（一个工作日）找到最佳用量，这时就可以先用对分法缩小试验范围。先按穷举法依等比关系布点 1、2、3、4、5、6、7、8、9（50、70、100、140、200、280、400、560、800g/t），第一个试验首先做中间的 5 号试点（200g/t），直接根据试验现象判断结果。若浮选现象表明 200g/t 已明显过多，即可消去 6~9 号四个试点，并进而做 3 号试点（100g/t）；若浮选现象表明 200g/t 明显偏少，即可消去 1~4 号四个试点，并进而做 7 号试点（400g/t）。一般最多对分 2~3 次即可确定正式试验的范围。用平分法一直做到底是不好的，因为在试验最后阶段，由于用量差别不大，已无法根据现象判断结果好坏而必须等待化验结果，此时再用一次只做一个试验的办法就不合适了。

C 0.618 法（黄金分割法）

将预定的试验范围作为一个单位，每次对比两个试验点，一点位于 0.618 处，另一点是它的对称点 0.382。若 0.618 点（或 0.382）结果较好，即可将 0.382 以下（或 0.618 以上）的水平消去，而将 0.382~1（或 0~0.618）的区段作为新的试验范围，重新当做 1。可以证明，原来的 0.618 点（或 0.382 点）在新范围内成为 0.382 点（或 0.618 点），新的 0.618 点（或 0.382 点）则位于老 0.618 点（或 0.382 点）的对称位置。因而第二次实际只需再补做一个试验就可以有两个对比数据。如此连续，直到所要求的精度逼近最优点为止。

下面仍以在 0~1500g/t 的范围内寻找水玻璃的最佳用量为例，设用穷举法和分批试验法找到的最优点为 700g/t，试验精度为 100g/t。在用 0.618 法时则会出现下列情况（见图 5-2）：

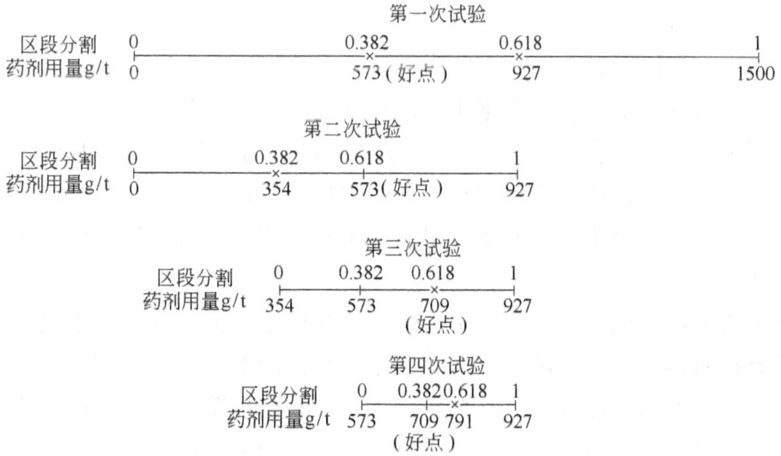

图 5-2 单因素 0.618 法

第一次做 573 和 927g/t 两个水平，结果 573g/t 较好，消去 927g/t 以上水平。第二次补做 354g/t 的试点，同 573g/t 对比，仍是 573g/t 较好，消去 354g/t 以下水平。第三次补做 709g/t 的试点，同 573g/t 对比，709g/t 较好，消去 573g/t 以下水平。第四次补做 791g/t 试点，同 709g/t 对比，仍是 709g/t 较好，到此结束试验。确定最优点为 709g/t，波动范围为 573～791g/t，即 −136+82g/t。

通过在 0～1500g/t 范围内寻找水玻璃最佳用量（精度要求 ±100g/t）为例，现将穷举法、分批试验法、0.618 法的试验工作量对比列于表 5-1。

表 5-1　几种试验方法工作量对比

试验方法	穷　举　法	分批试验法	0.618 法
试验个数	16	8	5
试验批次	4	2	4
精度/$g \cdot t^{-1}$	±100	±100	−136 和 +82

由表 5-1 可以看出，0.618 法虽能最大限度地节约试验个数，却不能减少试验批次。分批试验法却最大限度地减少试验批次，同时试验个数也比穷举法少得多。

5.1.2.2　登山法

登山法是以现有生产条件或过去试验的最佳条件为起点，在此附近对所研究的因素做小范围探索，若发现某方向有可能改善指标，即可沿该方向继续变动试验因素的水平，直至指标不再提高为止。如果后一步指标已开始下降，即可缩回一步或半步，最后确定最优点的位置。

工业性试验时，为了避免不必要的损失，不宜一开始就对操作条件作大幅度调整。实验室试验时，有时为了套用过去最佳条件也不希望从大范围的探索开始，此时即可采用登山法。

使用登山法时，若试验条件调节幅度较小，试验结果的差别就可能落在试验误差的范围内，以致无法辨别。因此在使用登山法确定试验最佳条件时，必须特别注意减小试验误差。同时，第一步可适当走大一点，以免一开始就弄错方向。

5.2　多因素试验方法

选矿试验中，多因素试验方法有两大类。一类是每次变动一个因素，而将其他因素暂时固定在一个适当的水平上，这样逐步依次地寻找各个因素的最佳水平。其实质是用单因素试验方法解决多因素选优问题，数学上称降维法。第二类是各个因素同时变动同时试验，其试验方法也大多是从单因素试验方案引申而来的，同样可分穷举法、消去法、登山法三大类。因而不论采用哪一个办法，单因素试验方法中所讲到的一些基本原则在多因素选优中也是适用的。

一次一因素试验法比同时变动多个因素的方法简单，但在各个因素之间存在交互效应时，就可能导致错误的结论。例如：捕收剂用量和抑制剂用量就经常是互相制约的。捕收剂用得少抑制剂就可能用得少；捕收剂加得多，抑制剂也要多加。而两种组合的效果可能是等同的，甚至两种药量都少的组合效果还要好些。如果在抑制剂用量试验时，错误地将捕收剂用量固定在较高的水平上，试验得出的抑制剂"最佳用量"也会很高。然后再做捕收剂的用量试验时，由于抑制剂的用量已经选高，又必然会得出捕收剂用量也要高的结论，结果就找不到两种药剂都少的组合。

多因素试验方法的选择办法是：在正式优选之前，首先分析各个因素之间的相互关系，只对那些相互之间有明显影响的因素采取同时试验的办法，而对那些比较独立的因素采取单独试验的办法。

下面仅介绍一些易懂的多因素试验设计方案。

5.2.1　一次一因素试验法（降维法）

一次一因素试验安排可参照单因素试验方法中所讲到的一些基本原则进行，但是在有交互作用存在的情况下，采用一次一因素试验法，要求将其他因素固定在比较恰当的水平上，否则就可能得出错误的结论。为此，在正式的选优试验之前，应对矿石性质和有关专业知识有一充分的了解并进行必要的预先试验。另外，还要注意妥善地安排各个因素的试验顺序。一般安排各个因素试验顺序的原则如下：

（1）进行选矿条件试验时，必须先试验那些对选别指标起决定性影响的因素，即主要因素。

这里也有一个矛盾，既然是主要因素，试验结果就更加要求准确。现在放在前面做，由于其他因素尚未固定在最佳水平上，结果就不太可靠。补救的办法是在其他条件确定之后，对一些主要条件再次进行校核。例如，有用矿物的单体分离是选别的前提，因而磨矿细度试验一般总是放在最前面做。但对于复杂矿石，药方确定以后，一般还要对磨矿细度再进行校核。

（2）有些因素对选别指标的影响虽然很大，但却很容易通过一两个预先试验比较准确地确定其大致最佳水平，对于这样的因素就可以留在比较后面去做。例如，捕收剂用量及起泡剂用量的变化，都可大幅度地影响选别指标，但却比较容易在预先试验中直接根据浮选现象判断其用量是否恰当，因而在系统的条件试验中总是放在比较后面去做。

5.2.2　多因素穷举法

多因素穷举法即将各个因素的各个水平排列组合，全部进行试验。例如：二因素五水平就有 $5 \times 5 = 25$ 种组合，三因素五水平就有 $5^3 = 125$ 种组合，四因素五水平就有 $5^4 = 625$ 种组合，n 因素五水平有 5^n 种组合，n 因素 P 水平有 P^n 种组合。

二因素五水平组合情况如图 5-3 所示。25 个结点代表 25 种组合。浮选条件试验每个

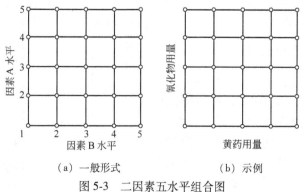

（a）一般形式　　　　　　　（b）示例

图 5-3　二因素五水平组合图

因素要求试验的水平至少在 5 个左右，有时更多。由上可以看到，在三因素的情况下即有 125 种组合。因而这种多因素多水平穷举法，或者称为多因素多水平全面试验法，实际上是不可能采用的。

5.2.3 多因素分批试验法

现仅讨论二因素五点安排。它是从单因素三点安排引申而来，即先做一个中间水平和几个端点，对二因素五点安排就是平方格的中心点和四个顶点。这些顶点相应于各因素最低水平和最高水平的全部组合，分批试验完成后，可使每一个因素的水平范围消去一半。

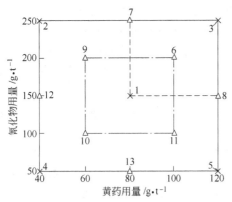

图 5-4　黄药—氰化物用量试点
×—第一批试验；△—第二批试验

例如图 5-4 中，最初确定的试验范围为点 2、3、4、5 所固定的方格，即黄药用量为 40 ~ 120g/t，氰化物用量为 50 ~ 250g/t。第一批试验布点 1 为（黄药 80g/t，氰化物 150g/t）、2（40，250g/t）、3（120，250g/t）、4（40，50g/t）、5（120，50g/t）。一般来说，中点应选择在估计的最佳水平上，因而这点的试验结果可能是较好或最好，再比较四个顶点，若其中顶点 3 结果最好，就可将试验水平缩减到点 7、3、8、1 所固定的范围内（图中用虚线表示），即黄药 80 ~ 120g/t，氰化物 150 ~ 250g/t，此时每种因素的试验范围均已消去一半。第二批试验的安排，即 6、7、3、8、1 五点（实际上只要再补做 6、7、8 三点）或按穷举法做全部九种组合中剩下未作的七点，也可在五点安排的基础上灵活地增加一两个有希望的点（要根据第一批五点结果变化的趋势判断）。一般做完两批试验后，即可估计出最佳点所在位置，必要时可再补做两个点进行校核。

若第一批试验四个顶点结果都不太好，而中点结果较好。说明最优点就在中点附近，第二批试验范围则定在 9、6、11、10 方格内（图中用点划线表示），即黄药 60 ~ 100g/t，氰化物 100 ~ 200g/t。试验布点的原则同前。

若对角线两点 3 和 4 结果都较好，而 2 和 5 点结果都较差，则说明可能有两个最优点，因而第二批试验要在 7、3、8、1 和 12、1、13、4 两个方格范围内布点。

5.2.4 0.618 法（黄金分割法）

现以二因素的情况为例（见图 5-5）。第一次试验的水平范围为 ABCD，第一批试验因素甲和乙均取两个水平，即 0.382 和 0.618。这样，第一批试验的布点即为 1（甲：0.382，乙：0.618）、2（甲：0.382，乙：0.382）、3（甲：0.618，乙：0.382）、4

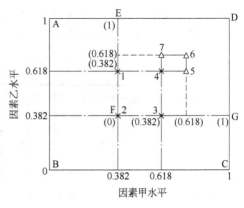

图 5-5　二因素 0.618 法
（括号内数字为第二次分割）

（甲：0.618，乙：0.618）四个点，代表四种组合。若第一批试验的结果第 4 点最好，则将两个因素的 0.382 以下水平消去，而将 EFGD 作为新的试验范围。然后将新的区段作为"1"个单位，重新在新的 0.382 和 0.618 处布点，得出第二批试点 4、5、6、7。如此继续直到所要求的精度逼近最优点为止。

在浮选二因素和三因素组合试验中，0.618 法的效果与分批试验法相近。

5.2.5 登山法

同单因素一样，在试验条件不宜作大幅度调整时，最好采用登山法。

二因素和三因素登山法的基本试验安排与分批试验法相似，也是五点安排，但顶点不是布置在极端水平的位置，而是布置在中间水平的附近，即顶点与中点的水平间隔很小，只是应注意不要小到落在试验的误差范围内。例如，对于药剂的用量试验，用量变动幅度应不小于 20%。

用登山法进行选矿条件试验，以二因素五点安排为例，可能出现的情况主要有以下几种：

（1）四个顶点与中点结果相近，应扩大范围进行试验。

（2）四个顶点结果均不如中点，说明中点已在最优点附近。若试验精度允许，可缩小范围再做试验。

（3）有一个顶点结果最好，即可向该顶点方向登山一步，继续试验，如图5-6（a）所示。

（4）某一个边的两个顶点结果都好，则沿该边垂线方向登山一步，继续试验，如图5-6（b）所示。

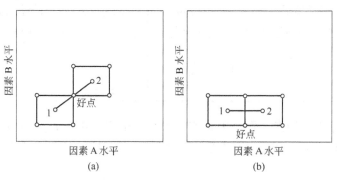

(a) (b)

图 5-6 二因素登山示意图

5.3 正交试验设计

正交试验设计就是利用正交表来安排试验，并对试验结果进行计算和分析的试验安排方法。它是一种安排多因素试验的较好的方法，其优点是：试点分布均匀，当某一因素的水平变化时，其他各因素的水平可以认为是统计相等的，因而可利用统计分析的方法分别揭露各个因素的影响。

正交试验设计的工具是正交表（常用正交表见本书附录 3）。正交表的记号如 $L_8(2^7)$、$L_{16}(2^{15})$、$L_9(3^4)$、$L_{27}(3^{13})$、$L_{16}(4^5)$、$L_{16}(4^3 \times 2^6)$、$L_{25}(5^6)$ 等，符号 L

代表正交表，其他为 $L_{验试个数}$（水平因素）。例如，L_{27}（3^{13}）表示按正交表进行试验，共需做 27 个试验，每个因素取 3 个水平，最多允许安排 13 个因素。又如 L_{16}（$4^3 \times 2^6$）表示按这个正交表进行试验，共需做 16 个试验，其中最多允许安排 3 个 4 水平的因素和 6 个 2 水平的因素。

用正交表安排试验一般按如下步骤进行：

（1）明确试验目的，确定试验指标。

（2）根据实践经验和专业知识，确定试验因素和每个因素变化的水平。主要因素不能漏掉，因素的水平要选择合理。

上面这两步是试验成败的关键，也是数学方法无能为力的。

（3）选择适当的正交表：根据因素、水平和试验条件选用一张正交表安排试验计划。

（4）根据安排的计划进行试验。

（5）把试验结果填在正交表上。

（6）计算 K 值和 R 值，用 K 值作图。

（7）分析因素（包括交互作用）的主次。

（8）选择最优水平组合。

（9）试验误差太大的，要分析原因并考虑重新试验。

例如，某铜冶炼厂的炼铜转炉渣的浮选试验，主要目的是从炉渣中回收铜，可能影响选矿指标的各因素及各因素的考察水平列于表 5-2。

表 5-2　影响因素（试验条件）

影响因素　　　试验水平	因素 A	因素 B	因素 C	因素 D	因素 E
	细度	2 号油用量	水玻璃用量	丁黄药用量	浓度
	-0.053mm（-270 目）$/\%$	$/\text{g}\cdot\text{t}^{-1}$	$/\text{g}\cdot\text{t}^{-1}$	$/\text{g}\cdot\text{t}^{-1}$	$/\text{g}$
1	75	45	0	60	300
2	85	68	500	90	400
3	95	90	1000	120	500
4	98	113	2000	150	600

根据本试验中五个因素，每个因素四个水平，确定选用表 L_{16}（4^5）来安排试验。这张表有十六个横行、五个竖列，其中整齐地排着"1"、"2"、"3"、"4"四个数字（见表 5-3）。

表 5-3　正交表 L_{16}（4^5）

列号　　　试验号	1	2	3	4	5
1	1	1	1	1	1
2	1	2	2	2	2
3	1	3	3	3	3
4	1	4	4	4	4
5	2	1	2	3	4
6	2	2	1	4	3
7	2	3	4	1	2
8	2	4	3	2	1
9	3	1	3	4	2
10	3	2	4	3	1

试验号 \ 列号	1	2	3	4	5
11	3	3	1	2	4
12	3	4	2	1	3
13	4	1	4	2	3
14	4	2	3	1	4
15	4	3	2	4	1
16	4	4	1	3	2

安排试验时，把五个因素依次放在这张表的五个列上，各因素对应的水平换成相应的四个水平所表示的具体条件，这样就把表 $L_{16}(4^5)$ 改换成一个正交试验计划方案（见表 5-4）。

表中 1、2、3、…、16 代表试点号，该试验方案中每一个试验的条件就是这个试点相应的横行中各因素的条件。

例如表 5-4 中：

第 1 号试验，细度为 75%；2 号油为 45g/t；水玻璃为 0；丁黄药为 60g/t；浓度为 300g。

第 9 号试验，细度为 95%；2 号油为 45g/t；水玻璃为 1000g/t；丁黄药为 150g/t；浓度为 400g。

表 5-4 正交试验方案及结果

试验号 \ 类别 \ 因素	A 细度		B 2号油		C 水玻璃		D 丁黄药		E 浓度		精矿品位 $\beta/\%$	回收率 $\varepsilon/\%$	尾矿品位 $\theta/\%$
	水平	因素值 -0.053mm (-270目) /%	水平	因素值 /g·t^{-1}	水平	因素值 /g·t^{-1}	水平	因素值 /g·t^{-1}	水平	因素值 /g			
1	1	75	1	45	1	0	1	60	1	300	10.93	89.00	0.38
2	1	75	2	68	2	500	2	90	2	400	8.36	92.60	0.29
3	1	75	3	90	3	1000	3	120	3	500	8.38	91.74	0.31
4	1	75	4	113	4	2000	4	150	4	600	8.29	92.47	0.30
5	2	85	1	45	2	500	3	120	4	600	10.62	92.11	0.28
6	2	85	2	68	1	0	4	150	3	500	9.71	92.83	0.27
7	2	85	3	90	4	2000	1	60	2	400	9.75	92.12	0.29
8	2	85	4	113	3	1000	2	90	1	300	9.07	92.39	0.29
9	3	95	1	45	3	1000	4	150	2	400	12.38	91.48	0.28
10	3	95	2	68	4	2000	3	120	1	300	9.98	93.25	0.24
11	3	95	3	90	1	0	2	90	4	600	9.96	93.10	0.21
12	3	95	4	113	2	500	1	60	3	500	11.55	92.59	0.26
13	4	98	1	45	4	2000	2	90	3	500	14.66	90.80	0.30
14	4	98	2	68	3	1000	1	60	4	600	12.13	92.65	0.26
15	4	98	3	90	2	500	4	150	1	300	10.64	93.20	0.25
16	4	98	4	113	1	0	3	120	2	400	10.94	93.32	0.24

这样选出的十六个试验的特点是：均衡搭配。也就是说，这样选出的十六个试验，在

五个因素的各种水平之间，搭配是均衡的。

然后根据安排的计划进行试验，将各项试验结果填入表 5-4 中的试验结果部分。

最后用正交表的直观分析法对试验结果进行如下处理，得到各项指标的效应值。效应值与因素、水平的关系如表 5-5 所示。

表 5-5　K 和 R 值计算结果

因素 序列		A 细度	B 2 号油	C 水玻璃	D 丁黄药	E 浓度
精矿品位/%	K_1	8.99	12.15	10.39	11.09	10.16
	K_2	9.79	10.05	10.29	10.54	10.36
	K_3	10.97	9.68	10.49	9.98	11.08
	K_4	12.09	9.96	10.67	10.26	10.25
	R	3.10	2.47	0.38	1.11	0.92
回收率/%	K_1	91.45	90.85	92.06	91.59	91.96
	K_2	92.36	92.83	92.63	92.22	92.38
	K_3	92.61	92.54	92.07	92.61	91.99
	K_4	92.49	92.69	92.16	92.50	92.58
	R	1.16	1.98	0.57	1.02	0.62
尾矿品位/%	K_1	0.32	0.31	0.28	0.30	0.29
	K_2	0.28	0.27	0.27	0.27	0.27
	K_3	0.25	0.27	0.29	0.27	0.29
	K_4	0.26	0.27	0.28	0.28	0.26
	R	0.07	0.04	0.02	0.03	0.03

在表 5-5 中，当采用精矿品位 β 作基本判据时，A_1（因素 A 的水平 1）的效应值 K_1 的计算，是取正交表里 A 列对应 1 的 β 数据的平均值，即

$$K_1 = \frac{1}{4} \times (10.93+8.36+8.38+8.29) = \frac{1}{4} \times 35.96 = 8.99$$

同理，因素 A 的其他水平的效应值：

$$K_2 = \frac{1}{4} \times (10.62+9.71+9.75+9.07) = \frac{1}{4} \times 39.15 = 9.79$$

$$K_3 = \frac{1}{4} \times (12.38+9.98+9.96+11.55) = \frac{1}{4} \times 43.87 = 10.97$$

$$K_4 = \frac{1}{4} \times (14.66+12.13+10.64+10.94) = \frac{1}{4} \times 48.37 = 12.09$$

则因素 A 的极差等于四个水平相应的效应值中最大值与最小值之差，即

$$R = K_4 - K_1 = 12.09 - 8.99 = 3.10$$

其余 K 和 R 值的计算方法同上。将计算出来的 K 和 R 的结果列于表 5-5 中。

进行评价时，因素效应值的极差值越大，说明这个因素所起的作用越大，反之，因素效应值的极差值越小，则说明这个因素所起的作用越小或不起作用，然后根据各项指标的要求评价。例如对于精矿品位和回收率来说，指标越高越好，对尾矿品位则越低越好。因此对于因素 A 的精矿品位，$R = K_4 - K_1 = 3.10$，则水平 4 比水平 1 好。但是对于因素 A 的尾矿品位 $R = K_3 - K_1 = 0.07$，则水平 3 比水平 1 好。

为了易于评价，可将所考查的五个因素三个选矿指标的关系画成曲线图，见图 5-7。

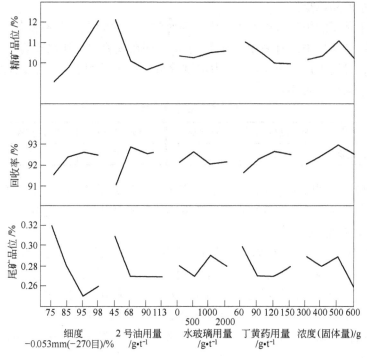

图 5-7 五因素与三指标的关系

试验结果的分析由表 5-5 和图 5-7 可以看出，五因素对精矿品位影响程度的大小顺序为：

大————————————→小

A B D E C

$A_4B_1C_4D_1E_3$ 为高精矿品位的组合条件（这里的英文字母及注脚数字同表 5-2 中所列相应的五因素及水平值）。

五因素对回收率影响程度的大小顺序为：

大————————————→小

B A D E C

$A_3B_2C_2D_3E_4$ 为高回收率的组合条件。

五因素对于尾矿品位影响程度的大小顺序为：

大————————————→小

A B E D C

$A_3B_2C_2D_2E_4$ 为低尾矿品位的组合条件。综合上述分析得出表 5-6。

表 5-6 试验综合结果

项目 指标	主次因素顺序 大————→小	最佳组合条件
精矿品位	A B D E C	$A_4B_1C_4D_1E_2$
回收率	B A D E C	$A_3B_2C_2D_3E_4$
尾矿品位	A B E D C	$A_3B_2C_2D_2E_4$
综合结果	A B D E C	$A_3B_2C_1D_3E_4$

由于本试验是粗选作业的条件对比试验，因此在分析综合结果时，主要着眼于回收率，适当考虑精矿品位指标。

从主次因素顺序的排列可以看出，水玻璃对整个试验的作用并不显著，又考虑到药剂的节约，故在综合结果中没有采用 C_2 而采用 C_1，即在试验中不加水玻璃。

综上所述，最后确定 $A_3B_2C_1D_3E_4$ 为本试验得出的最佳组合条件，以此条件做了最终验证试验，其结果列于表5-7。

表5-7　验证试验结果

指　　　标	原矿品位/%	产率/%	精矿品位/%	尾矿品位/%	回收率/%
最佳综合条件验证试验	2.70	26.34	9.75	0.19	94.83

由上表可知，在回收率、尾矿品位、处理量（浓度）等方面，最佳综合条件验证试验的结果都优于先前的十六个试验。这说明试验本身误差较小，比较稳定，也在一定程度上说明应用正交表选优是成功的。

通过这一浮选试验实例，可以看出正交试验法较之通常的多因素试验法有以下优越性：

（1）减少了试验次数和工作量。如按常规，同样的包括五个因素、四个水平的条件试验需要做试验二十个以上，而正交法只需做十六个试验就可达到目的。

（2）缩短了周期，节省了时间。在目前条件下，如按常规做一次试验，需要等待一批分析结果，周期长。而用正交法，在试验中不必等待分析结果，一批做完，一次分析，时间缩短一半以上。

（3）运用该法可以比较合理地优选试验条件。通过极差 R 或者考查指标与各因素的关系图，比较直观地找出试验中的主要矛盾，以及掌握各因素对试验的影响程度和规律，为改进试验指出了方向。

（4）由于正交法评价试验结果时采用的是诸因素同水平值之和的平均值 K 进行比较，因此，基本上避免了因试验过程中出现的偶然误差而造成对试验结果判断正确性的影响。

学　习　情　境

本章以优化试验设计（试验方法）为载体，学习掌握试验方法的分类，掌握单因素试验法在选矿试验中的应用，特别是掌握单因素试验法中穷举法、分批试验法、平分法与0.618法的优缺点与应用情况。

掌握多因素试验法中的一次一因素法在选矿试验中的应用，了解多因素序贯试验法在选矿试验中的应用，了解正交试验的安排、试验结果的分析与处理等。

复习思考题

5-1　什么是试验设计（试验方法），试验方法是如何分类的？

5-2　单因素试验法中穷举法、分批试验法、平分法与0.618法是如何应用的，其优缺点各是什么？

5-3　多因素试验法中的一次一因素法是如何安排的？

5-4　举例说明多因素试验法中的分批试验法与0.618法是如何应用的？

5-5　用正交表来安排正交试验的步骤有哪些？

6 浮选和浸出试验

浮选是选别细粒嵌布的矿石，特别是选别有色金属、稀有金属、非金属矿和可溶性盐类等的一种主要的选矿方法，需研究的问题和影响因素也最多。在影响因素中，许多是不受研究工作者主观控制的客观因素，如矿石特性、水的成分和环境温度等；另一些则是研究工作者可以调节控制的操作因素，如磨矿细度、矿浆浓度、矿浆 pH 值、药剂制度、调浆时间和强度、浮选机搅拌强度和充气量以及浮选时间等，选别效果对这些因素的变化都很敏感。因而许多矿体不仅在开发前，而且在投产后仍需继续进行浮选试验研究工作，直至矿体完全采完为止，当然，这些研究工作大多属于新药剂的应用和流程的变更，很少进行设备的更换。

6.1 概　　述

浮选试验的主要内容包括：确定选别方法和流程；通过试验分析影响过程的因素，查明各因素在过程中的主次位置和相互影响的程度，确定最佳工艺条件；提出最终选别指标和必要的其他技术指标。浮选试验的关键是用各种药剂调整矿物可浮性的差异，以达到各种组成矿物选择性分离的目的。

浮选试验通常按照以下程序进行：

（1）拟订原则方案。根据所研究的矿石性质，结合已有的生产经验和专业知识，拟订原则方案。例如，多金属硫化矿的浮选，可能的原则方案有全混合浮选、部分混合浮选、优先浮选等方案；对于红铁矿的浮选，可能的原则方案有正浮选、反浮选、絮凝浮选等方案。

如果原则方案不能预先确定，只能对每一可能的方案进行系统试验，找出各自的最佳工艺条件和指标，最后进行技术经济比较予以确定。

（2）做好试验前的准备工作。主要是试样制备、设备和仪表的检修，以及了解药剂和水的组成与性质等。

（3）预先试验。目的是探索所选矿石可能的研究方案、原则流程、选别条件的大致范围和可能达到的指标。

（4）条件试验。根据预先试验确定的方案和大致的选别条件，编制详细的试验计划，进行系统试验来确定各项最佳浮选条件。

（5）闭路试验。目的是确定中矿的影响，核定所选的浮选条件和流程，并确定最终指标。它是在不连续的设备上模仿连续生产过程的分批试验，即进行一组将前一试验的中矿加到下一试验相应地点的实验室闭路试验。

实验室小型试验结束后，一般尚须进一步做实验室浮选连续试验，有时还需要做半工业试验甚至工业试验，目的是在接近生产或实际生产条件下，核定实验室试验各项选别条件和指标。

6.2　浮选试验的准备和操作技术

6.2.1　浮选试验前的准备工作

6.2.1.1　试样的准备

考虑到试样的代表性和小型磨矿机的效率，浮选试样的粒度一般小于1～3mm。

在试验前应准备好一定数量的单份试样，每份试样重量为0.5～1kg，个别品位低的稀有金属矿石可多至3kg。

若矿石中含有硫化矿，特别是含有大量磁黄铁矿时，氧化作用对矿石浮选试验结果可能具有显著的影响。这时应将大量试样在-25mm的粒度（如果试样不多，可在-6mm的粒度）下保存，然后根据试验所需用量分批制备。试样应贮存在干燥、阴凉、通风的地方。

在试样制备过程中，要防止试样污染。少量机油的混入，将影响浮选正常进行，因此切忌机油和其他物料的污染。污染可能来自试样的采取和运输过程；或来自试样加工和缩分设备中所漏的机油；或来自前一试验残留在设备中的物料和药剂等。

6.2.1.2　试验用水的准备

一般实验室采用所在地区的自来水进行试验，待确定了主要工艺条件以后，再用将来选矿厂可能使用的水源进行校核。

对于试验中的补给水，如果发现pH值对浮选过程的影响较大，最好是配制与开始时pH值相同的补给水。如果发现矿浆中某些离子影响较大时，则用矿浆滤液作补给水。

用脂肪酸作捕收剂时，为了消除钙、镁等离子对浮选的不良影响，有时还需要事先将硬水进行软化。

6.2.1.3　浮选药剂的准备

试验前，准备的药剂数量和种类要满足整个试验用。药剂应保存在干燥、阴凉的地方。对于黄药、硫化钠等易分解、氧化的药剂，宜密封贮存于干燥器中。药剂使用前，必须了解所用药剂的性质和来源，检查是否变质。

6.2.1.4　试验设备的准备

A　磨矿机的准备

实验室应备有几种不同尺寸的磨矿机，如$\phi160mm\times180mm$、$\phi200mm\times200mm$的筒形球磨机，$\phi240mm\times90mm$的锥形球磨机，它们均用于给矿粒度小于1～3mm的试样。还有$\phi160mm\times160mm$等较小尺寸的筒形球磨机和滚筒磨矿机，它们用于中矿和精矿产品的再磨。

磨矿介质多采用球，球的直径可为12～32mm。对于$\phi160mm\times180mm$磨矿机选用25、20、15mm三种球径，XMQ-67型$\phi240mm\times90mm$锥形球磨机可配入部分更大的球（28～32mm）。12.5mm的球则仅用于再磨作业。用棒作介质时，棒的直径一般为10～25mm，如XMB-68型$\phi160mm\times200mm$棒磨机常配用17.5mm和20mm两种棒。各种尺寸球的比例没有规定，但在一般情况下，可考虑各种尺寸球的个数相等。磨矿介质的体积一般是磨矿机容积的45%~50%。

如果试验要求避免铁质污染，可采用陶瓷球磨机，并用陶瓷球作介质，但陶瓷磨矿机的磨矿效率较低，因而所需磨矿时间较长。

磨矿浓度随矿石性质、产品粒度、装球大小和比例以及操作习惯而异。常用的有50%、67%、75%三种，此时液固比分别为1:1、1:2、1:3，因而加水量的计算比较简单。如果采用其他浓度值，则可按下式计算磨矿水量：

$$L = \frac{100 - C}{C} \times Q \tag{6-1}$$

式中　L——磨矿时所需添加的水量，L；

　　　C——要求的磨矿浓度，%；

　　　Q——矿石重量，kg。

在一般情况下，原矿较粗、较硬时，应采用较高的磨矿浓度。原矿含泥多，或矿石密度很小，或产品粒度极细时，可采用较低浓度。在实际操作中，若发现产品粒度不匀，可考虑提高浓度，但浓度高时大球不能太少。反之，若产品太黏，黏附在机壁和球上不易洗下来，就要降低浓度。

长久不用的磨矿机和介质，试验前要用石英砂或所研究的试样预先磨去铁锈。平时在使用前可先空磨一阵，洗净铁锈后再开始试验。试验完毕必须注满石灰水或清水。

此外，对于不带接球筛的磨矿机，还必须准备好接球筛，以便清洗钢球。

B　浮选机的准备

实验室用浮选机大多是小尺寸的机械搅拌式浮选机，国产浮选机有单槽式、多槽式浮选机，挂槽浮选机和精密浮选机。

实验室应备有不同尺寸的浮选机。单槽浮选机的充气搅拌装置是模拟现有生产设备制成，它由水轮、盖板、十字格板、竖轴、充气管等部件组成，并设有专门的进气阀门调节和控制充气量，带有自动刮泡装置。其规格有0.5、0.75、1.0、1.5、3.0五种，除了3 L的槽体是固定的金属槽外，其余的都是用悬挂的有机玻璃槽。

挂槽浮选机的搅拌装置为装在实心轴上的简单搅拌叶片，空气完全靠矿浆搅拌时形成的旋涡吸入，吸入的空气量随搅拌叶片与槽底距离而变，试验前要特别注意调整其距离。位置调好后，整个试验就应固定在此位置上。挂槽浮选机的槽体是悬挂的有机玻璃槽，规格从最小的5~35g到最大的1000g。槽体较大的挂槽浮选机的充气量常感不足。给矿量大于500g以上时，特别是对于硫化矿的浮选，多用单槽浮选机。

为了提高试验结果的重复性，减小试验误差，便于操作，国内外设计并制造了一些自动化程度较高的实验室浮选机，具有无级调速、液位调整装置、充气量调整装置、转速数字显示装置等，可以自动测量甚至自动控制某些参数，如矿浆 pH 值、氧化-还原电位甚至加药量。

6.2.1.5　其他

除上述各项准备工作以外，对浮选所用的仪表和工具，例如秒表、pH 计、量筒、移液管、给药注射器及针头、洗耳球、药瓶、大小不等的盛装器皿等，都须事先准备好，并清洗干净。若矿浆需进行特别处理，所需用具也应预先准备好。

　　某些有色金属氧化矿、稀有金属硅酸盐矿石、铁矿石、磷酸盐矿石、钾盐，以及其他可能受到矿泥影响的矿石，有时在浮选前要进行擦洗、脱泥，可明显地提高有用矿物的可浮性，并改善浮选选择性。擦洗可在磨矿之后进行，也可不磨矿而只擦洗。

　　擦洗的方法有：1) 在高矿浆浓度（例如 70% 固体）下，加入浮选机中搅拌；2) 采用大约 10r/min 的低速实验室球磨机擦洗，其中装入金属凿屑或其他只擦损而不研磨矿石的介质；3) 采用回转式擦洗磨机或其他擦洗设备。擦洗之后，要除去矿泥。

　　脱泥的方法包括：1) 淘析法脱泥。即在磨矿或擦洗中加入矿泥分散剂，如水玻璃、六偏磷酸钠、碳酸钠、氢氧化钠等，然后将矿浆倾入玻璃缸中，稀释至液固比 5∶1 以上，搅拌静置后用虹吸法脱除悬浮的矿泥；2) 浮选法脱泥。即在浮选有用矿物之前，预先加入少量起泡剂，使大部分矿泥形成泡沫刮出；3) 选择性絮凝脱泥。即加分散剂后，再加入具有选择性絮凝作用的絮凝剂（如 F 703、腐殖酸、木薯淀粉、聚丙烯酸胺等）使有用矿物絮凝沉淀，而需脱除的矿泥仍呈悬浮体分散在矿浆中，然后用虹吸法将矿泥脱除。上述脱泥过程中选用的分散剂或絮凝剂，以不影响浮选过程为前提，必要时可用清洗沉砂的办法，脱除影响浮选过程的残余分散剂或絮凝剂。

6.2.2　浮选试验操作技术

　　浮选试验一般由磨矿、调浆、浮选（刮泡）和产品处理等项操作组成。

6.2.2.1　磨矿

　　磨矿细度是浮选试验中的首要因素。进行磨矿细度试验，必须用浮选试验来确定最适宜的细度。

　　试验时，先将洗净的球装入干净的球磨机中，然后加水加药，最后加矿石。也可留一部分水在最后添加，但不能先加矿石后加水，这样会使矿石黏附到端部而不易磨细。磨矿时要注意磨矿机的转速是否正常，并准确控制磨矿时间。磨好后把磨矿机倾斜，用洗耳球或连接在水龙头上的胶皮管以细小的急水流冲洗磨矿机的内壁，将矿砂洗入接矿容器中。对不带挡球格筛的磨矿机，要在接矿容器上放一接球筛，隔除钢球，待磨矿机内壁洗净后，提起接球筛，边摇动边用细股急水流冲洗球，直至洗净为止，最后将球倒回磨矿机，供下次使用。对于本身带挡球格筛的球磨机，排矿时，将锥形筒体向排矿端倾斜，打开排矿口，将矿浆放入接矿容器中。取下给矿口塞，引入清水，间断开车搅拌冲洗干净即可。

　　在清洗磨矿机时必须严格控制水量。若水量过多，浮选机容纳不下时，需待澄清后用注射器抽出或用虹吸法吸出多余的矿浆水，待浮选时作补加水用。

　　实验室采用分批开路磨矿，与闭路磨矿相比，两者磨矿产物的粒度特性不一致。在与分级机构成闭路的磨矿回路中，密度较高的矿物比其余的矿物磨得更细一些。如何减少上述差别，有待进一步的改进。

　　为了避免过粉碎，实验室开路磨矿磨易碎矿石时，可采用仿闭路磨矿。其方法是原矿磨到一定时间后，筛出指定粒级的产品，筛上产品再磨，再磨时的水量应按筛上产品重量和磨原矿时的磨矿浓度添加。仿闭路磨矿的总时间等于开路磨矿磨至指定粒级所需的时间。例如某多金属有色金属矿石，对采用开路磨矿和仿闭路磨矿的条件和流程做了对比磨矿试验。采用开路磨矿，磨矿产品中 $-20\mu m$ 含量占 47.2%，而采用仿闭路磨矿，$-20\mu m$ 仅占 31.6%，泥化程度显著降低。

6.2.2.2 搅拌调浆和药剂的添加

调浆搅拌是在把药剂加入浮选机之后和给入空气之前进行，目的是使药剂均匀分散，并与矿物作用达到平衡，作用时间可以从几秒钟至半小时或更长。这时浮选机应尽量避免充气，若使用具有充气阀的单槽浮选机，则应将气阀关闭；若使用挂槽浮选机，则应将挡板提起；若使用倒向开关启动浮选机，亦可使搅拌叶轮反转。有时需不加药剂预先充气调浆，以扩大矿物可浮性差异，如某些硫化矿的分离。

一般调浆加药顺序是：pH 值调整剂、抑制剂或活化剂、捕收剂、起泡剂。

水溶性药剂配成水溶液添加，量具可用移液管、量筒、量杯等。为便于换算和添加，当每份原矿试样重量为 500g 时，对用量较小的药剂，可配成 0.5% 的浓度，用量较大的药剂可配成 5% 的浓度。当原矿量为 1kg 时，根据药剂用量大小可分别配成 1% 和 10% 两种浓度。所谓 10% 的浓度，实际配药时，是将 10g 药剂加水溶解成溶液总量为 100mL，即实际浓度单位为 "10g/100mL"，但习惯上仍称为 10%。溶液浓度很稀时，两者实际差别不大。添加药剂数量可按下式进行计算：

$$V = \frac{qQ}{10C} \tag{6-2}$$

式中　V——添加药剂溶液体积，mL；

　　　q——单位药剂用量，g/t；

　　　Q——试验的矿石重量，kg；

　　　C——所配药剂浓度，%。

非水溶性药剂，如油酸、松醇油、黑药等，采用注射器直接滴加，但需预先测定每滴药剂的实际重量，可用滴出 10 滴或更多滴数的药剂在分析天平上称量的方法测定。必要时亦可用有机溶剂如乙醇溶解，但必须确定溶剂对浮选的影响。另一个办法是在药剂中混入适宜的表面活性化合物，进行激烈搅拌，使之在水中乳化，例如油酸中加入少量油酸钠。

难溶于水的药剂，可以加入磨矿机中，如石灰就以固体形式添加在磨矿机中。

由于分解、氧化等原因变质较快的药剂，配制好的溶液不能搁置时间太长，如黄药、硫化钠之类的药剂，必须当天配当天用。

6.2.2.3 刮泡

根据浮选液面泡沫大小、颜色、虚实（矿化程度）、韧脆等外观现象，通过调整起泡剂用量、充气量、矿浆液面高低，严格操作，可控制泡沫的质量和刮出量。泡沫体积通常是靠分批添加起泡剂来控制；充气量靠控制进气阀门开启大小（挂槽浮选机是靠调节叶轮与槽底的距离）和浮选机转速进行调节。试验中阀门开启大小（或叶轮与槽底距离）和转速一经确定，就应固定不变，以免引入新的变量，影响试验的可比性。控制矿浆液面高低，实质是保持最适宜的泡沫层厚度，实验室浮选机泡沫层厚度一般控制在 20~50mm。由于泡沫的不断刮出，矿浆液面下降，为保证泡沫的连续刮出，应不断补加水。如矿浆 pH 值对浮选影响不大，可补加自来水。反之，应事先配成与矿浆 pH 值相等的补加水。人工刮泡时，要严格控制刮泡速度和深度，如果操作不稳定，试验结果就很难重复。黏附在浮选槽壁上的泡沫，必须经常用细水把它冲洗入槽。开始和结束刮泡之时，必须测定和记录矿浆的 pH 值和温度。浮选结束后，放出尾矿，将浮选机清洗干净。

6.2.2.4 产品处理

试验的产品应进行脱水、烘干、称重、取样、做化学分析。浮选试验的粗粒产品可直接过滤；若产品很细或含泥多而过滤困难时，可直接放在加热板上或烘干箱中蒸发，也可以添加凝聚剂（如少量酸或碱、明矾等）加速沉淀，抽出澄清液并烘干产品。在烘干过程中，温度应控制在110℃以下，温度过高，试样氧化导致结果报废。

6.3 条件试验

在预先试验的基础上，系统地考察各因素对浮选指标影响的试验，称为浮选条件试验。根据试验结果，分析各因素对浮选过程的影响，最后确定各因素的最佳条件。

条件试验项目包括：磨矿细度、药剂制度（矿浆 pH 值、抑制剂用量、活化剂用量、捕收剂用量、起泡剂用量）、浮选时间、矿浆浓度、矿浆温度、精选中矿处理、综合验证试验等。试验顺序也大体如此。重点是磨矿细度和药剂制度的试验，其他项目应根据矿石性质及对试样目的的要求不同而定，不一定对所有项目都进行试验。

寻找最优工艺条件的试验方法，可分为两大类，一类是传统的一次一因素法，另一类是基于数理统计原理的试验最优化方法，即所谓"试验设计"。一次一因素法的主要缺点是，当各因素间存在着显著的交互作用时，可能做出错误抉择。但若研究工作者能够凭借自己的理论知识和经验，通过预先试验初步选定各项条件，在对欲考查的因素进行变动时，其他因素均已保持在相对较优的水平上，则靠一次一因素法同样能获得满意的结果。

6.3.1 磨矿细度试验

浮选前的磨矿作业，目的是使矿石中的矿物得到解离，并将矿石磨到适于浮选的粒度。根据矿物嵌布粒度特性的鉴定结果，可以初步估计出磨矿的细度，但最终必须通过试验加以确定。

矿石中矿物的解离，是任何矿物进行选别分离的前提，因此条件试验一般都从磨矿细度试验开始。但对复杂多金属矿石以及难选矿石，由于药剂制度对浮选过程的影响较大，故往往在找出最适宜的药剂制度之前，很难一次查明磨矿细度的影响，这时则需要在其他条件之后，再一次校核磨矿细度；或者是在一开始时不做磨矿细度试验，而是根据矿石嵌布特性选取一个比矿物基本单体解离稍细的粒度进行磨矿，先做其他条件试验，待主要条件确定后，再做磨矿细度试验。

磨矿细度试验的常规做法是，取 4 份以上的试样，保持其他条件相同，在不同时间（例如，10、12、15、20、30min）下磨矿，然后分别进行浮选，比较其结果；同时平行地取几份试样，也在上述不同时间下磨矿，并将磨矿产物进行筛析，找出磨矿时间和磨矿细度的关系。有时仅对结果较好的一二个试样进行筛析。选择试点时应注意使各点间磨矿细度而不是磨矿时间间距大致相等。

浮选时泡沫分两批刮取。粗选时得精矿，捕收剂、起泡剂的用量和浮选时间在全部试验中都要相同；扫选时得中矿，捕收剂用量和浮选时间可以不同，目的是使欲浮选的矿物完全浮选出来，以得出尽可能贫的尾矿。如果从外观上难以判断浮选的终点，则中矿的浮选时间和用药量在各试验中亦应保持相同。

为确定磨矿时间和磨矿细度关系所需的筛析试样，在磨矿产物烘干后缩取，数量一般为100g左右。筛析用联合法进行，即先在200目（75μm）的筛上湿筛，筛上产物烘干，再在75μm筛子上或套筛上干筛，小于75μm的物料合并计重，以此算出该磨矿产物中75μm级别的含量，然后以磨矿时间（min）为横坐标，磨矿细度（75μm级别的含量%）为纵坐标，绘制两者间的关系曲线。

浮选产物分别烘干、称重、取样、送化学分析，然后将试验结果填入记录表内，并绘制精矿品位和回收率同磨矿细度的关系曲线图。表的格式随着试验的性质和矿石的组成不同而不同，总的要求是条理清楚，便于分析问题。表6-1是单金属矿石浮选试验常用的记录格式之一。一组试验中的共同条件，一般以正文的形式记述在表上或表下，也可直接列在表的备注栏中。

曲线图通常以磨矿细度（74μm级别的含量%）或磨矿时间（min）为横坐标，浮选指标（品位 β 和回收率 ε）为纵坐标绘制，参阅图6-1。

表 6-1　不同磨矿细度浮选试验记录表

试验编号	产物名称	重量 /g	产率 γ/%	铜品位 β/%	产率×品位 $\gamma×\beta$	铜回收率 ε/%	试验条件	备　注
1	精矿	53	10.71	9.06	97.03	72.58		
	中矿	21	4.24	3.23	13.70	10.25	−200 目占 65%	pH = 9
	尾矿	421	85.05	0.27	22.96	17.17		
	原矿	495	100.00	1.34	133.69	100.00		
2	精矿	49.5	9.95	10.38	103.28	78.87		
	中矿	18	3.62	2.63	9.52	7.27	−200 目占 80%	pH = 8.5
	尾矿	430	86.43	0.21	18.15	13.86		
	原矿	497.5	100.00	1.31	130.95	100.00		

注：浮选的共同条件：原矿：矿石 0.5kg；水 500mL；石灰 2000g/t；精选：丁黄药 70g/t；松醇油 25g/t；刮泡 5min；扫选：丁黄药 30g/t；松醇油 5g/t；刮泡 7min。

根据曲线的变化规律，可以判断哪个磨矿细度为最适宜，还应做哪些补充试验。如果随着磨矿细度的增加，累计回收率 ε 曲线一直上升，没有转折点，并且累计品位 β 曲线不下降或下降不显著，就应在更细的磨矿条件下进行补充试验（补充试验结果用虚线表示，下同），见图6-1（a）。累计品位 β 和累计回收率 ε 的计算按下式进行：

$$\beta = \frac{\gamma_{精} \beta_{精} + \gamma_{中} \beta_{中}}{\gamma_{精} + \gamma_{中}} \tag{6-3}$$

$$\varepsilon = \varepsilon_{精} + \varepsilon_{中} \tag{6-4}$$

式中　β，γ，ε——分别为产品的品位、产率和回收率，%。

如果累计回收率 ε 变化不大，而累计品位 β 随着磨矿细度的增加却在逐步下降，就应当在较粗的磨矿细度条件下进行补充试验，见图6-1（b）。

同时，也应注意第一份产物精矿中金属的品位。如果粗磨时第一份产物的金属品位不降低，相差的只是回收率，这说明可以采用阶段磨矿阶段浮选，见图6-1（c）。如果相反，根据累计曲线看出，粗磨时回收率与细磨时同样高，而精矿产品质量下降很显著时，见图

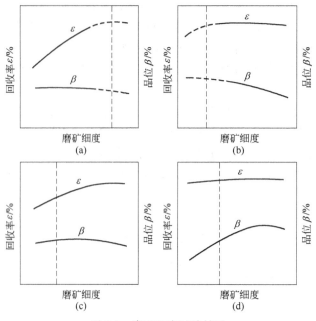

图 6-1 磨矿细度试验结果

6-1（d），这意味着连生体的浮游性很强，有可能采用在粗磨的条件下选出粗精矿丢弃尾矿和下一步粗精矿再磨的浮选工艺流程。

6.3.2 pH 值调整剂试验

pH 值调整剂是为药剂和矿石的相互作用创造良好条件，并兼顾消除其他影响，如团聚、絮凝等影响。调整剂试验的目的是寻求最适宜的调整剂种类及其用量，使欲浮矿物具有良好的选择性和可浮性。

目前对多数矿石，通过生产实践经验可确定其调整剂种类和 pH 值。但 pH 值与矿石物质组成以及浮选用水的性质有关，故仍需进行 pH 值试验。试验时，在最佳的磨矿细度基础上，固定其他浮选条件，只进行调整剂的种类和用量试验。将试验结果绘制成曲线图，以品位、回收率为纵坐标，调整剂用量为横坐标，根据曲线进行综合分析，找出调整剂的最佳用量。

在有把握根据生产经验确定调整剂种类和 pH 值的情况下，测定 pH 值和确定调整剂用量的方法如下：将调整剂分批加入浮选机的矿浆中，待搅拌一定时间以后，用电 pH 计测 pH 值，若 pH 值尚未达到浮选该种矿物所要求的数值时，可再加下一份调整剂，依此类推，直至达到所需的 pH 值为止，最后累计其用量。

其他药剂种类和用量的变化，有时会改变矿浆的 pH 值，此时可待各条件试验结束后，再按上述方法做检查试验校核，或将与 pH 值调整剂有交互影响的有关药剂进行多因素组合试验。

6.3.3 抑制剂试验

抑制剂在多金属矿石、非硫化矿石及一些难选矿石的分离浮选中起着决定性的作用。

试验的方法也可按前面所述的方法，固定其他条件，仅改变抑制剂的种类和用量，分别进行浮选，找出其最有效的种类和最适宜的用量。

进行抑制剂试验，必须认识到抑制剂与捕收剂、pH 值调整剂等因素有时存在交互作用。例如，捕收剂用量少，抑制剂就可能用得少；捕收剂用量多，抑制剂用量也多，而这两种组合得到的试验指标可能是相等的。又如硫酸锌、水玻璃、氰化物、硫化钠等抑制剂的加入，会改变已经确定好的 pH 值和 pH 值调整剂的用量。另外，在许多情况下混合使用抑制剂时，抑制剂品种之间亦存在交互影响，在存在交互影响时，采用多因素组合试验较合理。

6.3.4 捕收剂试验

捕收剂的种类，在大多数情况下，是根据长期的生产和研究实践预先选定的，或者在预先试验中便可确定，不一定单独作为一个试验项目。因而捕收剂试验通常是对已选定的捕收剂进行用量试验，其试验方法有两种：

（1）固定其他条件，只改变捕收剂用量，例如其用量分别为 20、40、60、80g/t，分别进行试验，然后对所得结果进行对比分析。

（2）在一个单元试验中，分次添加捕收剂和分批刮泡，确定必需的捕收剂用量。即先加少量的捕收剂，刮取第一份泡沫；待泡沫矿化程度变弱后，再加入第二份药剂，并刮出第二份泡沫，此时的用量，可根据具体情况采用等于或少于第一份用量。以后再根据矿化情况添加第三份药剂、第四份药剂、…，分别刮取第三次泡沫、第四次泡沫、…，直至浮选终点。各产物应分别进行化学分析，然后计算出累积回收率和累计品位，考察为欲达到所要求的回收率和品位，捕收剂用量应该是多少。此法较为简便，多用于预先试验。

生产实践证明，在某些情况下，使用混合捕收剂比单用一种捕收剂好。捕收剂混合使用的试验方法，可以将不同捕收剂分成数个比例不同的组，再对每个组进行试验。例如两种捕收剂 A 和 B，可分为 1∶1、1∶2、1∶4 等几个组，每组用量可分为 40、60、80、100、120g/t；或者将捕收剂 A 的用量固定为几个数值，再对每个数值改变捕收剂 B 的用量进行一系列的试验，以求出最适宜的条件。

起泡剂一般不进行专门的试验，其用量多在预先试验或其他条件试验中顺便确定。

6.3.5 矿浆浓度试验

矿浆浓度对浮选影响较小，可根据实践资料确定。生产上大多数的浮选浓度在 25%～40% 之间（固体的质量分数），在特殊情况下，矿浆浓度可高达 55% 或低至 8%。一般处理泥化程度高的矿石，应采用较稀的矿浆；而处理较粗粒度的矿石时，宜采用较浓的矿浆。

在小型浮选试验过程中，随着泡沫的刮出，为维持矿浆液面不降低需添加补充水，矿浆浓度随之逐步变稀。这种矿浆浓度的不断变化，相应地使所有药剂的浓度和泡沫性质也随之变化。

6.3.6 矿浆温度试验

浮选一般在室温下进行，即介于 15～25℃ 之间。当用脂肪酸类捕收剂浮选非硫化矿（如铁矿、萤石、白钨矿）时，常采用蒸气或热水加温。某些复杂硫化矿（如铜钼、铜锌、铜铅、锌硫和铜镍等混合精矿）采用加温浮选工艺，有利于提高分选效果。在这些情况下，必须做浮选矿浆温度的条件试验。若矿石在浮选前要预先加温搅拌或进行矿浆的预热，则要求进行不同温度的试验。

6.3.7　浮选时间试验

浮选时间通常介于3~15min，一般在进行各种条件试验过程中便可测出，因此，在进行每个试验时都应记录浮选时间。但浮选条件选定后，可做检查试验。此时可进行分批刮泡，分批刮取时间可分别为2、1、2、3、5 min…，依此类推，直至浮选终点。为便于确定粗扫选时间，分批刮泡时间间隔还可短一些。试验结果可绘成曲线，横坐标为浮选时间（min），纵坐标为回收率（累积）和金属品位（加权平均累积），如图6-2（a）所示；也可以绘制各泡沫产品的品位与浮选时间的关系曲线，如图6-2（b）所示。根据曲线，可确定得到某一定回收率和品位所需浮选时间。粗选时间界限的划分，可以下列几点考虑确定：（1）如欲从粗选直接获得合格精矿，可根据精矿品位要求，在累积品位曲线上找到对应点A，通过A点作横坐标的垂线，B点即为粗扫选时间的分界点；（2）根据各泡沫产品品位与浮选时间的关系曲线，以品位显著下降的地方作为分界点，例如图6-2（b）中C点对应的浮选时间D点；（3）选择泡沫产品的矿物组成或有用矿物单体解离度发生较大变化的转折点作分界点；（4）若粗精矿带入油药量过多，给精选作业造成困难，此时，可根据精选的情况和需要来划分粗扫选时间。

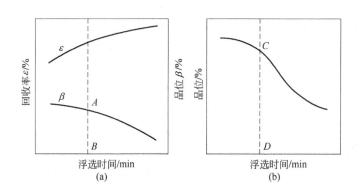

图6-2　浮选时间试验结果

（a）累计回收率和品位曲线；（b）单元品位曲线

在确定浮选时间时，应注意捕收剂用量增加，可大大缩短浮选时间，若此时节省的电能及设备费用可补偿这部分药剂消耗，则增加捕收剂用量是有利的。

6.3.8　精选试验

根据浮选时间试验所确定的粗选时间刮取的粗精矿，需在小容积的浮选机中进行精选。精选次数大多数情况为1~2次，有时则多达7~8次（如萤石或辉钼矿的精选）。在精选作业中，通常不再加捕收剂和起泡剂，但要注意控制矿浆 pH 值，在某些情况下需加入抑制剂、解吸剂，甚至对精选前的矿浆进行特别处理。精选时间视具体情况确定。

为避免精选作业的矿浆浓度过分稀释，或矿浆体积超过浮进机的容积，可事先将泡沫产物静置沉淀，将多余的水抽出，用作浮选的洗涤水和补加水。

影响浮选过程的其他因素，可根据具体情况，参考上述的试验方法和有关资料进行试验。

6.4 实验室浮选闭路试验

实验室浮选闭路试验是由一系列的分批试验所组成，根据所确定的流程，在不连续的设备上模仿连续的生产过程进行试验，以检验和校核所选择的选别条件、选别流程，并初步确定最终选别指标。

闭路试验的目的是：找出中矿循环对选别过程的影响；找出由于中矿循环而必须调整的药剂用量；考察矿泥或其他有害物质（包括可溶性盐类）累积状况，及其对浮选的影响；检查和校核所拟订的浮选流程，确定可能达到的浮选指标等。

6.4.1 浮选闭路试验的操作技术

闭路试验是按照开路试验选定的流程和条件，接连而重复地做几个试验，但每次所得的中间产品（精选尾矿、扫选精矿）仿照现场连续生产过程一样，给到下一试验的相应作业，直至试验产品达到平衡为止。例如图6-3所示的一粗、一扫、一精闭路流程，相应的实验室浮选闭路试验流程如图6-4所示。若流程中有几次精选作业，每次精选尾矿一般顺序返回前一作业，也可能有中矿再磨等。

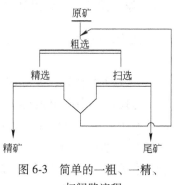

图 6-3 简单的一粗、一精、一扫闭路流程

一般情况下，闭路试验要接连做 5~6 个试验。为初步判断试验产品是否已经达到平衡，最好在试验过程中将产品（至少是精矿）过滤，把滤饼称湿重或烘干称重，如能进行产品的快速化验，则更好。试验是否达到平衡，其标志是精矿和尾矿的重量和所含金属量均不再继续增加；当然，在试验进程中只能根据精矿量判断。

如果在试验过程中发现中间产品的产率一直增加，达不到平衡，则表明中矿在浮选过程中没有得到分选，将来生产时也只能机械地分配到精矿和尾矿中，从而使精矿质量降低，尾矿中金属损失增加。

即使中矿量没有明显增加，随着试验的依次往下进行，如果根据各产品的化学分析结果看出，精矿品位不断下降，尾矿品位不断上升，一直稳定不下来，这也说明中矿没有得到分选，只是机械地分配到精矿和尾矿中。对以上两种情况，都要查明中矿没有得到分选的原因。如果通过产品的考察查明中矿主要由连生体组成，就要对中矿进行再磨，并将再磨产品单独进行浮选试验，判断中矿是否能返回原浮选循环，或单独处理。如果是其他方面的原因，也要对中矿单独进行研究后才能确定它的处理方法。

闭路试验操作中主要应当注意下列问题：

（1）随着中间产品的返回，某些药剂用量应酌情减少，这些药剂可能包括烃类非极性捕收剂，黑药和脂肪酸类等兼有起泡性质的捕收剂，以及起泡剂。减少幅度与药剂性能和中矿返回量有关，一般为 10%~30%。

（2）中间产品会带进大量的水，因而在试验过程中要特别注意节约冲洗水和补加水，以免发生浮选槽装不下的情况，实在不得已时，可把脱出的水留下来作冲洗水或补加水用。

（3）鉴于闭路试验的复杂性和产品存放造成影响的可能性，要求将整个闭路试验连续做到底，避免中间停歇使产品搁置太久，把时间耽搁降低到最低限度。应预先详细地做好计划，规定操作程序，严格遵照执行。必须预先制订出整个试验流程，标出每个产品的号码，以避免把标签或产品弄混，产生差错。

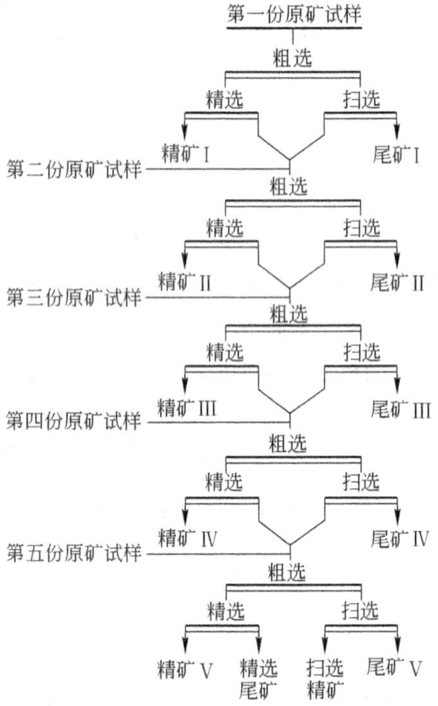

6.4.2　浮选闭路试验结果计算方法

根据闭路试验结果计算最终浮选指标的方法有三种：

（1）将所有精矿合并算作总精矿，所有尾矿合并作总尾矿，中矿单独再选一次，再选精矿并入总精矿中，再选尾矿并入总尾矿中。

图 6-4　闭路试验流程示例

（2）将达到平衡后的最后 2~3 个试验的精矿合并作总精矿，尾矿合并作总尾矿，然后根据：

$$总原矿 = 总精矿 + 总尾矿 \tag{6-5}$$

的原则反推总原矿的指标。中矿则认为进出相等，单独计算。这与选矿厂设计时计算闭路流程物料平衡的方法相似。

（3）取最后一个试验的指标作最终指标。

建议采用第二个方法，现将这个方法具体说明如下：

假设接连共做了五个试验，从第三个试验起，精矿和尾矿的重量及金属量即已稳定了，因而采用第三、四、五个试验的结果作为计算最终指标的原始数据。

图 6-5 表示已达到平衡的第三、四、五个试验的流程图，表 6-2 列出了表示各产品的重量、品位的符号，如果将三个试验看做一个总体，则进入这个总体的物料有：

$$原矿_3 + 原矿_4 + 原矿_5 + 中矿_2$$

从这个总体出来的物料有：

$$（精矿_3 + 精矿_4 + 精矿_5）+ 中矿_5 +（尾矿_3 + 尾矿_4 + 尾矿_5）$$

由于试验已达到平衡，即可认为：

$$中矿_2 = 中矿_5 \tag{6-6}$$

则得：

$$原矿_3 + 原矿_4 + 原矿_5 =（精矿_3 + 精矿_4 + 精矿_5）+（尾矿_3 + 尾矿_4 + 尾矿_5）$$

下面分别计算产品重量、产率、金属量、品位、回收率等指标。

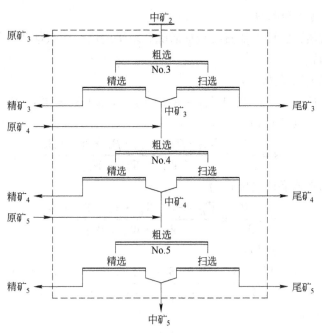

图 6-5　闭路试验结果计算流程

表 6-2　闭路试验结果

试验序号	精　矿		尾　矿		中　矿	
	重量/g	品位/%	重量/g	品位/%	重量/g	品位/%
3	W_{c3}	β_3	W_{t3}	θ_3		
4	W_{c4}	β_4	W_{t4}	θ_4		
5	W_{c5}	β_5	W_{t5}	θ_5	W_{m5}	β_{m5}

6.4.2.1　重量和产率

每一个单元试验的平均精矿重量（g）为：

$$W_c = \frac{W_{c3} + W_{c4} + W_{c5}}{3} \tag{6-7}$$

平均尾矿重量（g）为：

$$W_t = \frac{W_{t3} + W_{t4} + W_{t5}}{3} \tag{6-8}$$

平均原矿重量（g）为：

$$W_o = W_c + W_t \tag{6-9}$$

由此分别算出精矿和尾矿的产率（%）为：

$$\gamma_c = \frac{W_c}{W_o} \times 100 \tag{6-10}$$

$$\gamma_t = \frac{W_t}{W_o} \times 100 \tag{6-11}$$

6.4.2.2 金属量和品位

品位是相对数值,因而不能直接相加后除 3 求平均值,而只能先计算金属量绝对数值 P,然后再算出品位。

三个精矿的总金属量为:

$$P_c = P_{c3} + P_{c4} + P_{c5} = W_{c3} \cdot \beta_3 + W_{c4} \cdot \beta_4 + W_{c5} \cdot \beta_5 \tag{6-12}$$

精矿的平均品位(%)为:

$$\beta = \frac{P_c}{3W_c} = \frac{W_{c3} \cdot \beta_3 + W_{c4} \cdot \beta_4 + W_{c5} \cdot \beta_5}{W_{c3} + W_{c4} + W_{c5}} \tag{6-13}$$

同理,尾矿的平均品位(%)为:

$$\theta = \frac{P_t}{3W_t} = \frac{W_{t3} \cdot \theta_3 + W_{t4} \cdot \theta_4 + W_{t5} \cdot \theta_5}{W_{t3} + W_{t4} + W_{t5}} \tag{6-14}$$

原矿的平均品位(%)为:

$$\alpha = \frac{(W_{c3} \cdot \beta_3 + W_{c4} \cdot \beta_4 + W_{c5} \cdot \beta_5) + (W_{t3} \cdot \theta_3 + W_{t4} \cdot \theta_4 + W_{t5} \cdot \theta_5)}{(W_{c3} + W_{c4} + W_{c5}) + (W_{t3} + W_{t4} + W_{t5})} \tag{6-15}$$

6.4.2.3 回收率

精矿中金属回收率(%)可按下列三式中任一公式计算,其结果均相等,即:

$$\varepsilon = \frac{\gamma_c \cdot \beta}{\alpha} \tag{6-16}$$

$$\varepsilon = \frac{W_c \cdot \beta}{W_o \cdot \alpha} \times 100\% \tag{6-17}$$

$$\varepsilon = \frac{三个精矿的总金属量}{三个原矿的总金属量} \times 100\%$$

$$= \frac{W_{c3} \cdot \beta_3 + W_{c4} \cdot \beta_4 + W_{c5} \cdot \beta_5}{(W_{c3} \cdot \beta_3 + W_{c4} \cdot \beta_4 + W_{c5} \cdot \beta_5) + (W_{t3} \cdot \theta_3 + W_{t4} \cdot \theta_4 + W_{t5} \cdot \theta_5)} \times 100\% \tag{6-18}$$

尾矿中金属的损失可按差值(即 $100-\varepsilon$)计算。为了检查计算的差错,也可再按金属量校核。

有了平均原矿的指标,也可算出中矿的指标。计算中矿指标的原始数据为中矿$_5$的产品重量 W_{m5} 和品位 β_{m5},要计算的是产率 γ_{m5}(%)和回收率 ε_{m5}(%):

$$\gamma_{m5} = \frac{W_{m5}}{W_o} \times 100\% \tag{6-19}$$

$$\varepsilon_{m5} = \frac{\gamma_{m5} \cdot \beta_{m5}}{\alpha} \tag{6-20}$$

计算中矿指标时,一定要记住中矿$_5$只是一个试验的中矿,而不是第三、四、五个试验的"总中矿"。中矿$_3$ 和中矿$_4$ 还是存在的,只不过已在试验过程中用掉了。

6.5 选择性絮凝试验

随着选矿工业的发展,粗粒和中等粒度嵌布的矿石日益减少,低品位、性质复杂和嵌布粒度细的矿石处理日益显得重要。另外，对于含大量泥质的矿石（如黏土矿），以及在破碎、磨矿过程中产生的矿泥，小于 $40\mu m$，特别是 $20\mu m$ 粒级的细泥，尽管过去和现在在重选和浮选等方面做了很多改进，但回收矿泥中有用矿物的效率仍然不高，损失严重。例如在分选赤铁矿、萤石、锡石、磷酸盐矿时，损失在矿泥中的有用矿物高达 20%。

选择性絮凝是分离矿泥和胶体矿物的有效方法之一。例如美国选择性絮凝脱泥和浮选，解决了马尔魁特区细粒嵌布非磁性氧化铁燧岩的分选问题。该项技术的关键在于：将矿石细磨至 $-25\mu m$ 粒级占 85%，使铁矿物与脉石解离；用玉米淀粉对赤铁矿进行选择性絮凝，脱出呈分散状态的含硅脉石，并从赤铁矿中用阴离子捕收剂反浮选进一步脱除硅质脉石。当原矿品位含铁 35.9% 时，可获得含铁 65.6% 的铁精矿，回收率为 70.2%。我国用淀粉、腐殖酸钠和 F703 等作为微细粒嵌布的高硅贫赤铁矿磁铁矿混合矿石选择性絮凝剂，试验证明，用单一选择性絮凝新工艺有可能分离铁矿物和石英。除此，对黏土、黄铁矿、闪锌矿、方铅矿、硅孔雀石、磷灰石、煤、高岭土等，应用选择性絮凝也进行了大量的试验研究。

6.5.1 选择性絮凝试验的内容

选择性絮凝是指在一个含有两种或两种以上矿物的稳定悬浮矿浆中，加入某种高聚物絮凝剂后，由于矿物的表面性质不同，絮凝剂与某一矿物表面发生选择性吸附，通过桥联作用生成絮凝物而下沉，其他矿物组分仍然呈悬浮体分散在矿浆中，脱除悬浮体，即可达到矿物分离的目的。絮凝剂与矿物表面的作用，与泡沫浮选相似。试验中，加入调整剂用以活化或抑制絮凝剂与矿物的作用，调整剂的作用与浮选类似。

选择性絮凝试验包括三个步骤，即分散、选择性絮凝和脱除悬浮物。

6.5.1.1 分散

絮凝之前，首先要添加分散剂，防止具有相反符号电荷的矿粒发生凝结，使矿粒呈悬浮分散状态。目前使用较多的分散剂是氢氧化钠、碳酸钠、水玻璃，六偏磷酸钠等。分散剂通常是加入磨矿机中（如果试样要进行磨矿），磨矿后的矿浆转移至玻璃容器中，并稀释至 5%~20% 的浓度。分散剂种类、用量和矿浆浓度，通过试验确定。

6.5.1.2 选择性絮凝

矿浆分散后，需加入选择性絮凝剂。对铁矿物有选择性絮凝作用的絮凝剂有石膏粉、腐殖酸钠、橡子粉、芭蕉芋淀粉、木薯淀粉、经过水解的聚丙烯酰胺等，其他选择性絮凝剂可参阅有关文献。通过选择性絮凝剂与矿粒表面的架桥作用，使某一组分形成絮团下沉，而其他组分仍呈悬浮状态。当絮凝剂对欲分离矿物的作用缺乏选择性时，往往如同浮选一样，需加入活化或抑制絮凝作用的调整剂，以调整絮凝剂的聚合度大小、离子化程度和吸附机理，或调整矿粒的表面性质，如矿物的表面电位等。加入调整剂和絮凝剂的类型、用量和调浆的搅拌速度，通过试验确定。

6.5.1.3 脱除悬浮物

矿浆中的絮团下沉后，用倾析法或虹吸法脱除悬浮体，使絮团与悬浮物分离。在絮团形成和下沉过程，具有 80%~90% 空隙的絮团中夹带着一部分不希望絮凝的矿物组分。若絮团是欲选的有用矿物，为排除絮团中被包裹的杂质，需将絮团进行"再分散-再絮凝"处理。若絮团是脉石矿物，为减少有用矿物在絮团中的损失，亦需进行"再分散-再絮凝"。为节约新鲜水和药剂用量，视具体情况，可将第二次以后脱除的水返回利用。

选择性絮凝既可单独作为分选工艺，亦可作为其他机械选矿方法选别作业的预先脱泥作业。

选择性絮凝试验的目的，是确定选择性絮凝工艺流程、各作业最佳工艺条件及可能获得的最终指标。

6.5.2 选择性絮凝试验设备和操作技术

进行选择性絮凝试验的设备包括：可调速的电动搅拌器或超声波振荡器；3~5L的玻璃或有机玻璃容器，容器外侧应贴上坐标方格纸条，以标示矿浆的容积；试样量小时，也可以用 500~1000mL 的量筒；此外还有虹吸管、电 pH 计等试验设备。

准备进行选择性絮凝处理的矿石，一般应先进行磨矿，分散剂加入磨矿机中。磨好的矿浆转移至玻璃容器中，加水稀释至要求的矿浆浓度（5%~20%）。加入调整剂进行调浆，再加入絮凝剂进行调浆。为使添加的絮凝剂均匀分散在矿浆中，配制的絮凝剂浓度应较稀，如聚丙烯酰胺一般配成 0.01%~0.1% 的浓度。调浆之后，停止搅拌，絮团下沉，待达到指定的沉降时间后，将虹吸管置入矿浆中，虹吸管口一般离絮团沉降层 10~15mm，将悬浮液吸出。为除去絮团中夹带的杂质，可加水稀释，反复脱除悬浮液，此时加入的药量可酌量减少，例如为第一次的二分之一或三分之一。

6.6 选冶联合流程中的浸出试验

在有色金属工业中，随着人类对矿产资源需求量的迅速增加，富矿和易选矿日益减少，而面临急待解决的问题是对所谓贫、细、杂的矿产资源合理利用问题。例如，低品位难选氧化铜矿和混合铜矿、难选的含铜铁矿、含硅孔雀石的锡矿砂尾矿，以及含镍钴的共生矿、铜钴矿、含铀铜矿等。这类矿石品位都很低，难于直接冶炼，一般的机械选矿方法又不能够完全分离、富集，为此，采用选矿冶金联合工艺或单一化学处理的方法，是目前合理利用矿产资源的重要途径。

对难选资源的合理利用，在试验研究领域，提出了多种选冶联合方案，如对难选氧化铜矿和混合铜矿提出了离析-浮选、焙烧-浸出-浮选、浮选-浸出、浸出-沉淀-浮选、单一浸出等不同方案。

6.6.1 浸出试验的步骤

浸出试验的步骤为：

（1）试样的采取和加工。试样的采取和加工方法与一般选矿试验相同。在实验室条件下浸出试样粒度一般要求小于 0.25~0.074mm，常加工至小于 0.15mm。

（2）根据试样性质，确定浸出方案。湿法冶金或化学选矿是依靠化学试剂与试样选择性地发生化学作用，使要求浸出的金属元素进入溶液中，而脉石等不需浸出的矿物留存在残渣中，然后过滤洗涤，使溶液与滤渣分离。在湿法冶金中对不同性质的矿石或产品，必须选择不同化学试剂浸出。根据所选择的溶剂不同，可分为水浸、酸浸（如盐酸、硫酸、硝酸等）、碱浸（如氢氧化钠、碳酸钠、硫化钠和氨等）等。根据浸出压力不同，又可分为高压和常压浸出。如以水溶性硫酸铜为主的氧化铜矿石采用常压水浸；以硅酸盐脉石为主的氧化铜矿石则采用高压氨浸。按浸出方式不同，又可分为渗滤浸出和搅拌浸出。在什么情况下采用哪一种浸出方式，必须根据浸出试料性质和湿法冶金的专业知识对具体情况做具体分析。

（3）条件试验。条件试验的目的是在预先试验基础上，系统地对每一个影响因素进行试验，找出最佳浸出率的适宜条件。试验方法与一般选矿试验的方法相同。在条件试验的基础上要进行综合验证性试验。对于组成简单的试样和有生产厂可资参考的情况下，一般在综合条件验证性试验基础上即可在生产现场进行试验。

（4）连续性试验。对于浸出试样性质复杂，并采用新工艺新设备的情况下，为保证工艺的可靠性和减少建厂的损失，一般要进行连续性试验和工业性试验。湿法冶金的浸出液在分出金属离子或化合物后，剩余的溶液要返回再用。剩余溶液及残存在溶液中的各种离子在循环中的影响，在不同规模的试验中必须严加注意。化学试剂对人体健康和设备腐蚀等的影响，也应特别注意。

6.6.2 浸出试验设备和操作

6.6.2.1 常压浸出设备和操作

常压浸出是指在实验室环境中大气压力下进行浸出。按浸出方式不同，分为搅拌浸出和渗滤浸出。

搅拌浸出试验，一般是在 500~1000mL 的三口瓶或烧杯中进行，有时也在自行设计的其他形式（如充气搅拌式，见图6-6）的玻璃仪器中进行。搅拌浸出主要用于浸出细粒和矿泥。

渗滤浸出在实验室进行试验一般采用渗滤柱，渗滤柱用玻璃管或塑料管制成。柱的粗细长短根据矿石量而定。处理量一般为 0.5~2kg。浸出装置（见图6-7）由高位槽1（装浸矿剂）、渗滤柱2、收集瓶3组成。浸出剂由高位槽以一定速度流下，通过柱内的矿石层

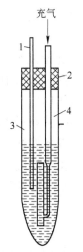

图6-6　充气搅拌浸出玻璃容器

1—温度计；2—橡皮塞；3—玻璃容器；4—充气管

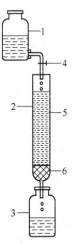

图6-7　渗滤浸出试验装置

1—高位槽；2—渗滤柱；3—收集瓶；
4—螺旋夹；5—滤纸层；6—玻璃丝

流到收集瓶。当高位槽的浸矿剂全部渗滤完时，则为一次浸出。每批浸矿剂可以反复循环使用多次。每更换一次浸矿剂称为一个浸出周期。浸出结束时用水洗涤矿柱，将矿料移出烘干、称重、化验。根据原矿和浸出液中的金属含量，就可算出金属浸出率。

6.6.2.2 高压浸出设备和操作

高压浸出是指在高于实验室环境的大气压力下进行的浸出，有几个大气压至几十个大气压，一般是在1~2L 机械搅拌式电加热高压釜（见图6-8）中进行。将试剂溶液和浸出试料同时加入釜中，上好釜盖后，调节至必要的空气压力，开始升温，至比试验温度低10~15℃时开始搅拌，到达试验温度后，开始保持恒温浸出，待达到预定的浸出时间后，停止加热搅拌，降至要求的温度，开釜取出矿浆。

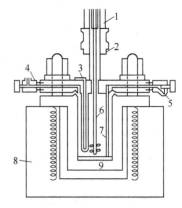

图6-8 高压釜简图
1—磁性搅拌器；2—冷却器；3—温度计；
4—进气阀；5—取样阀；6—搅拌棒；
7—取样管；8—电炉；9—试样

浸出试验辅助设备 实验室浸出试验一般应配有电 pH 计、电子继电器、水银接头恒温槽、调速搅拌器、空气压缩机、真空泵等。

6.6.3 浸出条件试验

这里重点是讨论搅拌浸出的条件试验。小型分批浸出试验的试料量为50~500g，一般用50~100g，综合条件验证性试验为1kg 或更多。

化学处理的回收率虽然与多方面的因素有关，但主要取决于化学试剂对矿物作用的浸出率的大小。浸出率大小与试料粒度、试剂种类和用量、矿浆温度、浸出压力、搅拌速度、浸出时间、液固比等因素有关。

6.6.3.1 试料

（1）试料粒度。浸出试料粒度粗细直接与磨矿费用、试剂与试料作用时间和浸出渣洗涤过滤难易程度有关。一般要求试料粒度小于250~150μm。

（2）试剂种类和用量。如前所述，浸出率大小主要取决于化学试剂对矿物的作用。化学试剂种类的选择是根据试料性质确定的，一般原则是所选试剂对试料中需要浸出的有用矿物具有选择性作用，而与脉石等不需浸出的矿物基本上不起作用，实践中一般对以酸性为主的硅酸盐或硅铝酸盐脉石采用酸浸，对以碱性为主的碳酸盐脉石采用碱浸。选择试剂时，还应考虑试剂来源广泛，价格便宜，不影响工人健康，对设备腐蚀小等。试剂浓度以百分浓度或 mol 表示。试剂用量是根据需要浸出的金属量，按化学反应平衡方程式计算理论用量，而实际用量均超过理论用量。试验操作中应控制浸出后的溶液中最终酸或碱的含量。

6.6.3.2 试验参数

（1）矿浆温度。矿浆温度对加速试剂与试料的反应速度，缩短浸出时间都具有重要影响。常压加温温度一般控制在95℃以下，当要求浸出温度超过100℃时，一般是在高压釜中进行浸出，才能维持所需要的矿浆温度。为了有利于工人操作，在保证浸出率高的条件下，希望温度越低越好。

（2）浸出压力。高压浸出试验均在高压釜中进行，加压目的是加速试剂经脉石矿物的气孔与裂隙的扩散速度，以提高需浸出的金属元素与试剂的反应速度。在某些情况（例如浸出硫化铜与氧化铜的混合铜矿石）下，为了借助压缩空气中的氧分压氧化某些硫化矿物也需加压。一般高压浸出速度较快，浸出率较高。

（3）浸出时间。浸出时间与浸出容器容积大小直接相关，在保证浸出率高的前提下希望浸出时间短。

（4）搅拌速度。搅拌的目的是使矿浆呈悬浮状态，促进溶剂与试料的反应速度。试验中搅拌速度变化范围是 100~500r/min，一般为 150~300r/min。

6.6.3.3　矿浆液固比

液固比大小直接关系到试剂用量、浸出时间和设备容积等问题。液固比大，试剂用量大，浸出时间长，浸出设备容积大，因此在不影响浸出率的条件下，应尽可能减小液固比，但液固比太小，不利于矿浆输送、澄清和洗涤。试验一般控制液固比为 4:1~6:1，常为 4:1。

上述各个影响因素中，其主要因素是试剂种类和用量、矿浆温度和浸出时间、浸出压力。

现以氰化法浸出复杂金矿石为例说明浸出条件试验的做法。确定用搅拌法浸出成分复杂的金矿石，一般要研究磨矿细度、氰化物和碱的浓度、矿浆液固比、搅拌时间以及药剂的消耗量等工艺因素，有时还需安排辅助工序的试验，如氰化前粗粒金的分选等。为考察这些因素的影响，可采用一次一因素的试验法。当研究磨矿细度时，把其他条件固定在恰当水平上，如矿石试样重 200g，氰化钠浓度 0.1%，液固比为 2:1，添加石灰 2kg/t CaO，搅拌速度 36r/min。取 3~5 份试样，每份样重 200g，分别磨至 −300、−150、−75μm，将磨好的试样分别装入塑料瓶，各自加 0.4g 含 100% 的 CaO、0.1% 的氰化液、400mL 水，放在搅拌器上搅拌 24h，搅拌时应将瓶盖打开，让其自然充气。试验结束后，矿浆过滤，使含金溶液与尾矿分离。

用吸液管分别取两份各 10mL 的溶液试样，测出剩余氧化物和 CaO 的浓度，计算它们的消耗量，另取出 200mL 含金溶液用锌粉沉淀法求出金的含量，尾矿加工后取样进行试金分析。

知道了金在溶液和尾矿中的含量，便可计算金的回收率，以此便可确定磨矿细度。因为磨矿费用高，在保证回收率的前提下，磨矿细度应尽可能粗。为此，可对其他因素进行试验，最终找出最佳组合条件。

氰化法是目前最经济的提金方法。但近年来，环境保护要求化学选矿向无污染方向发展，促使人们寻求新的浸金试剂，如硫脲、多硫化铵、硫代硫酸盐、氯化物、有机腈和用红色朱砂微球菌浸出等。

为考察浸出效果，浸出液中的金属含量以 g/L 表示，滤渣含量以百分数表示，以此算出的浸出率以百分数表示。

试验结果以图、表的形式提出，格式与物理选矿用的图、表格基本相同，不同点是物理选矿用回收率和品位两个指标，而浸出试验是用提出率和金属含量（以 g/L 表示）这两个指标。

6.7　选冶联合流程中浸出液的处理

低品位矿石或选矿中间产品等经过浸出后，需浸出的有用金属和伴生金属一道溶解在浸出液里，为了提取有用金属，首先必须从浸出液中分离杂质金属，提高浸出液中需提取的有用金属的纯度，最终回收有用金属。因为除去杂质金属的方法与回收有用金属的方法大致相同，故不分别讨论。

从纯净的浸出液中回收有用金属可采用沉淀法、溶剂萃取、离子交换、电解等。沉淀法又分为水解沉淀法、离子沉淀法、金属沉淀法（或置换沉淀法）、气体沉淀法（或氧化还原沉淀法）、结晶法等。

6.7.1　置换沉淀

置换沉淀法，是用一种金属从浸出液中将另一种金属离子沉淀出来，然后将金属沉淀与浸出液分离。

实验室置换沉淀试验可在烧杯或沉淀锥中进行。例如，用硫酸浸出铜矿石，将浸出液过滤，所得清液倾入烧杯（500~1000mL）中，加铁粉，用电动搅拌器搅拌，然后脱水，即得出含铜70%~80%的海绵铜。

置换沉淀工艺可分为在浸出清液中置换沉淀和在浸出矿浆中置换沉淀两种。前者适于处理含泥量少，浸出液易与滤渣分离的矿石；后者适于处理硫化铜-氧化铜混合型矿石。用硫酸浸出氧化铜，剩余的硫化矿表面被净化，再在矿浆中添加细磨的海绵铁，使溶解的铜沉淀，硫化铜和沉淀铜可用一般方法进行浮选。

影响置换沉淀速度的因素是溶液的 pH 值、目的组分的离子浓度、置换（搅拌）时间、搅拌强度、温度、置换材料粒度等。以上各个因素都要通过试验确定。

6.7.2　溶液萃取

溶液萃取是利用有机药剂对某些金属离子的较大的溶解能力，使溶液中的金属离子选择性地转入有机药剂中，而达到分离富集。通常把有机药剂称为萃取剂。

实验室进行萃取条件试验和串级模拟试验时，常用 60~125mL 梨形分液漏斗（见图6-9）做萃取、洗涤和反萃取试验。把要分离的料液（约20mL）移入分液漏斗，加入相应的有机药剂，塞好活塞，用手摇或用电动震荡器震荡，使有机药剂与料液充分接触。待过程达到平衡后，静置，使负载有机相和萃余水相分层，然后转动漏斗下部的阀门，分别接出萃余水相和负载有机相，达到分离的目的。按上述方式每进行一次萃取，称为一级或单级萃取，若一级萃取不能达到要求的富集、分离，则采用多级萃取。实验室条件试验常采用单级萃取和错流萃取，见图 6-10，图中方框代表分液漏斗或萃取器。

图 6-9　梨形分液漏斗

实验室溶剂萃取试验内容包括选择萃取体系，萃取、洗涤和反萃取条件试验，串级模拟试验等。

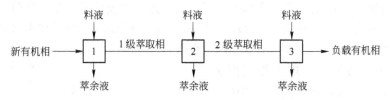

图 6-10　错流萃取示意图

6.7.2.1　选择萃取体系

试验时，首先必须将要试验的料液进行分析测定，了解料液的性质和组成，例如，是酸性溶液还是碱性溶液？被萃取组分和杂质存在形态和浓度如何等。据此，结合生产经验和文献资料选择萃取体系，以便于选择萃取剂。例如，对于硫酸或细菌浸出的氧化铜料液，铜是以阳离子状态存在，料液呈酸性，这时就应选用阳离子交换体系或螯合萃取体系，而不能采用胺盐类萃取体系。

6.7.2.2　条件试验

进行条件试验之前，首先应做探索性试验，以初步考察选择的萃取剂分相性质和萃取效果，从而确定选用这种萃取剂的可能性。影响萃取的因素很多，但在试验中一般要考虑的因素包括：有机相的组成和各组分浓度、萃取时间、萃取温度、相比、料液的酸度、被萃取组分的浓度、盐析剂的种类和浓度。通过试验要找出各因素对分配系数、分离系数、萃取率的影响，确定各因素的最佳条件。

洗涤、反萃取作业的条件试验与萃取试验的方法类似。

为了考察萃取效果，将负载有机相和萃余液或负载有机相进行反萃后所得反萃水相进行化验，得出负载有机相或反萃水相和萃余液中的金属含量，以 g/L 表示。根据需要分别算出分配系数 D、分离系数 β、萃取率 η。

$$D = \frac{C_o}{C_a} \qquad (6-21)$$

式中　D——分配系数；

　　　C_o——被萃组分在有机相中的平衡总浓度；

　　　C_a——被萃组分在水相中的平衡总浓度。

$$\beta = \frac{D_A}{D_B} \qquad (6-22)$$

式中　β——分离系数；

D_A，D_B——分别表示两种金属在同一萃取过程中的分配系数。

$$\eta = \frac{C_o V_o}{C_o V_o + C_a V_a} \times 100\% \qquad (6-23)$$

式中　η——萃取率；

　　　V_o——负载有机相体积；

　　　V_a——水相体积。

6.7.2.3　串级模拟试验

串级模拟试验与实验室浮选闭路试验类似，是一种模拟生产过程的分批试验，即用分液漏斗进行分批操作模拟连续多级萃取过程，这种方法比较接近实际。试验目的是：验证条件试验确定的最佳工艺条件是否合理，能否满足产品的要求；发现在多级逆流萃取过程中可能出现的各种现象，最终确定所需理论级数。

图 6-11 为五级逆流萃取串级模拟试验流程图，符号 O 代表分液漏斗。图中数字为漏斗编号。o 代表新鲜有机相，a 代表料液，E、R 为两相金属浓度。横排①、③、⑤或②、④称为一个实验排。

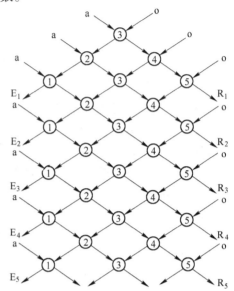

图 6-11　五级逆流萃取串级模拟试验流程图
o—新鲜有机相；a—料液；E—负载有机相；R—萃余相

操作步骤如下：

（1）将五个漏斗编号后置于漏斗架上。

（2）在 3 号漏斗中加入有机相与料液，振荡到平衡，静置分层，水相转入 4 号漏斗，有机相转入 2 号漏斗。

（3）在 4 号加入新鲜有机相，在 2 号加入料液，同时振荡 4 号和 2 号到平衡，分相后按箭头方向转移两相。

（4）在 1 号加入料液，5 号加入新鲜有机相，3 号中所装的是由 4 号转入的有机相和由 2 号转入的水相。同时振荡 1、3、5 号到平衡，分相后，1 号有机相，5 号水相分别移入有机相与水相器内，而 1 号水相与 5 号有机相分别转入 2 号、4 号。

按上述方法继续做下去，直到萃余液与负载有机相中金属浓度恒定时为止，此时萃取体系已达到平衡。经验表明，当实验排数为萃取级数两倍以上时，即可认为萃取已达平衡。除此，还可根据负载有机相和萃余液的某些物理性质（如颜色）恒定与否来判断过程是否平衡，最后通过化验，得出负载有机相和萃余液中的金属浓度。

6.7.3　离子交换

离子交换是利用离子交换剂对水溶液（料液）中各组分的吸附能力不同，和淋洗剂与各组分生成的配合物稳定性差异，而使元素富集、分离。

离子交换装置及运转方式可分为静态和动态两大类。静态交换一般只用于实验室试验，例如用梨形分液漏斗、三角烧瓶等作交换器。动态交换一般在交换柱中进行，如图 6-12 所示。离子交换柱是有机玻璃管或硬质玻璃管，交换柱下有一筛板，筛板上面铺一层玻璃丝，以免树脂漏出，交换柱垂直固定在支架上，柱间用胶管连接。

试验操作步骤：

（1）树脂预处理。用酸或碱液浸泡，使树脂转型，用水淋洗，然后装柱。

（2）装柱。先注入一定容积的水于柱内（约 1/3），均匀加入树脂，至柱高的 90%，树脂上面要保持一层清水，树脂下沉后，再用纯水洗涤柱内树脂至中性或接近中性。

（3）树脂转型。根据试验需要将树脂转变为一定的离子形式，转型后的树脂用纯水将留在树脂空隙中多余的溶液洗出。

（4）吸附。将含有用金属的料液以一定流速注入吸附柱树脂床中，当树脂床被进入溶液中的金属离子饱和时，停止给液，用纯水洗涤吸附柱。

（5）淋洗。接通吸附柱和分离柱，用配成一定浓度和 pH 值的淋洗液以一定的流速通过吸附柱和分离柱，分别收集排出的淋洗液，再用纯水清洗树脂床的淋洗剂，然后将柱中树脂转型。

（6）树脂再生。使用过并已失去交换能力的树脂，必须用再生剂处理，使树脂恢复到交换前的形态。

影响离子交换效果的因素很多，但实验室条件试验主要对以下因素进行试验，即树脂的选择、料液的成分和性质（料液离子浓度、pH 值）、淋洗剂的浓度与 pH 值、流速、温度、柱形和柱比等。

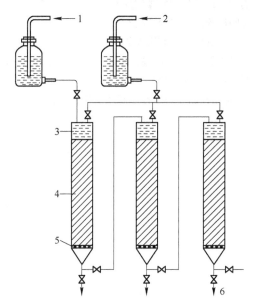

图 6-12　离子交换装置

1—料液；2—淋洗液；3—溶液；4—树脂；5—筛板；6—流出液

学 习 情 境

本章以浮选试验为载体，掌握浮选试验的内容和程序，掌握浮选试验试样的制备、试验设备及操作技术。

掌握浮选条件试验所要考察的浮选工艺参数，包括浮选条件试验安排、试验操作的要点与难点、试验结果的处理，以及如何根据试验结果确定最佳工艺参数。

掌握实验室浮选闭路试验操作技术、试验过程中应注意的问题、试验结果的计算处理方法。

了解选冶联合流程中，浸出试验的浸出设备及浸出液的处理方法。

以实际硫化铜矿为例，从试样的制备、磨矿细度试验、捕收剂用量试验、浮选时间试验至实验室浮选闭路试验开展一个系统的浮选专题试验；熟悉实验室浮选设备，掌握浮选试验操作技术；掌握试样的加工操作方法；掌握实验室浮选条件试验的操作方法，以及如何根据试验结果确定最佳工艺参数；掌握实验室浮选闭路试验的操作方法，以及如何根据实验结果计算浮选最终选别指标。

复习思考题

6-1 浮选试验的内容和程序是什么？

6-2 浮选试验中的磨矿操作步骤及注意事项是什么？

6-3 浮选试验中的药剂是如何配制与添加的？

6-4 浮选试验中的泡沫是如何调节与控制的？

6-5 浮选条件试验中的磨矿细度试验是如何操作的？

6-6 浮选条件试验中的捕收剂用量试验是如何操作的？

6-7 浮选条件试验中的浮选时间试验是如何操作的？

6-8 浮选闭路试验的目的是什么，试验是如何操作的？

6-9 如何判定浮选闭路试验已经平衡了，如果试验不能平衡，其原因是什么？

6-10 浮选闭路试验操作中主要应注意哪些问题？

6-11 简述浸出试验步骤，以及常压浸出设备工作原理及操作方法。

7 重选试验

7.1 重选试验的特点

各种选矿方法的可选性实验，其基本任务都是相同的，都是要通过试验选择用于处理所研究矿产的选矿方法、流程、设备和工艺条件，确定该矿产的可选性，即可能达到的工艺指标。因而实验的程序和方法，也是大体相同的。

重选、浮选、磁选、电选等各种选矿方法，由于它们的分选原理不同，其工艺过程本身就各有其他点，它们的实验室技术也各有特点，因此不仅要弄清各种选矿方法实验技术的共性，而且要了解它们的特性。

浮选只包括一种选矿方法，浮选机的型号尽管也有多种，但其基本原理是一样的。而重选过程实际包含着多种选矿方法，如重介质选矿、跳汰选矿、摇床选矿、溜槽选矿、离心选矿，其选别原理和应用范围都不相同，而设备本身的工作效率又往往是决定选别效率的首要因素。这就是重选试验时必须首先抓住流程和设备问题的基本原因。特别是重选生产的重大变革都是与设备的改进和创新分不开的，因而即使是在为解决具体矿石可选性的应用性选矿实验工作中，也常常离不开新设备的引用或研发工作。

重选过程的物理原理相对地说比较简单，从矿石性质本身这方面来看，主要因素——密度原则上是不可改变的，粒度也是可以预计的；而各种选别设备，只要其入选原料的密度组成和粒度组成基本相同，选别条件也基本相同；再加上重选过程中发生的一些物理现象比较直观，大多可以凭肉眼直接观察判断，这些都决定了重选试验中有关工艺因素的考查工作与浮选不同。

重选所处理的物料入选粒度一般较粗，粒度范围也较宽。不同粒度的物料要求选用不同的设备，即使可以用同一类设备处理，为了提高效率，物料也常常分级选别；再加上为了避免过粉碎对选别的不利影响，常采用阶段选别流程，导致流程的组合一般都比较复杂。

此外，重选试验通常是按开路流程进行的，原因是重选工艺因素比较简单和稳定，中矿返回影响较小。如果要做中矿返回试验，其目的仅在于考查中矿的分配，而很少像浮选那样，会由于中矿的返回而明显影响到原矿的选别条件和效率。另一方面，由于重选流程长，物料粗，用料多，实验工作量大，在一般的实验室条件下，实际上很难组织全流程范围的闭路和连续试验。

但是，尽管从全流程而言，重选试验大多都是开路的，不连续的，而对每个具体作业而言，却又常是按连续给矿原则工作的，有时甚至是闭路循环的（如旋流器、离心机）。并且重选试验所用设备规格比较大，除可选性评价试验目前一般采用实验室型设备外，为选矿厂设计提供依据的可选性试验，目前大多倾向于采用半工业型设备，个别甚至采用工业型设备。

7.2　重力分析及可选性曲线

重力分析又称密度组分分析，即对物料进行筛分、重力分离、化学分析。其实质是在接近理想的条件下将矿石分离为不同密度的部分，根据不同密度部分的产率和品位，算出各部分中各组分的分布率。

在矿石可选性研究中，密度组分分析可以解决下列问题：

（1）对于需要采用重介质选矿法选别的矿石，密度组分分析就是重介质选矿实验室可选性研究的基本方法。通过密度组分分析，可以确定该矿石采用重介质选矿的可能性，适宜的入选粒度和分选密度，以及可能达到的选别指标，作为下阶段半工业试验的依据。

（2）对于需要采用其他重选方法选别的矿石，则可根据不同粒级试样、不同密度组分中金属分布的规律，判断该矿石的可选性，估计必须的破碎粒度即入选粒度以及可能达到的最高指标。对于组成简单的矿物（如煤），还可直接根据该矿物的密度组成以及所用选别设备的密度分配曲线推算实际可能达到的选别指标，并直接作为设计的依据。

（3）由于可以根据不同粒度试样的密度组分分析结果间接地判断有用矿物在不同破碎粒度下单体解离的情况，因而对于需要采用其他选矿方法的矿石，也可根据密度组分分析结果估计必须的破碎粒度和可能达到的选别指标。

7.2.1　试样的准备

试样的准备根据实验的目的不同而异。仅是为了考查矿石用重介质选别的可能性时，小于3~0.5mm的物料通常不进行研究，因为在目前技术水平下，重介质选矿不能处理3~0.5mm的物料；若需全面地考查矿石重选的可能性，则可根据选别的下限粒度确定研究的下限。

若是为了考查矿石的入选粒度，可将试样缩分为几份，分别破碎到不同的粒度进行试验。例如，可将试样缩分为4份，分别破碎到25、18、12（10）、6mm，筛除不拟入选的细粒，洗涤脱泥，晾干后分别进行实验；筛出的细粒（包括矿泥）要烘干、称量，并进行化学分析。分离试验一般可在岩矿鉴定的基础上，从粗粒级别开始试验，若在粗粒级别能得到满意的分离指标，则不必对较细的试样进行试验；否则应逐步降低入选粒度，直至得出满意的分离指标为止。

试验的最初阶段，通常将试样分成窄级别，洗去矿泥，晾干后分别进行试验。通过试验选定粒度范围，再用宽粒度范围、宽级别物料进行校核试验。窄级别试样的分级比，一般为$\sqrt{2}$~2。

在可选性研究工作中，密度组分分析通常属于预先试验性质的工作，所用试样量通常较小，一般小于按$Q=kd^2$关系算出的数值。例如对于-25mm的试样，若是$k=0.1~0.2$，按$Q=kd^2$的关系，最小用量为62.5~125kg，而实际工作中却常只用25~30kg。逐块测密度时，则一般要求各级的矿块数不少于200即可。但在用宽级别试样进行重介质选矿的正式试验时，原始试样的重量必须满足$Q \geq kd^2$的关系。

7.2.2 分离方法

常用的将矿块（粒）分离为不同密度组分的方法有：1）逐块测密度；2）重液分离；3）重悬浮液中分离；4）在顺磁性液体中分离（磁流体分离）。后三者可统称为浮沉试验，其中最常用的是重液分离法。

7.2.2.1 逐块测密度法

常用的重液多半稀贵、有毒，当块度大时，耗用重液多，因而一般大于 10mm 的块状物料可用逐块测密度法测定。测定前应该先将试样筛分成窄级别，然后用四分法自每个级别中缩分出约 200 个矿块作为试样，分别用水冲洗、晾干，用专门的或改装的密度天平逐块测定其密度。

将测过密度的矿块，按一定的密度间隔分成几堆，即几个不同密度部分，分别称量、取样，送化学分析。划分密度间隔的原则是，靠近分离密度处间隔取窄些，但又要使每一个密度部分的矿块不致过少。因而在一开始可多分几堆，然后根据各堆的数量适当合并，最后有五六个不同密度的组分即可。

7.2.2.2 重液分离法

重液分离是矿物分析和测定矿石中有用矿物浸染粒度最常用的方法之一。在重介质选矿试验中，重液分离法是作为预先试验的方法，目的是确定重介质选矿过程的理论指标。

其分离过程是：将矿块置于一定密度的重液中，密度大于重液密度者下沉，密度小于重液者则浮在液面上，与重液密度相近者则处于悬浮状态。据此可配制一套密度不同的重液，分离出矿石中各个密度不同的部分。

重液通常是指密度比水大的液体，包括有机重液、无机盐溶液和熔盐三类。

A 常用重液的性质和配法

（1）三溴甲烷或四溴乙烷，最高相对密度可达 2.9 到 3.0。应用苯、甲烷或四氯化碳与之混合物，可以改变其密度。

（2）杜列液（即碘化钾与碘化汞），按 1∶124 的比例配成的水溶液，最高比密度可达 3.2。这种液体配制方法简单，实际工作中应用较多，但它对硫化矿物有分解作用，对皮肤有腐蚀性，使用时须多加注意。

（3）二碘甲烷配制最高相对密度达 3.3，可用苯或其他有机溶剂稀释。

（4）克列里奇液，是甲酸铊和丙二酸铊配成的水溶液。配成相对密度最高达 4.25，与硫化矿物不起反应，但对人体有害。

重液密度的测定，可用比重瓶法或者比重计重法测定。

B 重液分离操作技术

粒度大于 0.074mm 的试样，均利用重力自然沉降分离；小于 0.074mm 的试样，则需在离心力场中分离。

块状和粗粒物料（>1~0.5mm）的分离试验，通常在容积不小于 250mL 烧杯或玻璃缸中进行。首先将不同密度的重液按要求配好，分别侵入容器中，然后将试样小批给入重液中，搅拌后静置，待其分层后将浮液和沉物分别用漏勺捞出，待全部试样分离完毕后，再转入下一个分离密度进行分离。分离试验通常是按从小密度到大密度的顺序进行。例如，先用相对密度 2.6 的重液分离出浮物和沉物，浮物作为最终产品，沉物再用 2.7 的重液分离，如此类推，最后将试样分成 -2.6、-2.7+2.6、-2.8+2.7、-2.9+2.8、-3.0+2.9、+3.0 等不同密度的产物，但若发现某一个密度的产物其产率甚大，亦可增加一个密度分离，将该部分再分成两个部分。各部分产物分别洗涤、烘干、称重、取样、送化学分析。洗下的重液可再生使用。

细粒物料（小于 1~0.5mm 而大于 0.1~0.075mm）的分离，可在分液漏斗中进行。无专门分液漏斗时也可以用带胶皮管的普通漏斗，但碘化汞和碘化钾溶液对橡胶有腐蚀作用，不能采用带胶皮管的普通漏斗。分离时先向漏斗中注入重液，然后给入试样，用玻璃棒搅拌数次，盖上表面皿，静置分层。分层完毕，打开旋塞或夹子，将沉物和浮物分别过滤、洗涤、烘干、称量、取样、送化学分析。洗下的重液回收再用。

离心力场中的分离（小于 0.1~0.075mm 的物料），是利用离心试管作分离容器，在手摇或电动离心机中进行。操作时，离心机位于对称位置的两个试管所装的试样重量要相近，否则高速旋转时玻璃管会破裂。离心机转速应渐增，一般最高达 3000~4000r/min 即可，持续 3~5min，逐渐减速停止。离心试管上层矿物用玻璃棒拨出，或用小网勺捞出。下层沉物则随同重液一起移出，分别过滤、洗涤、烘干、称量、取样、送化学分析。洗下的重液回收再用。

7.2.2.3 重悬浮液分离法

目前生产上重介质选矿多数是用悬浮液做介质，因而对于重介质选矿试验，重液分离只能作为预先试验，最后还必须在实际悬浮液中进行正式分离试验。有时由于重液缺乏，或物料粒度粗，试样多，或矿石松散，不适于在重液中分离，可不经重液分离而直接用悬浮液进行分离试验。但重悬浮液分离法不适用于细粒物料，因为细粒物料同介质混杂后难以分离。

A 介质的制备

重悬浮液分离试验常用的介质见表 7-1，由于配制的重悬浮液密度均比加重剂的密度小得多，因而实验室矿石密度组分分析工作中，主要采用密度大的加重剂，如方铅矿、硅铁等。在重介质旋流器分离过程中，由于实际分离密度将大于悬浮液密度，故可用密度较小的物料做重剂，如砷黄铁矿、黄铁矿、磁铁矿、磁黄铁矿等。在实验室试验阶段，通常是利用挑选的大块纯矿物粉碎后制成介质，因而实际密度接近于表列密度；在半工业试验阶段，一般只能用相应的选矿产品代替，例如用浮选铅精矿代替纯方铅矿，因而其密度将小于表列密度。

表 7-1 常用加重剂

加 重 剂	加重剂相对密度	可能达到的悬浮液最大相对密度	莫氏硬度
重晶石（$BaSO_4$）	4.4	2.2	3.0~3.5
磁黄铁矿（Fe_nS_{n+1}）	4.6	2.3	3.5~4.5
黄铁矿（FeS_2）	5.0	2.5	6.0~6.5
磁铁矿（Fe_3O_4）	5.0	2.5	5.5~6.5
砷黄铁矿（FeAsS）	6.0	2.8	5.5~6.0
细磨硅铁（85%Fe，15%Si）	6.9	3.1	7.0
粒状硅铁（90%为球型）（85%Fe，15%Si）	6.9	3.5~3.8	7.6~7.7
方铅矿（PbS）	7.5	3.3	2.5~2.75

方铅矿易磨，通常需磨到 70% ~ 80% $-44\mu m$，可以得到比较稳定的悬浮液；其缺点是容易泥化而使悬浮液变黏，影响分离效果，并可能污染产品。

硅铁难磨，通常磨到 60% ~ 65% $-44\mu m$，在给入磨机前应尽可能破碎到较小粒度，磨碎时间长，要用淘析的方法周期地取出细粒。为防止氧化，潮湿的硅铁应保存在水中。硅铁含量一般为 13% ~ 18%。粒状硅铁由于呈球形颗粒，因而悬浮液黏度较小，可配成较高的浓度使用，可能达到的悬浮液密度也较大。

为配置给定密度的悬浮液所需加重剂的重量可按下式计算：

$$G = \frac{\rho_s(\rho_p - \rho_l)}{\rho_s - \rho_l}V \tag{7-1}$$

式中　G——加重剂重量；

　　　V——悬浮液体积；

　　　ρ_s——加重剂密度；

　　　ρ_p——悬浮液密度；

　　　ρ_l——水的密度。

悬浮液的密度可用浓度壶测定，其测定方法和原理与比重瓶法相同。

B　悬浮液中分离操作技术

分离操作可在直径和高均为 200 ~ 300mm 的圆筒或倒截锥形容器中进行，最好里面再套一个带漏底（筛网）的内筒，如图 7-1a 所示，以便于取出沉物。其操作方法与重液分离试验类似，主要差别是悬浮液静置时会分层，必须不断搅拌才能保持密度的稳定。

试验时先将配好的悬浮液注入分离容器，不断搅拌，测定并调节介质密度，调至要求数值后，一面缓慢搅拌，一面加入用同样悬浮液浸润过的试样。停止搅拌后若干秒钟，用漏勺（图 7-1b）自悬浮液表面（插入深度约相当于一块最大矿块的尺寸）捞出浮物，然后再取出沉物。如果有大量密度与悬浮液相近的矿块处于不浮不沉状态，则最好单独收集。取出的产品分别置筛子上用水冲洗，必要时再利用带筛网的盛器（图 7-1c）置清水桶中淘洗，待完全洗净黏附于其上的悬浮质后，分别烘干、称重、磨细、取样化验。若有必要，洗下的悬浮质可用选矿的方法再生后回收利用。

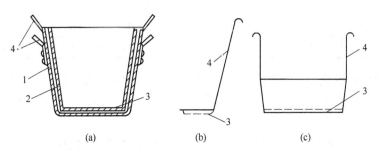

图 7-1　重悬浮液分离试验设备
1—外筒；2—内筒；3—筛网；4—漏勺

7.2.2.4　在顺磁性液体中分离

在普通重液或重悬浮液中分离矿物时，矿粒所受的力为重力和浮力，后者在数值上等于同体积介质所受的重力而方向相反。矿粒浮起的条件是浮力大于重力。即要求介质密度大于矿粒密度。由于高密度介质不易获得，故使得密度组分分析方法在矿石可选性研究工作中的应用远不及在煤的可选性研究中那样广泛。若在上弱下强的不均匀磁场中，利用顺磁性液体作为分离介质，由于顺磁性液体将对矿粒施以一向上的磁力（与磁场对顺磁性液体的作用力大小相等而方向相反），其大小超过磁场作用于矿粒的磁力（方向向下），因而使整个"上浮力"增大，相当于增大了介质的密度，故能用于分离高密度矿物。这就为高密度矿物的密度组分分析开辟了新的途径。

常用的顺磁性液体为锰、镍、钴、铁，以及稀土金属盐类的饱和溶液，如硝酸锰、氯化锰、三氯化铁等。据有关报道，在实验室条件下，用氯化锰饱和溶液（$\rho = 1400 \mathrm{kg/m^3}$）作介质，分选相对密度可达到 10；用稀土氯化物作介质时，由于其磁化系数高，分选相对密度可达到 19.5，因而可以分离金（浮物）和铀（沉物）。

7.2.3　可选性曲线

上述每一种分离方法的试验结果，所得出的原始数据，是级别密度、重量和品位，并且要进一步计算产率和金属分布率。根据原始数据计算实验结果列表，即可绘出可选性曲线。表 7-2 是一组筛出了-3mm 后，-25+3mm 铅矿石的浮沉试验结果，现说明其计算步骤及曲线绘制方法。

表 7-2　沉浮试验结果　　　　　　　　　　　　（%）

相对密度级别	产　率			品　位			金属分布率		
	个别 γ	浮物累计 γ_f	沉物累计 γ_s	个别 β	浮物累计 β_f	沉物累计 β_s	个别 ε	浮物累计 ε_f	沉物累计 ε_s
（1）	（2）	（3）	（4）	（5）	（6）	（7）	（8）	（9）	（10）
-2.7	22.9	22.9	75.4	0.2	0.2	2.39	1.9	1.9	73.5
-2.8+2.7	13.3	36.2	52.5	0.6	0.35	3.35	3.3	5.2	71.6
-2.9+2.8	8.6	44.8	39.2	0.9	0.45	4.28	3.1	8.3	68.3
-3.0+2.9	5.9	50.7	30.6	1.6	0.59	5.23	3.8	12.1	65.2
+3.0	24.7	75.4	24.7	6.1	2.39	6.10	61.4	73.5	61.4
-25+3mm 共计		75.4			2.39			73.5	
-3+0mm 共计		24.6			2.65			26.5	
-25+0mm 原矿		100.0			2.46			100.0	

首先把原始数据列于表 7-2 第（1）、（2）、（5）栏中，第（2）栏产率 γ 是对原矿的相对值，第（5）栏为化学分析数据。预先筛出的细粒-3mm，其产率和品位列于表的下方。

第（3）栏浮物累计产率 γ_f 是自轻级别产物开始向下累计相加得出。

第（4）栏沉物累计产率 γ_s 则是自重级别产物开始向上累计相加得出。

第（6）栏浮物累计品位 β_f 是低于某密度级别的全部轻产物的平均品位，按下式计算得出：

$$\beta_f = \frac{\Sigma \gamma_i \beta_i}{\Sigma \gamma_i}\%\tag{7-2}$$

第（7）栏沉物累计品位 β_s 则是高于某密度级别的全部重产物的平均品位，计算方法与上式相同，只是需由下向上累计。

第（8）栏金属分布率 ε，是对原矿的相对值，由下式计算得出：

$$\varepsilon_i = \frac{\gamma_i \beta_i}{\Sigma \gamma \beta} \times 100\% \tag{7-3}$$

第（9）栏浮物累计 ε_f 是自轻级别产物开始自上而下累计相加得出。

第（10）栏沉物累计 ε_s 是自重级别产物开始自下而上累计相加得出。

根据上表绘出的可选性曲线如图7-2所示。图中曲线分别表示不同分离密度时的分离指标：浮物累计产率 γ_f；浮物累计品位 β_f；浮物累计金属分布率 ε_f；沉物累计产率 γ_s；沉物累计品位 β_s；沉物累计金属分布率 ε_s。图中表示在理想条件下重悬浮液分离所得轻、重产物的产率、品位及金属分布率密度的变化关系。在指定任一指标后，其他各项指标即可由图示关系求得。

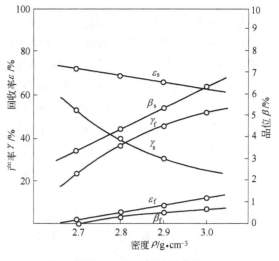

图 7-2　矿石可选性曲线

7.3　重选试验流程

在重选可选性研究中，最主要的任务就是选择和确定选别流程。

重选试验流程，通常是根据矿石性质并参照同类矿石的生产实践确定。但是，实验流程要比生产流程灵活，原因是在试验开始时，我们仅能了解有关该类矿产选矿的一般规律。而待试矿物选矿的特殊规律则需在试验过程中才能逐步认识清楚，因而流程试验的内容本身还包括了对许多未定因素的考察。

7.3.1　决定重选流程的主要依据

决定矿石选别流程的内因是矿石性质，其中最主要的有以下几个方面。

A　矿石的泥化程度和可洗性

含泥高而通过洗矿可以碎散的矿石，均应首先进行洗矿。根据对矿泥中金属分布率的研究即可初步确定，洗出的矿泥是可以废弃还是应该送去选别。某些黑色金属矿石，如某些氧化锰矿和褐铁矿，有用成分富集在非泥质部分，通过洗矿就有可能得到较富的粗精矿甚至合格精矿。一般泥质矿石通过洗矿脱泥可改善块矿的破碎、磨矿和选别条件，并避免有用矿物颗粒的过粉碎，减少泥矿中金属的流失率。因而"洗矿入磨"加"泥砂分选"是我国重选生产实践的基本模式之一。

机械洗矿方法的缺点是对矿石有磨剥作用，产生次生矿泥。人工洗矿产生的矿泥通常约比机械洗矿法少 5%～6%，这是实验室试验结果与工业生产指标难以良好吻合的原因之一。洗矿得到的矿泥通常送去分级,将最微细的部分排入溢流,砂粒部分(粗泥)则送去选别。

矿石的可选性不仅与矿石中泥质部分的含量有关,而且在更大程度上取决于矿石中所含这些黏土物料的性质,包括塑性、膨胀性和渗透性。黏土的塑性是指含一定水分的黏土在受压以后不裂开而产生固定变形的性质,可用塑性指数 $K(\%)$ 度量:

$$K = B_h - B_1 \tag{7-4}$$

式中　　B_h——黏土塑性上限,即黏土开始流动时的含水率,%;

　　　　B_1——黏土塑性下限,即黏土开始能被压碎时的含水率,%。

按 K 的取值为>15、15~7、7~1、<1,可将黏土的塑性分为高、中、低、无四类,相应地将矿石的可洗性分为最难、较难、中、易四类。黏土的膨胀性是指黏土被润湿以后体积增大的程度,膨胀性愈大,愈易洗。渗透性是指黏土被水渗透的能力,渗透性愈大,愈易洗。显然,与这些性质有关联的是,洗矿效率不仅取决于擦洗的强度和时间,而且取决于矿石预先浸润的时间。对某些难洗的矿石,还可依靠添加药剂甚至预先干燥的方法来强化洗矿过程。对矿石可洗性的预先研究,可使我们在拟订流程方案时就能仔细考虑这些问题。

B　矿石的贫化率

为了降低选矿成本,提高现场生产能力,对于开采贫化率高的矿石,通常应首先采用重介质选矿以及光电选和手选等选矿方法进行预选(预先富集),以丢弃开采时混入的围岩和夹石。用重介质选矿法预选丢出的废石量一般应不少于20%,废石品位应显著低于总尾矿的品位,否则不一定合算。

某些黑色金属矿石,有时按其地质品位已达到冶炼要求,只是由于开采过程的贫化造成采出矿石品位低于冶炼要求,此时选别的主要任务就是丢弃废石以恢复地质品位。除了采用重介质选矿法外,还可采用跳汰等其他高效率重选方法进行选别。

对于主要采用浮选、磁选等其他选矿方法回收有用矿物的矿石,当矿石贫化率很高时,也应考虑首先用重介质选矿法预选。

矿石采用重介质选矿法预选的可行性,可通过对试样进行密度组分分析的方法确定。

在围岩密度大于脉石密度的条件下,若有用矿物价格高、含量低、且嵌布细,即难以采用重介质选矿法分离围岩,此时只能考虑采用光电选以及手选等其他方法预选。

C　矿石的粒度组成以及各粒级的金属分布率

矿石的粒度组成以及各粒级的金属分布率这对于砂矿床具有特别重要的意义,因为大部分砂矿中,有用矿物主要集中在各个中间粒度的级别中;粗粒和细泥,特别是大块砾石中,有用成分的含量则很低,因而一般都可利用洗矿加筛分的方法隔除废石。表7-3所列即为某砂矿的粒度组成和金属分布率。由表可知,+4mm 的级别可作为废石筛除。

表 7-3　某砂锡矿试样粒度组成和金属分布率

粒级/mm	+10	-10+6	-6+4	-4+2.5	-2.5+1	-1+0.3	-0.3+0.074	-0.074	合　计
产率/%	1.95	3.14	9.39	25.04	33.42	22.47	4.29	0.30	100.00
Sn 品位/%	0.01	0.01	0.02	0.03	0.03	0.07	0.17	0.32	0.044
分布率/%	0.4	0.7	4.3	17.1	22.8	35.9	16.6	2.2	100.00

D 矿石中有用矿物的嵌布特性

有用矿物的嵌布特性，决定着选矿的流程结构，包括入选粒度、选别段数以及中矿处理方法等一系列问题。

由于重选过程的效率随着物料粒度的变小而明显地降低，因而对于粗细不等粒嵌布的矿石，一般均应按照"能收早收"、"能丢早丢"的原则，采用阶段选别流程。自然，在决定选别段数的时候，还必须考虑经济原则。若有用矿物价值高，且易泥化，或选厂规模较大，即可采用较多的选别段数；对于贱金属或小厂，则应采用较简单的流程。

一般说来，第一段的选别粒度（即入选粒度），应选择到能使该选别段回收的金属不少于20%，或丢出的尾矿产率不少于20%。

矿石的嵌布粒度特性，通常由镜下鉴定的资料提供。应该认识到，尽管有用矿物单体解离的粒度主要取决于它在矿石中的嵌布粒度，却并不会完全相等。因而为了确定矿石的入选粒度，最好能有不同破碎粒度下矿石的密度组分分析资料，它可以直接告诉我们有关不同破碎粒度下矿物单体分离的情况。只是由于密度大于3.2的重液很难制备，目前矿石的密度组分分析工作，主要只限于用在分离相对密度不超过3.2的情况，例如重介质选矿作业。为了分离更高密度的重矿物，其选别前必须的破碎粒度，只能在岩矿鉴定资料的基础上，直接依靠选矿试验确定。实际上，重选流程试验的基本任务，也就在于确定矿石的入选粒度和选别段数。

E 矿石中共生重矿物的性质、含量及其与主要有用矿物的嵌镶关系

目前主要依靠重选法选别的一些主要有用矿物，其与脉石的密度差一般是足够大的，用重选法比较容易分离；但当含有共生重矿物时，共生重矿物间的密度差却往往很小，在重选过程中很难使它们彻底分离，而只能共同回收到重选粗精矿（毛精矿）中，下一步再采用磁、电、浮、重选以及化学处理等联合过程进行分离和回收。共生重矿物间的相互嵌镶关系，决定着选矿中矿的处理方法。有时候由于重矿物相互致密共生，在选别过程中将不可避免地产出一部分主要由共生重矿物连生体组成的所谓"难选中矿"，无法用普通的机械选矿办法选别，而只能直接送冶炼厂处理。例如，云南某矿区的锡石氧化矿和残坡积砂矿，是含大量硫化铁的锡石多金属硫化矿床经严重风化而成，原矿含铁15%~25%，以氢氧化铁形态（褐铁矿等）存在。这些铁矿物中含有微细的锡石以及呈微细矿物颗粒或离子吸附状态的铅、锌、铜、砷、铋、铟、镉等，在选矿过程中只能作为中矿产出，然后送冶炼厂分离、回收。

7.3.2 重选试验流程示例

现以钨锡原生脉矿重选试验流程为例说明重选试验流程。

设通过原矿单体解离度测定得知，当矿石破碎至20mm时，20~12mm级单体解离度<10%，12~6mm级则可达10%~30%，0.5~0.3mm级则可达90%以上。故初步确定入选粒度为12mm，最终破碎粒度为0.5mm。考虑到钨、锡矿物价值高，性脆易泥化，决定采用多段选别流程，第一段破碎到12mm入选，第二段棒磨到2mm，第三段磨到0.5mm。

在探索性试验阶段，第一步可按图7-3所示流程进行，试验的任务有二：1）进一步确定所选入选粒度是否合理；2）考查在什么粒度下可以开始丢尾矿。

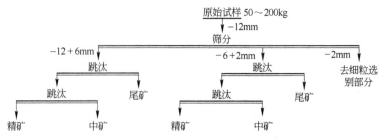

图 7-3　粗细不等粒嵌布钨锡矿石探索性试验流程（第一部分）

若试验表明，从−12mm 起，各个粒级都可得到足够数量的精矿，则表明所选入选粒度基本上是正确的，必要时还可对更粗的试样进行试验，探索提高入选粒度的可能性；若试验证明入选粒度可以提高，则应更换试样进行下一步的试验。

若试验表明，从−6mm 开始才能得出合格精矿，则应将−12+6mm 级精、中、尾矿合并，破碎到−6mm 后并入到原有的−6mm 试样中，进行下一步试验。也可从原矿中另外缩取一份试样，破碎到−6mm 后重新进行试验。

在已做过矿石嵌布特性研究和单体解离度测定的情况下，实际的入选粒度与估计值不会相差很大，在弄清了什么粒度下可以开始得精矿的问题后，即应转入考查丢尾粒度。

若试样未经过预选，而−12+6mm 级的跳汰已可得出产率相当大的废弃尾矿，即应从原矿中另外缩取一份−25（50）mm 试样，进行重介质选矿或跳汰试验，以考查该试样采用重介质选矿预选丢尾的可能性。一般情况下，粗粒级用重介质选矿丢尾的效果应比跳汰好。

不论是哪一个粒级跳汰，若得不出废弃尾矿，中矿和尾矿即应合并作为"跳汰尾矿"送下一段选别。若可以丢出废弃尾矿，即可仅将中矿送下段选别。下段的试验流程如图7-4所示。

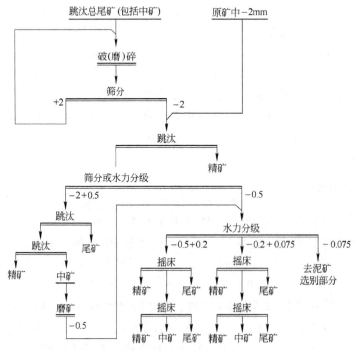

图 7-4　粗细不等粒嵌布钨锡矿石探索性试验流程（第二部分）

试验的主要任务是：1）若+2mm 各级均未能丢出可废弃的尾矿，则此阶段试验应继续探索丢尾的起始粒度；2）确定最终破碎磨碎粒度；3）对于−2+0.5mm 的物料，有时还要对比用跳汰选和摇床选的效果，以确定该粒级究竟应采用什么设备进行选别。

为了检查−2+0.5mm 级尾矿能否废弃，可以采用以下几个办法：1）与同类矿石现厂生产指标对比；2）显微镜下检查尾矿中连生体的数量和性质；3）从尾矿中缩分出 2~5kg 试样，磨到小于 0.5mm，然后用摇床检查，看还能否再回收一部分单体有用矿物，如果能够，即表明该尾矿不能废弃，而应再磨再选。试样量少时，可用重液分离代替摇床检查；4）必要时可采用图 7-5 所示分支流程进行对比试验，即一半试样按−2mm 丢尾流程，另一半试样按−2mm 不丢尾的流程试验。

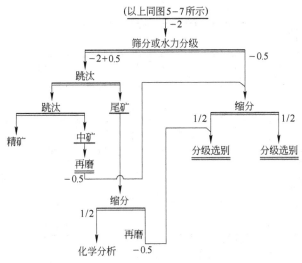

图 7-5 分支试验流程：考查丢尾粒度

若较粗的粒级已能丢尾，即不必对更细粒级的尾矿进行检查，否则即应依次检查下一个较细的粒级。

为了考查最终磨矿细度是否足够，需要对−0.5+0.2mm 摇床中矿进行检查。可首先用显微镜检查其中连生体的含量和性质，若中矿中金属的分布率已不高，连生体也不多，则表明磨矿细度已足够；若中矿中金属分布率较高，直接再选不能回收更多的单体有用矿物，则应进行再磨再选试验（即降低最终磨矿细度）；若再磨再选也不能回收更多的单体有用矿物，就应对中矿进行详细的物质组成研究，查明其原因。

为了判断−2+0.5mm 的物料究竟应采用跳汰还是摇床选，也可采用分支流程，即将该级试样缩分为两份，分别用跳汰机和摇床选别，对比其结果。

入选粒度、最终磨矿粒度以及中矿处理方法确定以后，流程的基本结构也就确定了。剩下一个问题，就是矿泥处理的问题。

−0.075mm 的矿泥，可用旋流器分级；+0.038mm 的粗泥，可直接用刻槽摇床选别；−0.038mm 部分，一般采用离心选矿机粗选、皮带溜槽精选的流程。矿泥粒度分布偏重于较粗级别时，也可（分级或不分级）采用自动溜槽或普通平面溜槽粗选、刻槽摇床精选的流程。

探索性试验结束后，应再取较多数量的试样，按所确定的流程进行正式试验，以取得正式的选别指标，并产出足够的供下一步试验用的重选粗精矿。如图 7-6 所示某钨锡石英脉矿石粗选试验流程，即为正式试验流程的一个实例。试样入选粒度为 12mm，最终破碎粒度为 0.5mm，开始丢尾粒度为 6mm，分三段（12、2、0.5mm）选别；另外，跳汰尾矿是单独处理的，没有同原矿中的细粒合并。即采用了典型的"阶段磨矿、分级处理、贫富分选"的流程。需要说明的是，关于是否需要贫富分选的问题，目前尚有不同看法，至少对于小厂，可不采用贫富分选流程。

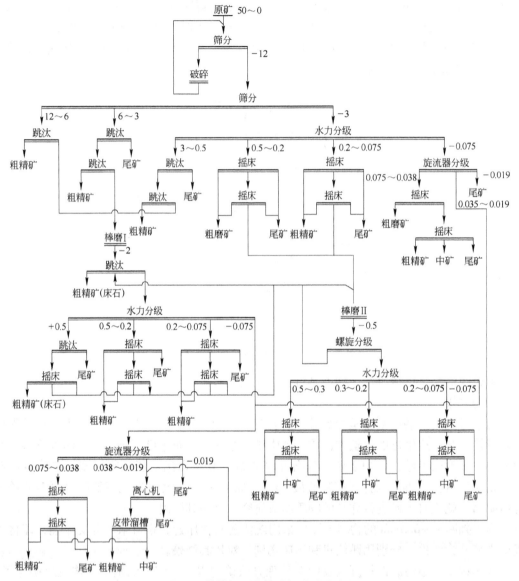

图 7-6　某钨锡石英脉矿粗选试验流程

7.4　重选试验设备

重选试验设备的结构形式大都与工业设备类似，只是其尺寸较小。它按尺寸大小大致可分为实验室型、半工业和工业型三大类。除矿产可选性评价试验还常采用试验型设备以外，为矿产设计提供资料的正式流程试验大多倾向于采用半工业型设备。

有的设备是各方面尺寸按比例缩小的，如摇床是长和宽两个方向的尺寸都按比例缩小，以保证扇形分选带的模拟。

跳汰机，也是根据试验规模大致按比例同时缩小长、宽两个方向的尺寸，而跳汰室的深度并不能按比例缩小。因为跳汰室的深度不仅取决于处理量，更重要的是要保证床层厚度大于试样最大块尺寸的若干倍，否则将不能保证物料的正常分层。

溜槽的长度直接影响选别效果，尽管总的来说，处理量小些，长度也可小些，但两者不成比例。上述情况说明，凡是只影响设备处理量的几何尺寸，可以根据试验规模按比例缩小；凡是会影响到选别效果的尺寸，则不能按比例缩小。

以下就各类设备作一简要说明：

A　洗矿

实验室内，大块矿石的洗矿，通常是用筛分加人工筛洗。块度较小时，也可采用实验室型槽式洗矿机和螺旋分级机。目前实验室洗矿试验，实际上是在理想状态下将矿块（或矿砂）同矿泥分开，所得的产品的产率等指标，只能看做是理论指标。

B　筛分

试验室内大块物料的筛分通常用人工方法进行，细粒物料（6mm 以下）有的用人工方法筛分，有的用实验室振动筛筛分。通常应备有一整套筛子，从 150mm 至 1mm，每隔适当的尺寸设一个筛子。

C　矿砂分级

大量试样的分级（-2mm+0.074mm），可采用实验室型机械搅拌式分级机。这种分级机的处理能力约每小时 100kg，一次可分出四个沉砂产品。

少量试样的分级，可模仿工业分级原理，用铁皮自制简单的单室或多室水力分级设备。

图 7-7 所示为实验室用缝隙式分级机。使用时，根据分离粒度颗粒的自由沉降速度计算水的用量：

$$W = FV_0 \qquad (7-5)$$

式中　W ——用水量，m^3/s；

　　　V_0 ——分离粒度颗粒的自由沉降末速，m/s；

　　　F ——分级箱中缝隙的总面积，m^2。

通常是以石英为标准计算沉降末速度。表 7-4 是石英自由沉降末速的试验数据。

D　矿泥分级

少量试样的分级，可在较大的容器内，用静置沉降后虹吸的方法进行，其原理与水析的方法相同。这种装置简单，但处理细级别时分级过程时间长。

试样量大时，建议用水力旋流器。实验室用旋流器的规格较小，一般直径为 25～75mm，并备有一套可以拆换的部件，以便调节各项结构参数。

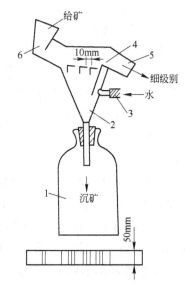

图 7-7　试验用缝隙式分级机

1—沉砂收集瓶；2—分级箱；3—胶皮管；
4—挡板；5—溜槽；6—给矿槽

表 7-4 石英自由沉降末速度

粒度/mm	沉降速度/cm·s⁻¹	粒度/mm	沉降速度/cm·s⁻¹
4.58	24.0	0.199	2.439
3.48	20.9	0.156	1.724
2.44	16.8	0.121	1.020
1.85	14.66	0.0912	0.602
1.37	11.84	0.0747	0.357
1.04	9.45	0.0629	0.252
0.76	7.67	0.0503	0.178
0.51	5.27	0.0435	0.126
0.41	4.12	0.0319	0.0746
0.305	3.448	0.0209	0.0313

旋流器的给料必须连续、恒压给入，因而旋流器试验装置必须附有给矿斗、砂泵、压力计等一套附属装置，而且给矿口和底流（沉砂）口应能更换或调节。

E 重介质选矿

常用的重介质选矿设备有重介质震动溜槽，圆筒形和锥形重介质选矿机，以及重介质旋流器等。它们的连续试验装置均类似，即包括矿仓、给矿机、悬浮液搅拌桶、分选机、脱介质筛和冲洗筛、砂泵，以及其他运输和贮存装置等一整套设备。

目前试验用的重介质选矿设备规格均不统一，但主要取决于试料粒度。重介质旋流器，当入选粒度在 20~30mm 时，旋流器直径约 300~150mm。重介质振动槽当入选粒度为 50~75mm 时，规格一般为宽×长=（200~300）×（3000~5000）mm。入选粒度为 25mm 时，圆筒形重介质选矿机的规格为（直径 400mm），锥形重介质选矿机为（直径 500mm）。

F 跳汰机

跳汰选别粒度范围为 20~0.5mm。

实验室型跳汰机有隔膜跳汰机和活塞跳汰机。通常做可选性评价试验和探索性试验时，均采用实验室型跳汰机；提供设计资料的正式流程试验，趋向于采用半工业型跳汰机，但精选作业只能采用实验室型跳汰机。

目前国内实验室隔膜跳汰机的尺寸为 100×150mm 和 200×300mm；梯形跳汰机为 120/240×800mm。

G 摇床

摇床的有效选别粒度 2~0.037mm。

试验用摇床大致分为三类，第一类为实验室型，床面尺寸为 1100×500 和 1000×450mm，还有微型摇床为 400×250 和 300×190mm；第二类为半工业型，床面尺寸约为 2000×1000mm；第三类为工业型，床面尺寸为 4500×1800mm。

实验室型摇床其床面形式与生产设备类似，粗粒用带复条的床面（又分为粗砂型和细砂型），细粒用带刻槽的床面。

实验室型摇床主要用于可选性评价试验，提供设计资料的选矿试验大多采用半工业型摇床。试样量较大时，也可采用工业型摇床。

H 螺旋选矿机

螺旋选矿机的有效选别粒度 1~0.074mm。

实验室使用的螺旋选矿机，即小型的工业型设备，其尺寸有 $\phi500~600mm$，制作材料有汽车轮胎、铸铁、胶铸铁、胶衬塑料等。

实验装置要配装恒量给矿装置和循环矿浆用的砂泵等附属设备。

I 尖缩溜槽（扇形溜槽）

实验室和工业生产所用尖缩溜槽单体尺寸相同。实验室试验时，一个作业只用一个槽子，而半工业或工业试验时是多个槽子组合使用。常用尖缩溜槽单体长 600~1200mm，给矿端宽 150~300mm，尖缩比（给矿端同排矿宽度比）20 左右。试验装置包括一个可调节溜槽坡度的支架，恒量给矿装置，截取产品的装置及循环矿浆用的砂泵等。

将一组扇形溜槽沿圆周向中心排列，去掉侧壁就成了圆锥选矿机。由于消除了侧壁对矿浆流的干扰，选别效果有所改善。可选性研究时，一般直接采用工业型设备进行试验，以免因设备规格不同引起选别指标的偏差。

J 离心选矿机（离心溜槽）

实验室用离心选矿机的尺寸尚未定型化，目前所用有 $\phi380\times400$、$\phi340\times340$ 和 $\phi400\times300mm$ 等不同规格。转鼓尺寸缩小后，转速必须相应增加。

实验室型设备的试验结果必须用工业型设备校核，目前实验室型离心选矿机仅用于探索性试验，为提供设计资料，都要求采用工业型设备进行试验。

离心选矿机的试验装置必须附有恒量给矿及矿浆循环用的砂泵等附属设备，并最好备有可更换的具不同倾角的转鼓。转鼓转速必须是可以调节的。

K 溜槽

实验室试验可用长 1.8m、宽 0.15m 的手动溜槽，间歇作业，定时翻转（成 45°）冲洗排矿，扩大试验时再采用工业型设备校核。

L 皮带溜槽

皮带溜槽，主要用作矿泥精选设备。工业型皮带溜槽宽 1000mm，长 3000mm；实验室型皮带溜槽仅宽度减为 300~500mm，长度不变，故两者选别效果相近，仅处理量按槽宽的缩小比例相应减少。实验室型设备所取得的试验指标可直接应用于工业生产，不必用工业型设备校核。横流皮带溜槽，是利用剪切原理分选矿物的一种新型细粒、微粒设备，给矿和冲洗水沿皮带横向即垂直于皮带方向给入，尾矿和中矿也沿横向排出，精矿则纵向在运动皮带端排出。实验室型设备规格为 $700\times1200mm$，回收粒度下限为 $10\mu m$，富集比高，适于作精选设备。

振摆皮带溜槽，是根据重砂淘洗原理，结合摇床的振动松散；皮带溜槽的连续排矿带有综合运动的细泥选矿设备，规格为 $800\times2600mm$，选矿回收率和富集比均比普通皮带溜槽高，特别是对于密度差较小的矿物，其分选精确性较高，可作精选设备用，回收粒度下限为 $20\mu m$。

同其他溜槽设备一样，皮带溜槽也必须配置给矿系统的附属设备。

7.5 重选设备操作

重选设备操作的内容，主要包括工艺条件的考查及重选试验过程的操作方法两个方面。

7.5.1　工艺因素的考查

重选试验，在进行系统的流程试验前，一般都要考查影响各种设备效率的工艺因素，找出其最合适的工艺条件。

7.5.1.1　考查内容

（1）负荷。主要是指给矿量、给矿浓度和体积负荷。对于不同的设备，考查的重点亦有所不同。跳汰机和洗矿设备，主要是控制给矿量；流膜选矿设备，则主要是控制体积负荷。

负荷量是一个重要的因素，在确定负荷量时要全面考虑技术经济效果，调节的范围要适当。

对于旋流器，不仅要考查负荷量还必须考查给浆压力。给浆压力是影响旋流器工作的最主要因素之一。

（2）水量。重选过程的水量也是一个重要因素，除了与负荷有关的给矿水外，还有各种补加水，如跳汰机和重介质振动槽的筛下水，流膜选矿设备所用的冲洗水等。

（3）介质和床层。重选过程中，最基本的选别介质是水以及水同固体物料的悬浮液。重悬浮液选矿时首先要确定悬浮液的密度，然后选择加重剂的品种和粒度组成，以及悬浮液中加重剂的固体含量。

细粒跳汰过程，除了由入选物料形成的自然床层外，还有添加人工床层。自然床层厚度、人工床层厚度、床层材料和粒度等都是可能影响跳汰选择效果的因素。

（4）设备结构参数。此处所指的是在选矿试验过程中要调节的那些参数。

对摇床、尖缩溜槽、皮带溜槽这类在重力场中作用的普遍流膜选矿设备，需要调节的结构参数主要是坡度（倾角）。

在离心力场中分离时，设备的结构参数比较重要。最突出的是旋流器，几乎全部参数都是可以调节的，但其中有些是在设计实验室设备时即应考虑决定的。进行选矿试验时，只是如何根据作业性质选择其规格尺寸的问题，如筒体的直径和高度、锥角和给矿口尺寸等；实际使用中，经常要调节的主要是沉沙口和溢流口的尺寸。

（5）设备运动参数。

对于往复运动的设备，如跳汰机和摇床，以及重介质振动槽，运动参数指的是冲程和冲次。但冲次一般可以根据所选物料粒度预先选定，需要通过对比试验考查的主要是冲程。

对于回转运动的设备，运动参数就是指转速，如离心选矿机的转鼓转速。

（6）作业时间。对于间歇给矿的设备，需考查作业时间的影响，如离心选矿和自动溜槽的给矿时间和冲洗时间。

7.5.1.2　考查方法

上述各种工艺因素的考查，其判断方法大多根据分选过程的现象直观观察，可判断其选别效果的优劣。

最典型的是摇床，其分选现象完全可通过物料在床面层呈扇形分布的情况直观判断，因而在实验过程中，摇床的操作条件都是在正式试验前利用少量试样临时调节，很少安排专门的条件试样。

跳汰机的分选也可根据床层松散程度作出初步判断，必要时在此基础上安排较少的条件试验进行考查。

有的重选设备虽然不能依靠直观判断选定操作条件，但却可作出某些初步判断，以减少试验工作的盲目性和工作量。例如各种溜槽特别是离心溜槽试验中，若发现"拉沟"现象，即可判定其选定效果不会好，而不必盲目取样试验。

前面罗列了重选试验时需要考虑的各项因素，具体试验时则必须了解各类设备各有其特点，不能盲目地对所用因素都进行考查。

例如，对跳汰机首先应调节冲程，其次是人工床厚度和筛下水量。对摇床主要调节冲程、冲洗水量和床面坡度，其体积负荷虽然是一个重要因素，但常按定额选定。至于其他因素，更多情况是属于已有一般规律可循，没有必要在操作中随时调节。如摇床的冲次，可根据试料粒度预先选定，操作中不再调节。

7.5.2 操作方法

重选试验过程的操作，主要是给矿、接矿以及产品的计量和取样。

7.5.2.1 给矿和接矿

给矿方法分为间断给矿和连续给矿两种。间断给矿时，试料是一次给入或分几批给入，其操作方法是等一批试料处理完毕以后，才给入第二批。间断给矿方法仅在探索性试验时为考查某些工艺操作条件时采用，如实验室重液或重悬浮液分离试验，在小型跳汰机中进行预先试验或精选试验等。

多数情况下，重选试验都是采用连续给矿方法。负荷的稳定，对于重选设备的正常工作是一个重要的前提。因而各种试验设备最好附有机械给矿装置。对于细粒和泥矿选别设备，不仅要求给矿量恒定，还要求浓度和体积负荷恒定，因而还必须附有搅拌桶和湿式给料装置。

如果要求给浆具有一定压力（如旋流器），就需要配设砂泵和高位恒压给矿槽（斗）。有时候，即使是在自然压力下给浆，为了保持给浆量的稳定，最好也设高位恒压给矿斗。所不同之处，是前者给矿斗与选别设备之间，高差必须大到能形成足够的进浆压力；而后者，高差不需很大，只要便于配置和操作即可。图 7-8 为小型离心选矿机试验装置示意图。

重选试验时，矿浆产品的接取通常都须备有一大批大桶或大缸。此外，在预先试验时，为了节省试样，常需将产品混合后循环再用，因而连续装置通常都设有矿浆循环管道，可以用砂泵将产品扬送到原给矿搅拌桶或给矿斗中。

如何确定精矿截取量，也是试验操作中的一个重要问题。在大多数情况下，精矿的截取量要根据直观判断。有

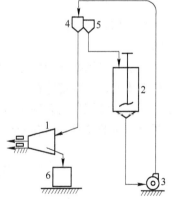

图 7-8 小型离心选矿机试验装置

1—离心选矿机 $\phi380\times400mm$；

2—搅拌桶 $\phi500\times1000mm$；

3—立式砂泵 19.05mm（3/4in）；

4—高位恒压给矿斗；5—溢流斗；

6—接矿容器

时，如果不能直接从现象上进行判断，就只有将产品划分得细一些，即多接几份样品，分别计量和取样化验，并据此绘制精矿产率对精矿品味和回收率的关系曲线，从曲线图即可找出精矿达到预定的选别指标的截取量应该是多少。

7.5.2.2　计量和取样重选试验

一般流程长，所用试样量大的重选试验，用此计量取样操作要特别注意，要求所取样品具有代表性；计量要准确，否则会造成很大的误差。

A　计量

总的计量原则是，最终产品应尽可能地直接称量；如不能全部直接称量，至少应将精矿直接称量。

粗粒产品，如跳汰产品，一般可全部收集，脱水冲干后直接称量。

细粒和泥矿产品，如试样量不大，也最好全部收集起来，脱水冲干后直接称量。如试样量大，不宜全部烘干称重，则有两个方法处理：一是仍将产品全部收集起来，然后直接称量矿浆的湿重，并取样测量其浓度，据此计算矿浆的干重；二是在试验进行过程中，待矿浆流量稳定后，用截流法测量单位时间内的矿浆量，同时测量其浓度，据此算出单位时间内处理的干矿量和得出的产品重量（干重）。后者实质是取样计量，而不是全量计量，因而计量的准确性首先取决于取样方法的可靠性。在具体操作中必须遵循取样的基本原则，同时计时要准确。

由于某些产品（矿泥及泥状尾矿）在重选试验中，容易流失而造成计量的不准确，而原矿或作业给矿常是干矿，容易计量，因而对原矿和作业给矿都必须计量。在全流程试验时，中间产品的重量原则上可以根据最终产品的重量反推；但对于一些关键性的产品，只要计量工作不影响下一步实验，也最好加以计量。

B　取样

块状和粗粒产品的取样，通常是在全部产品脱水烘干并计量后，用堆锥四分法缩分取样。

细粒和矿泥产品，若产品量不大，也可采用上述方法。产品量大时，则采用截流取样法。

对于一些周期性的作业，例如离心选矿机，若实验时间仅仅是一个周期，就可让精矿留在锥体上，待设备停稳后，用特制的槽形取样器，在锥面上沿轴线方向全长，沿矿层厚，刮取一条沉积的矿砂作为试样。一般要在锥面上刻取两条样槽，它们应位于锥体圆周上两个相对的位置，即各相距180°。

7.6　重选试验结果的处理

7.6.1　试验结果的计算

重选小型试验结果的计算方法与重力分析结果的计算方法相似，此处不再重复。

由于重选试验结果流程复杂，需要的试样量大，因而在实验室条件下，为了确定最终选别指标，一般都是按开路原则（中矿不返回）进行流程试验。这样，最后总会剩下一些中矿。在计算最终指标时，如何处理这部分中矿，是一个比较麻烦的问题。

一般来说，当中矿产率较大时，无论采用何种折算办法，都难以得出合乎实情的指标。在试验过程中，应事先注意到对中矿尽量加以处理，通过多次再选的办法使最终中矿的产率和金属量都很小。这时，可用下列公式计算从中矿部分可能得到的回收率，然后加入精矿回收率中，即为闭路作业精矿的总回收率：

$$\varepsilon = \varepsilon_1 + \varepsilon_2 \times \frac{\varepsilon_1}{\varepsilon_1 + \varepsilon_3} \tag{7-6}$$

式中　ε——按闭路原则工作时，可能达到的精矿回收率指标；

　　ε_1——按开路原则试验时，精矿中有用成分的回收率；

　　ε_2——按开路原则试验时，最终中矿中有用成分的回收率；

　　ε_3——按开路原则试验时，尾矿中有用成分的回收率；

式（7-6）的实质，是假定中矿的可选性与原矿相同。显然，这种情况是很少的，大多数情况下中矿的可选性都比原矿差，即矿物组成可能比原矿复杂，常有中等密度矿物富集，嵌布粒度也可能比原矿细，因而其选别效果也应比原矿差。为此，有人建议在按上式计算之后，应再按经验加大一个折扣，根据中矿的组成和嵌布特性，可以是七折、六折或对折。在对中矿指标进行折算之前，若发现中矿性质与原矿相差甚远，实际难以选别，就只能建议以最终难选中矿产出，不要进行折算。

7.6.2　实验结果的分析

评定选矿效果好坏的指标，一般采用精矿品位和回收率。在重选试验中，特别是对于细粒物料的选别，还常采用粒级回收率作为评定选别效果的依据。

通常是将原矿、精矿、尾矿分别进行筛析和水析，根据各个级别的化验品位和产率，算出各产品中各个粒级的金属分布律，再按以下两式计算粒级回收率。

$$\varepsilon_i = \frac{\varepsilon_j P_j}{\varepsilon_y P_y} \times 100\% \tag{7-7}$$

$$\varepsilon_i = \frac{\varepsilon_j P_j}{\varepsilon_j P_j + \varepsilon_w P_w} \times 100\% \tag{7-8}$$

式中　ε_i——第 i 个粒级的金属在精矿中的回收率，%；

　　ε_j——精矿中金属的回收率，%；

　　ε_w——尾矿中金属的回收率，%；

　　ε_y——原矿中金属的回收率，%；

　　P_j——精矿中金属在粒级 i 中分布率，%；

　　P_w——尾矿中金属在粒级 i 中分布率，%；

　　P_y——原矿中金属在粒级 i 中分布率，%。

表 7-5 为某砂锡矿粗选离心选矿机粒级回收率的计算表格。例如，+0.074mm 粒级回收率为：

$$\varepsilon_{+0.074} = \frac{83.4 \times 0.32}{100 \times 1.2} \times 100\% = 22.24\%$$

上式分子项中的 83.4% 是精矿的总回收率，0.32% 是对应于 +0.074mm 行第 7 列的数据，100%是原矿的回收率，1.2%是对应于+0.074mm 行第 4 列的数据。

表 7-5 某砂锡矿粗选离心选矿机粒级回收率

粒级/mm	给 矿			精 矿			粒级回收率/%
	产率/%	品位/%	金属分布率/%	产率/%	品位/%	金属分布率/%	
1	2	3	4	5	6	7	8
+0.074	9.41	0.053	1.20	1.98	0.195	0.32	22.24
-0.074+0.037	28.04	0.397	26.68	17.66	1.518	22.28	69.65
-0.037+0.019	36.96	0.733	64.95	61.91	1.393	71.68	92.04
-0.019+0.010	10.59	0.19	4.82	9.92	0.568	4.68	80.98
-0.010	15.00	0.065	2.35	8.53	0.146	1.04	36.91
合 计	100.00	0.417	100.00	100.00	1.203	100.00	83.4

由表 7-5 可以看出，离心选矿机最有效的选别粒度是 - 0.037 + 0.019mm，其次是 - 0.019+0.010mm 和 - 0.074+0.037mm，而 +0.074 和 - 0.010mm 的选别效率都很低。

利用粒级回收率这个指标，可以判断在原矿粒度组成不同的情况下选矿效果的优劣。这种方法在我国重选生产和实验工作中应用广泛。

学 习 情 境

本章以重选试验为载体，通过对重力分析和可选性曲线概念和操作方法的学习，掌握重选试验的目的特点、重选试验流程、重选试验设备及其操作因素、操作方法，同时掌握对试验结果的分析方法。

复习思考题

8-1 简述重选试验的目的与特点。

8-2 简述重力分析的概念及其操作方法。

8-3 说明重选试验流程的特点，以及拟订重选试验流程应考虑的因素。

8-4 简述各类重选试验设备的结构、操作方法和试验因素等。

8-5 简述重选试验结果的计算和分析方法。

8-6 计算分析题：对 A、B 两种相同类型的砂锡矿进行离心选矿机重选试验。首先，对 A 砂锡矿原矿进行了粒度分析和离心选矿机试验，试验结果见表 7-6。接着，对 B 砂锡矿进行了原矿粒度分析试验，结果见表 7-7。已知离心选矿机对 A 砂锡矿选别的总回收率为 85%：

（1）分别计算出表 7-6 中的给矿和精矿的累计品位、金属分布率以及粒级回收率，完成表 7-6；

（2）根据表 7-6 中的数据，分析离心选矿机对该类型砂锡矿的粒级回收情况；

（3）计算表 7-7 中的累计品位和金属分布率；

（4）B 砂锡矿也用相同的离心选矿机进行重选试验，预计可能达到的精矿总回收率为多少？

表7-6 A 砂锡矿原矿粒度分析和离心选矿试验结果表　　　　（%）

粒级/mm	给　矿			精　矿			粒级回收率
	产率	品位	金属分布率	产率	品位	金属分布率	
+0.074	9.41	0.05		1.98	0.20		
-0.074+0.037	28.04	0.30		17.68	1.52		
-0.037+0.019	36.96	0.73		61.91	1.39		
-0.019+0.010	10.59	0.19		9.92	0.57		
-0.010	15.00	0.07		8.53	0.15		
合　计							

表7-7 B 砂锡矿原矿粒度分析结果表　　　　（%）

B 砂锡矿原矿粒度分析结果				已知的粒级回收率指标	预计精矿回收率（对原矿）
粒级/mm	产率	品位	金属分布率		
+0.074	6.80	0.10			
-0.074+0.037	30.12	0.35			
-0.037+0.019	32.97	0.36			
-0.019+0.010	6.80	0.36			
-0.010	23.81	0.05			
合　计					

8 磁选与电选试验

8.1 概 述

磁选通常用来分选铁、锰、镍、铬、钛以及一些有色金属和稀有金属矿石。随着工业和科学技术的发展，磁选的应用日趋广泛，不仅应用于陶瓷工业、玻璃工业原料的制备以及冶金产品的处理等，而且还扩大到污水净化、烟尘及废气净化等方面。目前我国磁选主要用于分选铁矿石以及钨锡和稀有金属矿石的精选。

磁选试验的目的是：确定在磁场中分离矿物时最适宜的入选粒度，自不同粒级矿物中分出精矿和废弃尾矿的可能性，中间产品的处理方法，磁选前物料的准备（筛分和分级、除尘和脱泥、磁化焙烧、表面药剂处理等），磁选设备、磁选条件和流程。

电选主要用于精选作业，即电选的原料一般是经过重选或其他选矿办法选出来的粗精矿，采用电选分离共生矿物，并提高精矿品位。当然也有部分矿物直接采用电选方法分选。电选对于各种粗粒级重矿物的分离及提高精矿品位是很有效的。某些矿物采用浮选、重选或磁选难以分离，但却可用电选法有效地使之分离。

8.2 磁 选 试 验

磁选是根据各种矿物磁性的差异分离矿物的一种选矿办法。因此，要确定所研究的矿石能否采用磁选，首先必须研究矿石的磁性，即事先对矿石进行磁性分析，然后再做预先试验、正式试验，以确定磁选操作条件和流程结构。

8.2.1 预先试验

在正式试验前，除了对矿石的物质组成和物理化学性质进行一般研究外，通常要测定矿石中的主要有用矿物和脉石矿物的比磁化系数；对于已经过筛并分成较窄级别的物料，要进行磁化分析，以初步确定应用磁选分离的可能性和可能达到的指标，定出试验室正式试验时采用的磁选机的形式、磁场强度、适宜的入选粒度和选别段数。

8.2.1.1 矿石比磁化系数的测定

（1）矿物按其磁性的强弱可分为三类：

1）强磁场矿物。比磁化系数大于 $3\times10^{-3}\,cm^3/g$，在弱磁场（800~1600Oe❶）中即可选出，如磁铁矿、磁黄铁矿等；

---

❶ $1Oe=\dfrac{1000}{4\pi}A/m$。

2）弱磁性矿物。比磁化系数在 $10 \times 10^{-6} \sim 6 \times 10^{-4} \mathrm{cm}^3/\mathrm{g}$ 之间，要在 $10000 \sim 200000e$ 的强磁场中才能选出，如赤铁矿、菱铁矿、褐铁矿等；

3）非磁性矿物。比磁化系数小于 $10 \times 10^{-6} \mathrm{cm}^3/\mathrm{g}$，如英石、方解石、长石、重晶石等，这类矿物目前尚不能用磁选法回收。

（2）矿石中主要矿物比磁化率的测定。比磁化系数测定的原理和方法详见项目4，各种矿物的比磁化率见第4章。

8.2.1.2　矿物磁性分析

矿物磁性分析就是对矿石中磁性矿物含量的测定和分析。对矿石中磁性矿物的含量进行考查，以便确定磁选指标、对矿床进行工艺评价以及考核磁选机的工作情况等。磁选厂对原矿和选矿产品进行磁性分析，可以查明金属平衡情况，改进工艺流程，提高选矿指标。

实验室磁性分析常用设备有磁选管、磁力分析仪、感应辊式磁力分离机等一些实验室型磁选设备。

A　磁选管

磁选管是用于湿式分析强磁性矿物含量的主要分析设备。其构造如图 8-1 所示，主要由 C 形电磁铁和在两磁极尖头之间做往复和扭转运动的玻璃管组成。在铁心两极头之间形成工作间隙，铁心极头为 90° 的圆锥形。由非磁性材料做成的架子固定在电磁铁上，架子上装有使分选管做往复和扭转运动的传动机构。此机构包括电动机、减速器、蜗杆、曲柄连杆、分选管滑动架等。玻璃管被嵌在夹头里，而夹头则借曲柄连杆和减速器的齿轮连接。玻璃管与水平成 40~45°，管子上下移动行程40~50mm。此外，它还能作一个不大的角度回转。

玻璃管上端是敞开的，下端是尖缩的，尖缩末端套有带夹具的胶皮管。夹具用于调节水的排出量。敞开端一侧有进水支管，支管上也套有带夹具的胶皮管。

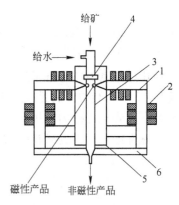

图 8-1　磁选管结构
1—C 形铁心；2—线圈；3—玻璃管；
4—筒环；5—非磁性材料支架；6—支座

试验时，取适量物料（根据磁选管规格和试料磁性矿物含量确定）装入小烧杯中，用水润湿并搅拌均匀。调节冲洗水管的上部和下部止水夹，使管内水面高于磁极一段距离，并在试验过程中保持不变。向线圈通入预定大小的直流电，并启动传动装置。然后将试料缓慢加入玻璃管中，磁性颗粒被吸附于管壁上，非磁性颗粒随冲洗水排出，落于盆中。待非磁性产品洗净后（即到管内水清晰不浑浊时为止），停止冲洗，更换接料盆，切断电源，洗出磁性产品，最后将磁性产品和非磁性产品分别脱水、烘干称重、取样送化验分析，计算试样中磁性矿物的含量。

对组成比较简单、实践资料较多的矿石，磁选管的磁性分析结果便可满足矿床工业评价的需要。

B　磁力分析仪

磁力分析仪的磁场强度可在 $100 \sim 200000e$ 范围内均匀调节，可用于干式或湿式方法分析矿石中弱磁性矿物含量。

　　磁力分析仪的结构如图8-2所示，主要由励磁线圈11、磁极12、分选槽9、给料斗8、振动器6及传动部分组成。整个分析仪用心轴支放在悬臂式支架上，悬臂式支架用心轴固定在机座上。转动小手轮5，可以改变分选槽的纵向坡度；转动大手轮4，可以改变分选槽的横向坡度。分选槽有三种，带振荡器的分选槽、快速分选槽和玻璃分选管。前两种用于干式分离，第一种分离纯度高，而处理速度慢；第二种处理速度快，但分离纯度低。第三种用于湿式分选。

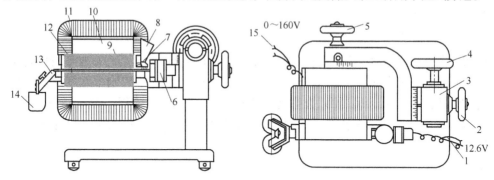

图 8-2　磁力分析仪

1—12.6V 交流低压接线；2—锁紧手轮；3—蜗轮蜗杆传动箱；4—大手轮；5—小手轮；6—振动器；7—给料座；
8—给料斗；9—分选槽；10—铁心；11—线圈；12—磁极；13—分流槽；14—盛样桶；15—激磁线圈接线

　　应用带振动器的分选槽进行干式分离时，原料从给矿斗 8 中流入分选槽，分选槽 9 置于磁极 12 中。当磁极励磁线圈 11 接通电流时，分选槽便处在不均匀的磁场中，分选槽里的矿粒所受磁场的磁力靠里面弱，靠外面强。磁性较强的颗粒受磁力作用流向外边强磁选区，非磁性或弱磁性的矿粒受重力作用流向分选槽里边，这样从分选槽流出的矿粒即为两种不同磁性的产品。

　　操作步骤如下：首先接通励磁线圈和电磁振动器的电源，用副样找出适宜的励磁电流强度、振动给矿器振动强度和分选槽的纵、横向坡度，使分选槽上的矿粒分带明显。之后切断电源，卸下分选槽，用刷子将它及磁极、盛样桶等清理干净，再接通电源将正式样装入给料斗中，进行分离。分离结束后将各种产品称量和计算含量。

　　湿式分离时，电磁铁整体部分旋转至垂直位置，将玻璃管放到磁极间的等磁力区。然后将水量调节装置的螺钉旋紧，向分选管内注水，直至水面升至漏斗底为止。再将与水混匀的试样倒入料斗中，调节磁极励磁电流到磁极间隙中见到有矿粉黏附于分选管壁为止。微微旋松调节水量的螺钉，使管中的水滴至管下的容器中。待管内水流尽后，更换容器，将螺钉旋至最松位置，切断电源，将磁性产品用水冲下。最后将各产品分别脱水、烘干、称重和计算含量。

　　干式分离时，物料的比磁化系数比要大于 1.25 方可分开；而湿式分离时，物料的比磁化系数比要大于 20 才能分开。干式分离时给矿粒度为 0.6~0.035mm，湿式分离时为 0.03~0.005mm。

　　WCF2-72 型磁力分析仪的主要技术特性见表 8-1。

表 8-1　WCF2-72 型磁力分析仪的主要技术特性

给矿粒度/mm		分选灵敏度（可分选磁性比）		磁场强度	允许工作条件	
干式	湿式	干式	湿式	/A·m⁻¹	温度/℃	湿度/%
0.6~0.035	0.03~0.005	>1.25	>20	8~1600	5~35	≤85

C　干式感应辊式磁力分离机

感应辊式磁力分离机结构主要由线圈1、磁轭2和感应辊3组成（见图8-3），是用于干式分离弱磁性矿石的设备。感应辊的规格为ϕ100mm×80mm，表面有多条沟齿，由单独的电动机带动。

试验物料从给矿斗5经过振动给矿槽4进入到感应辊3与下磁极头之间的工作间隙中。当工作间隙为1mm时，设备所能达到的磁场强度最高为9200Oe，并可通过改变激磁电流的大小和利用手轮7改变工作间隙的大小来调节磁场强度。

试验时，首先利用一份副样来初步确定适宜的激磁电流和工作间隙，并调节接料槽6上的分离挡板的角度等，以达到较好的分离效果；然后再给入正式试样进行试验。该设备的处理能力为70kg/h。

D　实验室型湿式强磁选机

图8-4所示的湿式强磁机是吸收国外琼斯和埃里兹型磁选机的某些特点，并结合小型试验的需要而研制的选矿试验设备，可用于对矿物进行磁性分析。

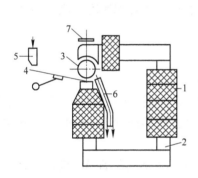

图8-3　感应辊式磁力分离机示意图

1—线圈；2—磁轭；3—感应辊；

4—振动给料槽；5—给料斗；

6—接料槽；7—手轮

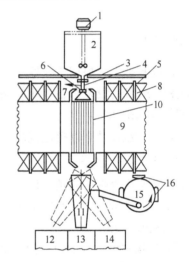

图8-4　湿式强磁选机构造示意图

1—搅拌机；2—搅拌桶；3—给矿阀；4—三通阀；

5—冷却水套；6—扁嘴运动拉杆；7—铜扁嘴；

8—激磁线圈；9—铁心；10—分选箱；11—承矿漏斗；

12，13，14—精、中、尾矿接矿桶；15—偏心轮；16—微动开关

a　设备规格和结构

磁场强度调节范围为0.15~2.3T，最大处理能力10kg/h。主要由铁心、励磁线圈、分选箱、给矿、冲矿、接矿装置等几部分组成。

（1）铁心。采用方框磁路，磁极头之间的间距为42mm。

（2）励磁线圈。用纱包扁铜线绕制而成，共有8个线包，在磁极头附近双侧配置，最大允许工作电流为20A，在各线圈间设置夹层铜质冷却水套。

（3）分选箱。由五块纯铁制成的齿板和两块铝质挡板组成。齿尖角100°。紧靠磁极头的两块齿板为单面，其余为双面齿板。所有齿板由带沟槽的铝挡板固定，两齿板的齿尖

距 1.5mm，齿间距 6.25mm。为适应选别不同类型矿石的需要，设有备用分选箱。

（4）给矿、冲矿及接矿装置。在分选箱上部有一搅拌桶，搅拌桶（或漏斗）底部有由电磁铁控制的给矿阀，阀门下端安装一长 35mm、宽 2mm 的铜扁嘴，扁嘴由平衡电动机带动做往复运动。矿浆从搅拌桶经给矿阀和扁嘴均匀地进入分选箱内。

中矿清洗水和精矿冲洗水，分别由 19mm 和 25mm 电磁阀控制，经给矿阀与扁嘴之间的三通管，由扁嘴进入分选箱。

分选箱中的排矿经漏斗排入接矿箱。漏斗由可逆电动机和偏心连杆机构带动做摇摆运动。当操作台给定时间接通电动机电源后，漏斗开始摆动；当摆至某一接矿箱上部时，偏心轮上触点断开微动开关，电源切断，摆斗在此位置自动停止；排矿完毕后，电动机又启动，再停止在另一接矿箱上，依次循环，实现产品的分别接取。

b　操作

整个操作过程包括给矿、分选、清洗、排矿以及转换排矿漏斗位置等，均由数字计时器按预先给定的程序自动控制。最后将磁性产品、非磁性产品烘干、称重，分别送化验。

8.2.2　正式试验

在预先试验基础上，根据矿石性质和有关实践资料，用较多试样进行正式试验，以确定合法的流程、适宜的设备和各作业的操作条件（给矿粒度、浓度和速度、磁场强度、补加水等）和最终选别指标。

8.2.2.1　强磁性矿物的磁选试验

A　块矿干式磁选试验

矿块干选常作为磁选厂的预先作业，从矿石中剔除采矿时混入的围岩和夹石。由于块度较大，需要的试样量多，在实验室难以进行，一般直接在现场进行工业试验。常用设备是磁滑轮。试验内容为：

（1）不同磁场强度试验。可参照类似生产厂技术条件选定不同磁场强度进行试验。

（2）不同给矿粒度试验。有时还要分级进行试验，如分成 75～12mm 和 12～0mm 两级。

（3）不同处理量（或不同转速）试验。

（4）水分试验。对 75～12mm 的粗粒级含水量影响不大，但对 12～0mm 的细级别，特别是矿泥量较大时，水分的影响往往很明显。

B　干磨干式磁选试验

只有在缺水和寒冷地区才考虑使用干磨干选方案。生产上，干式磁选厂常采用干式自磨。在目前实验室条件下，无法进行自磨试验，因而实验室磨矿产品粒度组成与生产实际情况不符，难以确定今后的生产流程结构。实验室试验的任务主要是确定适宜的磨矿粒度和可能达到的综合指标。目前在用的干式磁选机主要是 CTG 型永磁筒式磁选机，试验时主要是确定磁选机的滚筒转速。

C　湿式磁选试验

湿式磁选试验是应用最广泛的磁选方法。试验的任务是确定合理的选别流程即确定选别段数，每一作业所用设备及其操作条件。选别段数主要由矿石的嵌布粒度和精矿质量要求来决定。常用设备有：磁力脱水槽、湿式鼓式磁选机、预磁器和脱磁器等。下面分别介绍这些设备的试验方法。

a　磁力脱水槽

磁力脱水槽结构简单，无运动部件，操作维护方便，处理能力大，分选指标好，广泛用于磁选厂。实验室常用 $\phi350mm$ 的小型磁力脱水槽，主要用于脱除矿泥和细粒脉石以及过滤前脱水。

一段选别时，弱磁选机选别前可进行采用磁力脱水槽丢掉部分尾矿的可能性试验，一般若能丢掉占原矿量的 30% 左右的尾矿，则生产上可以采用。

两段选别时，第一段磨矿后，第一段选别究竟是用磁力脱水槽还是用磁选机，应进行对比试验。若溢流量显著小于磁选机的尾矿量，或溢流中含有其他可回收的有机矿物，不用脱水槽；当第一段磨矿后矿泥较多时，应采用磁力脱水槽。第二段磨矿后，一般粒度均较细，此时在磁选前采用磁力脱水槽。如能脱出作业给矿的 20% 以上的细粒级，则采用脱水槽是可行的。少数情况下，磨矿粒度较粗，脱出尾矿量较少，则不采用脱水槽。

最终精矿过滤前用磁力槽浓缩脱水，不仅起浓缩作用，还能提高精矿质量。

需要试验的因素有：上升水量、磁场强度、给矿速度和给矿浓度等。

b　湿式鼓式磁选机

湿式鼓式磁选机是目前磁选厂使用的主要设备。

条件试验的主要因素有：

（1）磨矿细度，这是最重要的工艺参数，且涉及磁选的流程结构，它主要取决于有用矿物的粒度嵌布特性；

（2）磁场强度，主要取决于被选矿物的磁性，选别强磁性矿物一般为 0.08~0.2T；磁场强度一般是指磁选机筒面平均磁场强度；

（3）补加水量，主要决定于被选矿物的嵌布特性和给矿含泥量，补加水在试验过程中要保持恒定。

找到最佳条件后，要对综合最佳条件进行三次平行试验，其中至少有两次试验结果较好且相近，才能说明所找到的各因素的最佳条件是可靠的。

c　预磁器

对焙烧磁铁矿和局部氧化的磁铁矿，常在磁力脱水槽前加预磁器，以加强细粒矿物的团聚作用，改善分选效果。试验主要是确定磁场强度和预磁作用时间，磁场强度应大于 400Oe，时间应大于 0.2s。

d　脱磁器

阶段选别时，在二段磁选分级作业前，需加脱磁器，以破坏磁性矿物的磁团聚。试验内容是确定磁场强度和脱磁作业时间。对天然磁铁矿约为 500Oe，焙烧磁铁矿应为 850Oe 以上，混合磁铁矿应为 650Oe 以上。作用时间应大于 0.24s（约 12 个交变周期）。脱磁效果常通过未磁化和磁化后又经脱磁的试样的沉降试验来检查，并用脱磁效率来衡量：

$$\eta = \frac{T}{T_0} \times 100\% \tag{8-1}$$

式中　T_0——未磁化矿样的沉降时间，s；

T——磁化后经脱磁的矿样的沉降时间，s。

8.2.2.2 弱磁性矿物的磁选试验

A 干式强磁选试验

目前我国使用的干式强磁选机主要有下列几种：

（1）干式盘式强磁选机，有单盘、双盘和三盘三种，主要用于含稀有金属的粗精矿（如粗钨精矿、钛铁矿、锆英石和独居石等混合精矿）的再精选；

（2）干式辊式强磁选机，主要用于粗铁矿、锰矿石的预选；

（3）干式对辊强磁选机，用于含多种矿物（两种或两种以上）的稀有金属和有色金属矿物的分选，如分选砂矿、海滨砂矿、锡、钨、锆、钛、磷钇矿等。

上述各磁选机均不适合选别细粒的矿石。

下面以干式盘式磁选机为例介绍试验技术。试验室常用双盘强磁选机结构如图 8-5 所示。它的主体部分是"山"字形磁系 7，悬吊在磁系 7 上方的旋转圆盘 6 和振动槽 5 组成。圆盘比振动槽的宽度约大 50%，圆盘与振动槽之间的工作间隙可调节，且沿试料前进方向逐渐变小，从而改变分选区的磁场强度和梯度。给料筒 2 内装弱磁场磁系，用于除去试料中的强磁性矿粒。试料由给料筒均匀给入振动槽，这时，磁性矿粒吸附于圆盘齿板上，被带到振动槽外，落入两侧磁性产品接料斗中；而非磁性矿粒由振动槽带至末端，卸入非磁性产品接料斗中。

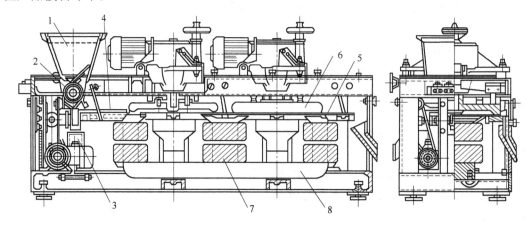

图 8-5 干式强磁场双盘磁选机

1—给料斗；2—给料筒；3—强磁性产品接料斗；4—筛料槽；5—振动槽；6—圆盘；7—磁系；8—铁心

干式强磁选主要对下列因素进行试验：

（1）给矿层厚度。它与处理物料的粒度、磁性及磁性矿粒含量有关。一般情况下，处理细粒物料层厚可达给矿最大粒度的 10 倍，中粒物料可达最大给矿粒度 4 倍，粗粒物料只能是最大粒度的 1.5 倍。

（2）磁场强度。主要决定于处理物料的磁性和作用要求。一般磁性较弱的矿物和粗、扫选作业要求磁场强度高些，以保证回收率；磁性较强的矿物和精选作业要求磁场强度低些，以提高精矿品位。

（3）工作间隙。主要决定于处理物料的粒度和作业要求。工作间隙的变化不仅影响磁场强度变化，还影响磁场梯度变化，从而引起矿粒受力的急剧变化。一般粗粒物料和精选作业间隙要大些，细粒物料和扫选作业间隙要小些。

（4）振动槽的振动速度。振动槽的振动速度决定着矿粒在磁场中的停留时间和所受机械力的大小，从而影响选别结果。一般精选时，物料中单体颗粒较多，矿粒磁性较强，振动速度可高些；扫选则相反。处理细粒物料时，振动频率应稍高些（有利于松散矿粒），振幅应小些；处理粗粒物料时，振幅应大些，频率应低些。

给料粒度一般为-3mm，试验前要进行分级和干燥。一般分级愈窄愈好，但过窄会增大工作量，且不经济。我国精选厂常将物料分成三级：3（2）～0.83mm、0.83～0.2mm和-0.2mm。含水量对选别有影响，不同物料允许的含水量不同，一般由试验确定，若含水量过高，试验前应对物料进行干燥。干燥时温度不能太高，物料不能在潮湿的条件下长期存放。

B　湿式强磁选试验

上述各种强磁选机只能选别粗中粒弱磁性物料，不能选别细粒物料。目前细粒弱磁性物料常用湿式强磁选机选别，主要设备有琼斯强磁选机、平环式强磁选机、双立环式强磁选机、吉尔型强磁选机和高梯度强磁选机等。这些磁选机的构造和工作原理在《磁电选矿》一书中已经介绍，这里不再复述。

试验内容也是根据不同矿石性质确定适合的设备结构参数和操作条件，如磁场强度、介质形式、磁选机转速、给矿速度、给矿浓度、冲洗水压和水量等。下而以 XCSQ 型试验室湿式强磁选机为例，介绍试验方法。

XCSQ 型强磁选机主要由磁系、分选平环、可控电源及传动装置、给矿装置、冲水装置等组成。调节励磁电流强度可改变分选区的磁场强度；铜制分选平环分成小格，格的下部装有铜制筛板，筛上填充适量诱导性磁介质（钢球）；分选环由专门的传动装置带动旋转。物料在分选磁场区均匀给入分选环的小格，磁性矿粒因磁化而吸附在球介质上，被圆环带出磁场区后排出成磁性产品；非磁性矿粒在重力和冲洗水的作用下，经介质间隙和筛孔在磁场区直接排出成非磁性产品。该机磁场强度可在 0～23000Oe 范围内调节。

湿式强磁选试验的主要参考因素有：

（1）给矿粒度。主要取决于有用矿物的嵌布粒度和嵌镶关系。常需对给矿、精矿和尾矿取样进行粒度分析和化学分析，以确定合适的给矿粒度、可选粒度下限和磁选前脱泥的必要性。在满足分选指标的前提下，给矿粒度应尽可能粗些，以节省磨矿费用，减少细泥部分的损失。

（2）给矿浓度。在保证精矿质量的条件下，浓度应尽可能高些，以提高处理能力和回收率。

（3）给矿速度。视物料性质而定。实验室设备与生产用设备的型式和大小差别很大，因此实验室试验只能确定给矿速度对选别结果的影响规律，具体给矿速度在生产实践中确定。

（4）磁场强度。主要决定于分选矿物的磁性强弱。

（5）平环转速。转速升高有利于提高精矿回收率，但会降低精矿质量。

（6）冲洗水量。主要控制好中矿的冲洗水量，过大会将精矿冲入中矿，过小会使磁性产品中夹杂非磁性矿粒，从而降低精矿品位。精矿冲洗水以将全部产品冲洗干净为宜。

（7）介质的规格和填充量。粗选时选用小球，充填量以与磁极头高度相近为宜；精选时球径可大些，充填量也应小些。

若物料中含有强磁性矿物，进入强磁选机前应预先用弱磁性机尽可能清除干净，以防止介质间隙被强磁性矿粒阻塞。

强磁选机还在不断地发展和完善中，故强磁选试验常需在实验室试验的基础上，在现场进行设备本身的研究和改进试验。

C 高梯度磁选试验

试验室所使用的高梯度磁选机一般为罐形高梯度磁选机。由于这种设备用途不同，故构造也稍有不同，但主要用于处理磁性成分含量少的物料，如非磁性原料（高岭土、耐火黏土和玻璃砂等）的除铁、废水过滤等。

a 设备构造

罐形高梯度磁选机由磁体、介质罐和分选介质等组成，如图8-6所示。磁体包括螺线线圈、磁轭。线圈通常用空心方铜管绕制，用低电压高电流激磁、水内冷散热，以便达到足够高的场强。磁轭用纯铁制成，其作用是与螺线管构成闭合磁回路，消除磁通散射，提高螺线管内腔的磁场强度。分选罐用非导磁材料（不锈钢或铜）制成，下有进浆口，上有出浆口，筒体便于安装磁轭和分选介质。分选介质的作用是产生强磁场梯度和吸引磁性矿粒，常用的介质是导磁不锈钢绒毛和钢板网。

b 试验内容

试验装置采用周期式的，实行间断作业。磁选过程分三个阶段，即给矿、磁性产品净化清洗和冲下磁性产品。具体试验内容如下。

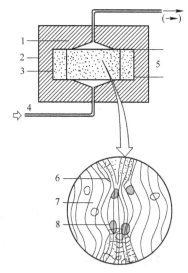

图8-6 罐形高梯度磁选机

1—磁轭；2—介质罐；3—线圈；4—给料；5—电源；6—磁化介质元件；7—磁化介质元件之间的磁场特性；8—磁化颗粒

（1）矿浆流速。为了提高高梯度磁选机的处理量和降低精矿中杂质含量，矿浆流速是重要因素之一，一般在最高场强下确定适宜的矿浆流速。

（2）给矿量。给矿量大小直接影响矿浆流速和精矿质量。给矿量增加，磁介质吸附磁性产物增多，磁介质间间隙变小，流体阻力增加，矿浆流速将会有所降低。当浓度较小时，给矿量增加，给矿体积随之增加。由于矿浆本身具有冲洗作用，因而对机械夹杂的非磁性矿粒的清洗作用加强，有利于提高精矿质量。

（3）给矿浓度。给矿浓度增加，磁性矿粒与磁介质的碰撞几率增加，回收率有所提高，但对精矿质量有一定影响，浓度过低，则处理量降低。给矿浓度一般介于5%～15%之间。

（4）磁场强度。场强增高，精矿质量降低，回收率开始增加较快，因为此时磁介质未达磁饱和，磁力按场强的平方增加。当场强大到一定值时，磁介质已磁化到饱和，磁力仅按场强的一次方增加，所以回收率增加缓慢。背景场强一般介于0.2～2T之间。

（5）磁介质充填率。磁介质充填率直接影响到它周围场强的大小及分布，同时也影响到流体的阻力。当介质充填率增加时，周围场强增大，磁场梯度显著增加，回收率开始增加较快，此时由于磁介质间间隙减小，流体阻力增加，这样便引起较多的机械夹杂，使精矿质量降低。若充填率过低，则磁介质周围场强降低，磁捕集点减少，因而回收率将明显降低。磁介质充填率一般介于 5%～10% 之间。

（6）分选腔高度。分选腔高度不同，在相同的激磁电流下，场强不同。由于充填的磁介质层较高，对矿粒的阻挡作用增强，使非磁性矿粒的机械夹杂增加，导致精矿质量下降。

8.2.3 流程试验

流程试验的目的为确定合理的选别段数和各段的磨矿细度，精、扫选次数和各作业应采用的设备等。有关选别流程方案的一些原则问题，一般应在预先试验中确定，流程试验只对流程的内部结构作更进一步的探讨，并且对不同类型、不同性质的矿石，试验的内容也不尽相同。如矿石为粗粒嵌布或粗细不均嵌布，则可能采用干式磁选或干、湿结合的联合流程。干式磁选部分需分级入选。

一般流程试验的内容如下：

（1）选别段数及其磨矿细度。主要决定于有用矿物的嵌布特性和矿石的构造以及精矿质量要求。如我国最常见的细粒嵌布贫磁铁矿，矿石常呈条带构造，常采用多段选别，在粗磨条件下，丢弃部分尾矿，粗精矿再磨再选。为了获得高质量的精矿，常需增加选别段数，通过实验确定，合适的选别段数及其磨矿细度。

（2）与其他选矿方法联合使用的流程方案。细粒和微粒嵌布磁铁矿和赤铁矿以及伴生多种金属的混合矿石，常需要采用多种选矿方法（如磁选、重选、浮选、化学选矿等）联合使用，以便综合回收各种有用成分，获得高质量的产品。各种联合选别流程方案，需要通过对比实验，选择较优方案。

（3）精、扫选次数。简单的单一铁矿（如单一磁铁矿），常采取一次选别，但对含有不同磁性的矿物（如含多种有用成分的混合精矿、磁铁矿-赤铁矿矿石等）需要进行不同精、扫选次数的对比实验，以确定合适的选别次数。

（4）各作业选别设备同一作业，有时会有几种可供选择的设备（如前述，第一段选别有磁力脱水槽和弱磁场磁选机可供选择），这就需要进行不同设备的对比实验，以确定合适的选别设备。

8.3　磁化焙烧实验

弱磁性铁矿石和锰矿石，在生产厂条件（如煤气、燃料供应，基本建设投资和厂规模等）允许的情况下，一般都可采用焙烧-磁选法处理。特别是对嵌布粒度很细，矿石结构、构造较复杂的鲕状铁矿石，焙烧-磁选仍是目前较好的方法。

磁化焙烧实验室试验的目的，在于确定矿石采用磁化焙烧的可能性（主要是就矿石性质而言）、可能达到的指标和被焙烧的大致条件，整个工艺条件的最后确定，依赖于半工业试验或工业试验。

实验室试验内容主要是还原剂的种类和用量、焙烧温度和时间等。工业试验时，才对

130

炉型结构、矿石粒度等进行系统试验。

实验室焙烧设备有管式电炉、马弗炉、坩埚炉、回转炉和实验室型沸腾炉等。目前生产上常用设备有竖炉、斜坡式焙烧炉、回转炉和沸腾炉等。

根据焙烧气氛的不同，铁矿石焙烧可分为还原焙烧、中性焙烧和氧化焙烧。三种焙烧所用实验室设备和操作过程基本相同，只是气氛不同。还原焙烧适于赤铁矿和褐铁矿，中性焙烧适用于菱铁矿，氧化焙烧适用于黄铁矿。

试验时，应根据试验要求和矿石性质，选用不同的试验装置。

下面仅介绍实验室还原焙烧和工业投笼焙烧试验的情况。

8.3.1 实验室还原焙烧

图 8-7 所示是实验室管式电炉还原焙烧装置。

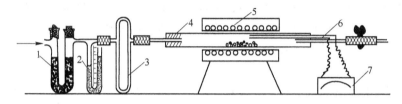

图 8-7 实验室管式电炉还原焙烧装置

1—氯化钙干燥管；2—压力表；3—气体流量表；4—反应瓷管；5—管式电炉；6—热电偶；7—高温表

试验时，先预热电炉。取适量试料装入反应瓷管中，徐徐通入煤气驱出管中的空气，然后将瓷管移到管状电炉中加热。加热过程中，控制炉温在预热的温度（一般为 750~800℃），并按一定的流量通入煤气，加热焙烧到预订的时间后，切断电源，冷却到 400℃ 以下。然后停止通煤气，取出焙烧矿，水淬或在隔绝空气的条件下冷却到室温。

采用固体还原剂（煤粉或炭粉）时，其粒度一般要比试料粒度小些，但也不能太细，太细易燃烧尽，导致还原不充分。实验时，先将还原剂粉末与矿样均匀混合，再直接装入瓷管或装进磁舟，进入管式电炉或马弗炉内焙烧。

对于粉状物的焙烧，为了使物料与气相充分接触，也可用实验室型沸腾炉焙烧，其装置如图 8-8 所示。矿样经破碎筛分成 3~2、2~1 和 -1mm，各粒级物料分别进行条件试验。试验时，待炉膛温度稳定在比还原温度高约 5℃ 时，通过加料管 5 缓慢而均匀地连续向炉内加料，而后开始记录时

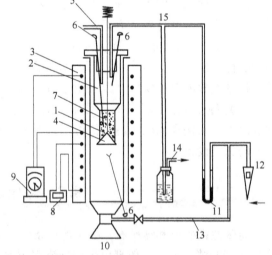

图 8-8 实验室型沸腾焙烧装置

1—加热管；2—沸腾焙烧器；3—加热器；
4—锥形气体分布板；5—加料管；
6—铬铝加热电偶；7—料层；8—毫伏表；
9—温度控制箱；10—冷却器；11—U 形测压管；
12—转子流量计；13—煤气管；14，15—排气管

间、温度和系统的压差。物料在炉内因吸热而出现炉温下降，但炉温很快（约 1min）会回升到反应温度。控制温度，在预定的温度下恒温焙烧，到达预定时间后，切断煤气；按下分布板的拉杆，分布板下降，矿粉下落到装有冷却水的接矿容器中淬冷；然后取出冷却了的矿粉，烘干取样，检查还原度。

8.3.2　投笼焙烧试验

块状磁化焙烧投笼试验在生产竖炉中进行，结果与工业试验接近。在实验室焙烧试验基础上，今后凡生产上准备采用竖炉焙烧的，都可以用投笼焙烧试验方法进行工业试验。试验步骤如下：

（1）矿石准备。将矿石破碎到合适粒度，筛出 20mm 以下的粉矿，粒度上限一般不超过 75mm。对于结构致密难于烧透的矿石，粒度宜小些。

（2）笼子制作。一般用直径为 1.5mm 的铁丝制成圆柱形、方形或球形，大小以能装 0.8~1.5kg 的矿样为宜。

（3）投笼。将装有试样的笼子在炉顶装料口投入炉中。各装料口应同时投笼，且投放点要均匀分布。考虑到焙烧条件的变化会影响焙烧矿质量不均，应分批投笼，每批相隔 2h 左右，分 3~4 批投入，每批投 10 笼左右。

（4）收拢。一般笼子在炉内停留时间约 6~9h，投笼后 5h 就要做好收拢准备。收笼地点在炉下两侧搬出机上。散笼时要避免损失，已破裂的笼子亦需拣出，以核对投笼和收笼数量。

试验中要做好记录。记录内容有：投笼数量、投笼时间、出炉时间、收笼数量、炉子的生产能力、工作制度、（还原剂的种类和流量，燃烧室温度，还原带温度等）以及操作中出现的问题。

8.3.3　还原焙烧质量检查

根据试验研究的任务不同，焙烧矿的质量检查方法也不同。一般实验室试验可取样化验分析，计算还原度，并做磁选管或磁选机单元试验进行检查。只有扩大试验时，才必须做连续试验或流程试验。

还原度按下式计算：

$$R = \frac{w(\text{FeO})}{w(\text{TFe})} \times 100\% \tag{8-2}$$

式中　R——还原度，%。

在还原焙烧情况下，当矿石中的 Fe_2O_3 全部还原为 Fe_3O_4 时，焙烧矿的磁性最强。此时还原度为：

$$R = \frac{55.84 + 16}{3 \times 55.84} \times 100\% = 42.8\%$$

所以，理论上以 R 值愈接近 42.8% 愈好。实际上，由于矿石组成的复杂性和焙烧过程中矿石成分变换的不均匀性，导致用还原度来表示焙烧矿的磁化焙烧效果并不很确切，最佳还原度也并非任何情况下都等于或接近 42.8%。因此还原度只能作为判断磁化焙烧效果的初步指标，最终必须直接根据焙烧矿的磁选效果做出判断。

8.4　电　选　试　验

8.4.1　电选试验的目的、要求和程序

试验任务不同，对电选试验的要求也不尽相同。对于矿床的可选性评价，只要求确定采用电选的可能性，获得初步指标；对于待建矿山，电选试验应提供电选的工艺流程和大致条件，获得比较确切和满意的指标；对于已投产或待生产选矿厂，则要求进行详细的条件试验和工艺流程试验，获得确切的最佳指标，并确定电选机的类型。

电选试验与浮选、重选和磁选试验不同之处在于：

（1）由于电选的对象大多是其他选矿方法处理获得的粗精矿，而可选性评价时一般难以获得足够数量的粗精矿试样供试验用，因而对试验的要求不能过高；

（2）电选试验的实验室试验指标，在大多数情况下与工业生产指标相同，因而通常在做完实验室试验以后，不一定要再做半工业或工业试验，就可据以进行设计或生产。

电选试验的程序与其他选矿方法类似，通常包括以下几步：

（1）预先试验。按照同类型矿物电选的经验，进行初步探索，观察初步的分选效果，作为下步条件试验的依据，故预先试验亦称探索性试验；

（2）条件试验。按照一定的试验方法，系统地考察主要工艺参数对电选指标的影响，找出最佳工艺条件，获得最优选矿指标；

（3）检查试验。按照已确定的工艺条件进行校核试验，核实所选定的条件和所获得的指标，试样量一般比条件试验中单次试验要多，试验持续时间相应地也要长些；

（4）工艺流程试验。在条件试验的基础上，通过试验确定流程结构，包括精选和扫选次数，以及中矿的处理方法等。

8.4.2　电选试样的准备

如前所述，电选试样大多为其他选矿方法处理后得出的粗精矿，不管是脉矿或是砂矿，大都已单体解离，或者只有极少的连生体。

电选入选粒度一般为1mm以下，个别也有达到2~3mm者。大于1mm的粗精矿，须破碎或磨碎到1mm以下，然后筛分成不同粒级，分别送选矿试验。

8.4.2.1　分样

条件试验时，每份试样量为0.5~1kg，流程试验时需增加到每份2~3kg。分样时应特别注意到重矿物可能因离析作用而沉积在底层；混匀时应尽可能防止离析；铲样时则必须设法从上到下都取到。

8.4.2.2　筛分

试料的筛分分级对电选来说是比较重要的问题。电选本身要求粒度愈均匀愈好，即粒度范围愈窄愈好。但这与实际生产有很大的矛盾，只能根据电选工艺要求结合生产实际加以综合考虑。若通过试验证明较宽粒级选别指标仅仅稍低于较窄粒级的指标，则仍宜采用宽粒级而避免用筛分，因为细粒级物料的筛分总会带来很多问题，不但灰尘大，筛分效率

低，尤其筛网磨损大。但这不能硬性规定，应根据具体情况而不同，一般稀有金属矿要求严格些，这有助于提高选矿指标；对一般有色金属或其他金属矿，则不一定很严，即分级可宽些。

稀有金属矿通常划为：$-500+250$、$-250+150$、$-150+106$、$-106+75$ 以及 $-75\mu m$ 等粒级；

有色金属矿及其他矿可划为：$-500+150$、$-150+106$、$-106+75$、$-75\mu m$ 等粒级，也有分为 $-100+250$、$-250+106$、$-106+75$、$-75\mu m$ 的。

必须说明的是：电选本身有分级（筛分）作用，为了避免筛分的麻烦，也可利用电选先粗略地进行分级和选别，从前面作为导体排出来的是粗粒级，从后面作为非导体排出来的是细粒级，然后再按此粒级分选。

8.4.2.3　酸处理

电选试料，有时也采用盐酸处理以去除铁质的影响。由于原料中含有铁矿石和在磨矿分级以及砂泵运输中产生大量的铁屑，特别是在水介质中进行选矿，这些铁质又很容易氧化并黏附在矿物表面上，这就使得电选分离效果不好。本来属于非导体矿物，由于铁质黏附污染矿物表面而成为导体矿物；另外由于铁质的黏附而常使矿物互相黏附成粒团，这样就使选矿指标受到严重影响，达不到应有的效果。特别是在稀有金属矿物中，常常采用粗盐酸处理以去掉铁质。此外，酸洗法还可以降低精矿中磷含量。

采用酸处理方法，常常是先将试料用少量的水润湿，再加入少量的工业粗硫酸，用量为原料重量的 $3\% \sim 5\%$，使之发热并进行搅拌，然后再加入占试料重 $8\% \sim 10\%$ 左右粗盐酸，进行强烈的搅拌，大约 $15 \sim 20min$，随后加入清水迅速冲洗，这样多次加水冲洗，一般冲洗 $3 \sim 4$ 次，澄清倒出冲洗水溶液，再烘干分样，作为电选之试料。如铁质很多，用酸量可能酌量增加。

8.4.3　电选机

目前实验室型电选机大多数为电晕电场和复合电场两种，个别也有静电场者。从结构形式说，大多为鼓式。

电选机（图 8-9）由高压直流电源和主机两部分组成。将常用单相交流电升压，然后半波或全波整流成高压直流正电或负电以供给主机。国内实验室使用的电选机的电压有 $20 \sim 60kV$，大多数为 $20 \sim 40kV$，输出为负电。

主机由转鼓、电极、毛刷、给矿斗、接矿斗以及调节格板（或分矿板）等几部分构成。转鼓直径有 $150 \sim 40mm$ 不等，转鼓宽度有 $150 \sim 400mm$ 不等，加热方式有内加热或外加热及无加热等几种。鼓内加热或外加热能更好地分选。内加热采用电阻丝，外加热有采用红外灯者，常使鼓的表面保持在 $80℃$ 以下。电选机处理量取决于

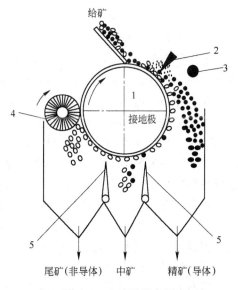

图 8-9　电选机示意图

1—转鼓；2—电晕极；3—偏极（静电极）；
4—毛刷；5—分矿调节格板

转鼓直径及宽度。由每小时几千克至几十千克不等。电极结构有各种形式：有单根电晕丝、多根电晕丝的电晕电场；有静电场（偏极）与电晕电场相结合的复合电极；还有尖削形复合电极（又名卡普科电极，如图 8-10 所示）。目前国外卡普科电极比较普遍，其特点是将静电极与电晕极相结合，选矿效果较好。

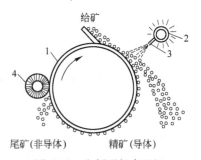

图 8-10　尖削形复合电极
1—转鼓；2—静电极；
3—尖削刀片；4—毛刷

操作中必须从思想上高度引起重视的是安全问题。从高压直流电源输出端就必须注意严密连接，防止漏电。输出至主机电极更要防止漏电至机架，机架与地线连接要紧密，机架与地线连接电阻不要大于 4Ω（最大为 6Ω）。要经常检查，防止松动，否则产生危险。

给矿尽可能成均匀薄层，太厚会影响选矿效果，粗粒级矿层厚度一般为 $2\sim3d_{max}$（d_{max} 指给矿中最大粒度），细粒级则常为 $1\sim1.5$mm 厚。厚度太小会影响处理量。

分矿格板位置的调节对选矿指标也有一定影响。如要求精矿品位高，可将分矿板往外调，使精矿产率减少；如往里调，则精矿产率增加，从而品位降低。同理，通过调节尾矿产率大小也可提高或降低尾矿品位。

8.4.4　条件试验

对影响电选的各项因素进行系统的试验，从而找出主要和次要的因素，然后确定最好的条件，以便在流程试验时采用，从而得出最好的选矿指标。

条件试验时，可采用优选法或数理统计的方法，也可采用常规的固定其他因素，每次改变一个因素的方法对比，以找出最好的条件。

影响试验的主要因素有：电压（kV/cm）、极距及电极位置、转鼓转速、物料加温、分级、分矿板位置。此外，给矿量的大小也会影响选矿指标。

8.4.4.1　电压试验

电压的高低以 kV/cm 表示，指带电电极与接地电极（转鼓）之间的电压。在同一条件下，改变电压，然后对比选矿指标（精矿品位及回收率），从中找出适合的电压。

在实际中，电压高低起着很重要的作用。例如有的钽铌矿（高钽）至少需要 40~50kV（相当于 6.6~8kV/cm）以上，才能有效地分选。某地一铌铁矿，所需电压就仅有 30~35kV（相当于 4~4.5kV/cm）就能有效分选。而选别白钨和锡石时，在电压 20~35kV（相当于 3.3~3.5kV/cm）时，就能分选。但这不能硬性规定，实际中也常有出入。为了选择各种矿物的起始电压，可参阅矿物的比导电度及介电常数以了解其电性。

根据作业不同，采用的电压也有差别。常常在粗选时采用稍低的电压（适当加大转速），使导体矿物尽可能地分出来；扫选时，再将电压适当提高（加大转速）；精选时，适当提高电压（降低转速），有利于提高精矿品位。

例如选别某白钨和锡石时，电压低，锡石的回收率较高，但锡精矿品位低，提高电压时，锡石的品位大大提高，而回收率却有所下降（参看图 8-11 和图 8-12）。

8.4.4.2　极距及电极位置

极距是指带电电极与接地电极之间的距离。采用高电压、小极距则场强大，同条件时，

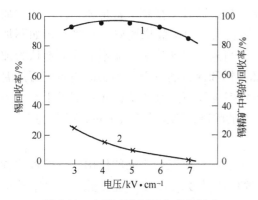
图 8-11 电压对锡石回收率的影响
1—锡回收率；2—锡精矿中钨的回收率

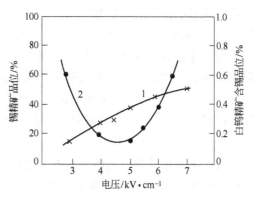
图 8-12 电压对锡精矿品位的影响
1—锡精矿品位；2—白钨中含锡品位

很易产生电晕放电。而实际选矿时，很易产生火花放电，严重影响选矿效果；采用低电压、大极距，虽然不易产生火花放电，电场比较稳定，但难以产生电晕放电，又难以有效分选。为此必须按每厘米多少千伏核算电压，过大过小都有不良影响。实验中常用极距在 40~60mm 之间，通过对比试验确定以多大为宜。生产上则常使用较大的极距，一般在 70~80mm 以上。

电极位置是指起始电晕极和偏极（有时无偏极）相对于转鼓的第一象限的角度而言，一般第一根电晕丝与转鼓中心线之夹角为 30°左右，偏极与转鼓中心线之夹角一般为 45°~ 60°（见图 8-13）。若采用尖削电极（卡普科电极），则相对角度为 45°~60°较好。多根电晕丝的第二、第三根电晕丝的影响不及第一根丝显著。如果电晕极所占鼓筒弧度大，则精矿品位（指导体）高，而回收率则有所下降，因此必须视所选矿物的具体要求而定。

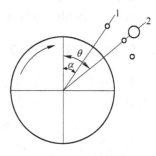
图 8-13 电极位置
1—第 1 根电晕极；2—偏极

8.4.4.3 转鼓速度

最好按转鼓线速度计算，即以 m/s 计较恰当。因为转鼓的直径不同，同一转速的线速度就有显著差别，这会影响选矿指标。一般原则是粒度粗，转速小；粒度小，转速高。处理各种矿石的转速只有参照同类矿石及通过对比实验加以确定，而且与选矿属粗、精、扫的作业要求有关。如某稀有钽铌矿，经过实验的转鼓速度随粒度不同而有明显差别。

+250μm	0.55~0.63m/s
+150μm	1.18~1.35m/s
+106μm	1.83~1.96m/s
+80μm	2.17~2.5 m/s

在试验时，还可在探索中随时调节，观察分选效果后再确定，然后进行条件对比，选择最合适的转速。

8.4.4.4 物料加温温度

电选是干式作业，对物料中含水量要求比较严格。为此电选前必须加温，一方面去掉黏附于矿物的水分，另一方面还可提高矿物的电性。因为水分黏附于非导体矿物表面时，严重影响电性,其结果是非导体常混杂于导体中,使选矿效果变坏。常将物料在矿斗中加热至60~300℃左右,然后再电选。实践证明,加温比不加温效果要好。有些矿物如不加温,没有什么分选效果。究竟加温到多少度为好,可通过对比确定,而不能片面地认为加温越高越好。加温太高,实践意义也越小。例如白钨和锡石的分选,事实证明当矿石加温正好在200℃时,白钨精矿质量最高,锡石分出效率也很高。有的矿物如石榴子干石,当加温超过250℃时,导电性变好,反而增加了电选的困难,因此大多在60~200℃为宜。

8.4.4.5 分矿板位置

分矿板是指鼓筒下的调节格板,它起着分出精、中、尾三种产品的作用。分矿板位置不同,直接影响精中尾矿质量。调节时还与电选作业及要求有关,如果要求多得精矿量(即精矿品位可稍低时),则可将分矿板往里调,减少中矿量;反之则往外调,减少精矿量,提高精矿品位。如果扫选丢尾矿,则应尽可能降低尾矿品位,而将分矿板往内调。如只要求分出精矿和尾矿,则可将中矿取消,此时将两个分矿板密合。具体位置则可在试验中探索观察,作简单对比而定。

8.4.4.6 给矿量

给矿量不是很主要的影响因素。在其他条件相同时,给矿量太大,也会影响选矿指标。实验室对此常不作过多考虑。

综之,影响电选的因素主要是前面四个。

8.4.5 检查试验和工艺流程试验

按上述几个主要影响因素进行条件试验之后,要对找出的最佳条件进行综合检查,核实其是否正确,在此基础上获得了最好的选矿指标后,即可进行工艺流程试验。

通过流程试验,要确定精选和扫选次数、中矿如何处理,以及精选和扫选的条件等。试样量通常为2~10kg,视原料中含有导体矿物的多少而定,如含量高,试样量可适当多些,反之可少些。

例如,某钽铌矿粗粒级的电选,通过试验,确定其流程如图8-14所示。

根据矿物的比导电度,可以确定电选时采用电压的高低;根据矿物的整流性,可以确定高压电极的极性;根据矿物介电常数的大小,可以估计某种矿石采用电选的可能性。

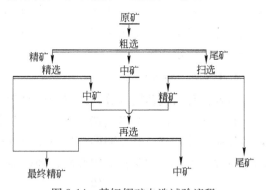

图8-14 某钽铌矿电选试验流程

学 习 情 境

本章主要包括磁选试验和电选试验两部分内容。

以磁选试验为载体,通过对矿物磁性分析和研究,学习掌握强磁性矿物、弱磁性矿物的干式磁选、湿式磁选及高梯度磁选等选别方法、选别流程、操作因素以及磁选设备的操作步骤等。了解磁化焙烧试验方法、试验操作和焙烧矿质量检查等。

以电选试验为载体，学习电选试验的目的、要求以及电选前的准备工作，掌握电选机的操作方法以及电选的条件试验、流程试验等。

复习思考题

8-1 简述预先试验的目的和任务，以及预先试验的主要设备及其操作步骤。

8-2 分别说明强磁性矿物和弱磁性矿物磁选的主要设备及其操作步骤，并说明各设备的试验因素。

8-3 说明高梯度磁选的特点，以及高梯度磁选机的结构和试验内容等。

8-4 简述磁化焙烧的目的和内容，并说明试验室还原焙烧和工业投笼焙烧的试验操作方法，以及焙烧矿的质量检查项目。

8-5 简述电选试验的目的、要求和任务，说明电选试验主要设备的结构及其试验因素。

9 半工业性试验和工业性试验

9.1 概 述

实验室可选性试验是在实验室的小型设备上进行的，其试验目的是确定选矿方案和最优条件，最终提出一个或几个可供方案比较的流程和指标。这样的可选性试验结果，仅对简单易选的单金属矿石，可作为选矿厂设计的依据。

实验室小型试验的特点是规模小，所需的试样少，由于各次试验的试样物质组成和物理化学性质基本一致，所以试验所得数据重复性和可比性好。另外，实验室小型试验的各种条件容易控制，影响因素较少，在正常情况下，试验指标高于半工业性试验和工业性试验指标。小型试验花费的人力、物力、财力少，灵活性大，能在较大范围内进行广泛的探索性试验，所以实验室试验是一切试验的基础，必须从严做好这项工作。实验室试验也有其缺点，由于它是分批操作，作业之间和中矿返回的影响不能充分暴露，有些试验受实验室条件的限制，所得数据一般与实际生产出入较大。因此，单凭实验室试验获得设计所需要的数据可靠性差。复杂难选矿石、新设备、新工艺的试验室试验所提供的数据如不通过半工业性试验和工业性试验进行验证，急于建厂，往往容易造成返工浪费。鉴于上述原因，矿石可选性试验必须以实验室试验为基础，根据不同情况，进行不同规模、不同深度的半工业性试验和工业性试验。

9.2 半工业性试验

半工业性试验，是指介于实验室小型试验和工业试验间的中间规模的试验，亦称中间试验。根据其内容和规模，又可进一步将其划分为单机（半工业型）试验、连续性试验、试验厂试验等不同类型。

9.2.1 单机试验

新设备试制过程中，往往先做成半工业型样机进行试验，然后再扩大到工业型。

新设备单机试验，主要是考察设备的最佳结构参数和操作参数，以及技术经济指标和适用范围，为扩大到工业型创造条件。有时老设备用于选别新的矿产资源时，也进行单机试验。例如，离心选矿机是选别钨锡矿泥广泛采用的设备，当开始用于选别细粒红铁矿时，需通过单机试验，找出选别红铁矿的最佳操作参数。

9.2.2 实验室连续性试验

9.2.2.1 实验室连续性试验的分类

实验室连续性试验包括局部作业连续试验和全流程连续试验。

局部作业连续性试验，它可以是一个作业或两个作业的连续。重磁选很少进行全流程连续性试验，多采用局部作业连续性试验。这是因为重磁的分选原理相对较简单，分选过程的好坏可直接凭肉眼观察判断；试料性质稳定，中矿返回影响较小，不会像浮选那样，由于中矿的返回而明显地影响到原矿的选别条件和效率，因而不一定要作闭路试验；重选入选物料粒度粗，试样量多，试验工作量大，在实验室条件下，很难进行全流程试验。有确实实际需要时，则可建立专门试验厂。

重磁选进行局部连续性试验，试验是在连续试验装置上进行，主要用于下列情况：

（1）矿石性质复杂难选，初次采用重磁选进行选别，为可靠起见，有时在小型设备试验基础上，扩大设备规格至半工业型或工业型进行试验；

（2）重介质选矿试验；

（3）回转窑或沸腾焙烧炉用固体燃料进行焙烧试验；

（4）回转窑进行离析试验等。

实验室全流程连续性试验主要用于浮选。这一方面是因为浮选过程影响因素复杂，中矿返回后影响较大，间断操作与连续操作差别较大，因而一般都必须做连续性试验；另一方面也是因为浮选入选粒度小，所需试样量少，因而有可能在实验室条件下进行连续性试验。

考虑到试验厂试验、工业试验与实验室连续性试验在内容上和做法上有许多共同之处，这里重点介绍实验室浮选全流程连续性试验。

9.2.2.2　实验室连续性试验的目的

实验室浮选连续性试验的主要目的是考查中矿返回后的影响；验证实验室试验的条件、流程和指标。

中矿返回的影响，是指中矿中带来的药剂、矿泥、"难免离子"对药剂制度等选条件和指标的影响，以及中矿的分配对选别指标的影响。

中矿返回的影响是逐步积累的，需要一定时间才能充分暴露出来。为了适应中矿返回的影响，操作上的调整也需要一定的时间才能稳定下来。若时间过短，就可能出现假象。例如为了强保精矿和尾矿品位，将大量难选矿粒压入中矿，而这种"恶性循环"需经过一段时间才会暴露出来，影响到精矿和尾矿的指标。因而在矿石性质复杂的情况下，短时间的实验室闭路试验不能代替连续性试验。

9.2.2.3　实验室连续性试验的特点

相对于实验室分批试验而言，其特点是：

（1）试验是连续的，矿浆流态与工业生产相似，可反映出中矿返回作业对过程的影响；

（2）试验规模较大，持续时间较长，可在一定程度上反映出操作的波动对指标的影响；

（3）试验结果较接近工业生产指标，多数情况下两者的回收率仅相差 1%～2%。

连续试验与工业生产指标差别的幅度主要与矿石的复杂程度以及选别的难易程度有关，也与指标的"敏感性"有关。在某些情况下，若指标受条件变化的"敏感性"很大，即条件稍有控制不当，指标即可能大幅度下降，差距即可能大；在另一些情况下，指标对矿石性质变化的"敏感性"大，此时连续性试验的矿石性质易于控制，较稳定，而工业生产就不可能很稳定，差距亦可能大；此外，由于连续性试验规模小、试样少，以及设备规格不配套，有时操作条件不能完全调整到所要求的条件，此时，连续性试验指标也可能低于工业生产指标。

连续性试验也有局限性，相对于实验室小型试验，规模大，人力、物力、财力花费大，故试验的持续时间不能太长，内容不能太广；试料量大，必须考虑选别产品的堆存和处理；设备规格还是嫌小，像实验室小型试验一样，其设备操作参数不能作设计依据，有关设备负荷，水、电、材料消耗等技术经济指标，只有参照生产现场或在工业型设备上核对后才能利用。

9.2.2.4　实验室连续试验的规模

规模大小随矿石性质复杂程度、品位高低、有用矿物品种多少而不同。品位高，产品少，规模可以小一些。矿物共生关系复杂，品位较低，产品较多，规模相应要大一些。从操作方面考虑，为了保证试验的准确性，试验规模也不能太小，为此还必须考虑下列因素：

（1）有利于磨矿机与分级机的操作平衡；

（2）便于准确添加药剂，特别是添加干的或不溶于水的药剂；

（3）便于砂泵连续而均匀地输送矿浆，不致因矿浆量太小造成砂泵"喘气"，或为防止"喘气"而大量加水使矿浆浓度过低。

基于上述考虑和现有设备水平条件，实验室连续性试验设备的生产能力一般为 $30 \sim 1000 kg/h$ 左右，常采用 $30 \sim 100 kg/h$。随着连续性试验设备和控制技术的改进，试验规模逐步缩小到 $2 \sim 3 kg/h$，甚至 $150 \sim 180 g/h$。

9.2.2.5　实验室连续试验的实例

为适应不同类型矿石试验的需要，试验设备必须满足下列要求：

设备形式应与工业型设备相同或相似；同一形式的设备要有多种规格；便于灵活配置和连接；便于操作和控制。某浮选连续性试验的实验室设备配置如图 9-1 和图 9-2 所示。

图 9-1　碎矿设备配置

某铜矿的实验室连续性试验实例如下：矿石中主要金属矿物为黄铁矿、闪锌矿、黄铜矿及方铅矿，其次有少量的辉铜矿、斑铜矿和铜蓝等。脉石矿物主要是石英，其次为重晶石、绢云母等。矿物嵌布特点是硫化物之间共生关系极为密切，嵌布粒度极细，一般在

图9-2 浮选设备配置

$0.02 \sim 0.03$mm左右才能全部单体解离。而硫化矿集合体与石英嵌布粒度则较粗，一般在0.2mm左右就可单体分离。根据原矿性质，采用了混合浮选而后分离的流程。该矿石选别的主要问题是原矿中锌的含量（10.8%）比铜的含量（1.18%）高8倍，且嵌布粒度极细，对是否能拿到合格铜、锌精矿，而又保持较高的回收率没有把握，在生产上国内无先例可循。为此，在设计前进行了1.25t/d规模的连续性试验，试验设备联系图见图9-3，设备表见表9-1。选别结果铜精矿品位为10.2%，回收率为77.4%；锌精矿品位为46.7%，回收率为74.6%；硫精矿的品位为29.5%，回收率为64.2%。

从图9-3可以看出，实验室连续性试验设备之间联系具有如下特点：作业间矿浆的循环主要是通过不同规格的砂泵输送，而不是靠自流；为稳定各作业间的给矿，采用了不同容积的搅拌槽；精选泡沫量少，进行精选时，选择浮选机的容积应比粗、扫选浮选机小；为便于设备配置，实验室中同类型设备应具有不同规格。实践证明，根据矿浆体积计算出所需浮选机容积后，选择浮选机规格和数量时，规格宜大不宜小，数量宁少勿多，这样便于稳定操作。这一原则，对选择其他选别设备的规格和数量时亦适用。对于重选，当一个作业选出三种产品时，选出的精矿应用盛矿桶接取，以便进行计量和计算金属平衡。

9.2.2.6 实验室连续性试验程序

A 试样采取和加工

试样量一般需十吨至上百吨，初步勘探阶段无法取到，只有在详细勘探和基建阶段才能取到。试样应代表选厂前$3 \sim 5$年的生产矿石。试样量大，应设置专用场地贮藏和堆存，样品一定要混匀。混匀的方法或用机械、或依靠人力，后者费时又费力。浮选、电磁选试验磨矿给矿粒度一般为$3 \sim 7$mm，重选试验视入选最大粒度而定。

B 矿石物质组成和物理化学性质的研究

若矿石性质经实验室小型试验检验，证明与原有实验室试验所用矿石基本相同，可不重作，只作光谱分析、化学全分析、物相分析即可。必要时在原有基础上作若干补充项目。

C 拟订连续性试验的选别方案、流程和条件

主要根据所试验的矿石性质、原有实验室流程试验结果提出的选别方案、流程和条件确定。若所试验的矿石性质与原有实验室试验的试样有出入，必须在实验室做补充校核试验，并予调整。

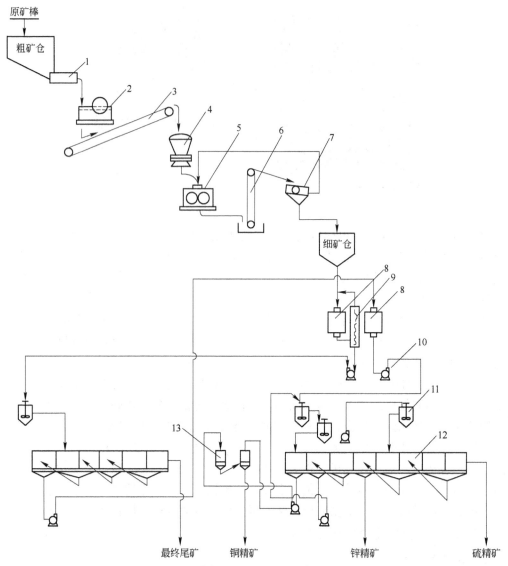

图 9-3   某铜矿连续性试验设备联系图

表 9-1   试验设备表

标号	设备名称	规　格	单位	数量	标号	设备名称	规　格	单位	数量
1	槽式给矿机	400×1300	台	1	8	球磨机	450×425	台	2
2	颚式破碎机	250×150	台	1	9	螺旋分级机	120×1200	台	1
3	胶带运输机	$B=300$	台	1	10	砂泵	$1''$, $\frac{1}{2}''$, $\frac{3}{4}''$	台	6
4	圆锥破碎机	$\phi600$	台	1	11	搅拌槽	30L	台	4
5	对辊机	$\phi400×250$	台	1	12	浮选机	10L	槽	14
6	吊斗提升机		台	1	13	浮选机	3L	台	2
7	振动筛	600×1200	台	1					

注：规格中未注明规格单位的，单位都是 mm。

D 试验准备

根据试验规模、实验室流程试验数质量指标和矿浆浓度（或液固比），计算和选择所需设备规格数量。

全面检查、调整所用设备和仪表，并进行检修和清洗，然后按流程进行配置；连接好管道，用清水开车运转；检查电路、供水、设备运转是否正常。设备的备品备件要准备充分，以保证试验顺利进行。

准备好必要的试验工具和药剂。药剂量应一次备足，避免因中途换用不同质量的药剂而影响试验质量。

绘制取样流程图。图中需标明取样点、试样种类，按作业顺序编号、检查、校核后，组织好取样人员，明确任务和取样方法，并准备好取样工具、装样工具及卡片。

加强组织领导。试验前必须使所有参加试验的人员了解试验的任务、目的和要求，了解各自的职责，使大家目标明确，行动协调一致。

E 预先试验

实验室连续性试验的流程和条件是根据实验室流程试验和补充试验拟订的，因为采用的设备规格不同，试验规模不同，及由分批试验转到连续操作等原因，必须对设备、设备间的连接、流程的内部结构和操作条件进行调整，使各项操作参数适应矿石性质，以期达到最佳的试验指标。调整的内容随选别方法和所研究的矿石对象而定。现以浮选为例说明如下：

a 调整磨矿细度和浓度

磨矿细度是决定选别结果的一个关键因素。目前实验室磨矿是开路，连续性试验是闭路，两者磨出的产品细度相同时，而粒度组成往往不同，各粒级金属分布率亦不同，有时引起选别结果相差甚大。

从某硫化矿实验室与连续性试验磨矿对比资料看出，当磨矿细度都是 70%-0.075mm 时，实验室磨矿产品中-10μm 含量为 6.87%，铜、钴、钼在该级别的金属分布率分别为 5.63%、4.49%、2.69%；而连续性试验磨矿产品中-10μm 含量高达 15.7%，铜、钴、钼在该级别的金属分布率分别提高到 16.67%、8.86%、10.25%，泥化严重，势必影响浮选指标。

为此，在调整磨矿细度时，必须同时注意调整其粒度组成。调整的方法是改变不同球径比例和浓度。产品粒度过粗，应增加大球比例和提高浓度；细磨时，可增加小球比例。在球磨机转速和球比一定时，要稳定磨矿细度和浓度，必须严格控制给矿量和补加水量。

b 调整药剂

调整的内容包括药剂用量和加药地点。多数情况下，药剂用量与实验室试验的用量有差异，必须进行调整，特别是对于难溶性药剂（如烃类捕收剂等）、具有起泡性能的捕收剂（如黑药和脂肪酸类捕收剂等）以及易于失效的药剂（如硫化钠等）。有些药剂还要调整加药地点。

调整药剂用量和加药地点，主要是根据分析结果和肉眼观察的泡沫情况的变化进行。药剂用量的控制方法是用量筒接取加药机流出的药液，用秒表计时，测知每分钟流出药剂容积并加以控制。由于给矿量小，给药量小，加药装置必须灵敏而精确。目前采用的有虹吸管装置和自动定量加药装置（如定量给药泵）等。稳定而准确地添加药量，是搞好浮选操作的前提。

　　c　调整浮选条件

　　浮选条件包括各作业的矿浆浓度、pH 值、液面高低、充气量大小等。矿浆浓度可用转子流量计控制各处的给水量进行调节。浮选密度大、粒度粗的矿物，一般采用较浓的矿浆；浮选密度小的矿物和矿泥，采用较稀的矿浆；控制粗选的矿浆浓度（25%～40%）应比精选的矿浆浓度（10%～25%）高，在连续性试验中，有时由于设备不配套，精选浓度往往比实际要求的低。pH 值的控制方法，一是人工用 pH 试纸检测矿浆并调节 pH 调整剂的添加量；二是用 pH 计自动检测和自动控制调整剂的添加量。

　　充气量大小与浮选机转速、叶轮和盖板距离、进气孔大小等有关，粗调是通过调节浮选机转速、叶轮和盖板距离，细调是调节进气孔大小。上述条件的调节，主要是根据泡沫颜色、大小、虚实（矿化程度），产品质和量的变化（凭外观颜色和产品湿重判断），快速化验结果好坏进行操作。

　　d　调整中矿量

　　中矿的返回地点、循环量大小和中矿返回量的稳定性，对稳定操作和最终产品质量的影响极大，必须特别引起注意。在不影响质量指标的前提下，中矿量控制得越少越好。

　　e　调整浮选时间

　　根据流程考察分析结果，必要时根据逐槽分析结果，即可判断各作业的浮选时间长短是否适当，从而确定精、扫选次数。例如，扫选尾矿品位较高，在显微镜下观察，有用矿物主要是大于 $10\mu m$ 的单体颗粒损失，显而易见是扫选时间不足或药剂制度不相适应。

　　以上各项调整工作，一方面是根据操作人员的经验和直接观察的现象；另一方面主要是根据快速分析、班试样和流程考查结果进行调整的。调整正常后，必须保持操作稳定。要使操作稳定，关键是稳定给矿量、矿浆浓度和药剂添加量，并严格控制回路系统。在确实证明试验已经稳定，试验结果已接近和达到实验室流程试验指标后，即可进行正式试验。

　　F　正式试验

　　试验稳定后，即转入正式试验。正式试验连续运转时间一般应在两天以上，若试样量不足，最低限度也要连续运转 24 小时。为了便于调整操作，了解和分析试验结果，以及为选矿厂设计提供依据，浮选连续性试验需进行以下测定：

　　(1) 原矿量和粒度组成，各粒级品位，原矿水分；

　　(2) 磨矿和分级机溢流的细度和浓度；

　　(3) 药剂浓度和用量；

　　(4) 矿浆 pH 值和温度；

　　(5) 各产品的浓度、品位及粒度分析等。

　　9.2.2.7　取样和检测

　　在预先试验和正式试验中，取样和检测（化学分析、粒度分析、浓度测量等）工作是一项极重要的工作。连续性试验取样包括取当班检查样和流程考查试样，当班检查样只取原、精、尾矿，每 15 或 30min 取一次样，试样 2h 合并化验一次，作快速分析，一个班化验四次，当班检查样用以及时指导操作，同时用以校核流程考查试样的结果。流程考查试样是为计算数质量流程和矿浆流程，指导下班操作和作为设计依据而采取，30min 或 1h 取一次试样，每班取 8~16 次，各产品试样一个班分别合并送化验。流程考查试样个数，是根据各选别作业各产物的产率和金属量平衡计算方程式的个数及可能解出的未知数个数，定出必要而充分的分析化验点数确定。以上两种试样均由指定的取样人员定时按固定的截取时间（一般 3~10 s）截取。为避免取样对操作的影响，取样顺序由后往前取，或统一信号指挥，分段同时取样。除取上述试样外，有时操作人员根据操作情况对局部作业取样化验，此类试验结果不列为正式计算结果，仅作为调整操作用。

9.2.3 试验厂试验

在黑色、有色、稀有金属矿山建立的一批试验厂，其规模为 10~360t/d。有色、稀有金属矿规模多数是 25~50t/d。这些矿山建立试验厂虽各有其特殊原因，但共同处主要有下列几方面：

（1）金属储量大，生产厂矿属中型和大型，基建投资大；

（2）矿石组成虽简单，但品位低，嵌布粒度细，共生关系复杂；

（3）矿石中有用矿物品种多，相互之间紧密共生，有些矿物性质近似，分离困难；

（4）采用新设备和新工艺。

这里必须强调指出，储量和规模大不是建试验厂的唯一原因，因为简单易选矿石，只需根据小型试验结果就可设计。因此，除了储量和规模外，还要结合考虑矿石性质复杂程度和有无生产经验可资借鉴。

建立试验厂的目的，主要是验证实验室试验或连续性试验的流程方案和技术经济指标的稳定性和可靠性；实验室试验和连续性试验的原矿性质是稳定的，进入试验厂的原矿则不是预先混匀的，而是波动的，因而可以观察原矿性质波动对操作条件和工艺指标的影响；可进一步暴露问题，改进和完善流程方案，为设计新的厂矿提供更为可靠的设计资料，以节约基本建设投资。除此，还可为新建大厂投产培训技术人员；为处理矿区其他类型矿石进行试选，或进行各种工艺改革试验，给工业生产准备条件；为其他试验提供中间产品；为附近矿山做试验，给新建企业提供必要的技术资料；除承担试验研究任务外，平时还可以进行生产。

试验厂是新建大厂缩小规模的一个雏形，与工业生产大厂相比，为适应试验研究的需要，它的流程是可变的，设备配置有一定灵活性，有些设备可借助起重机搬运以适应流程的调整；它的任务是以试验为主，在保证试验的前提下提供一定量的商品精矿。工业生产厂矿流程是固定的，设备安装在固定的基础上，流程、设备调整灵活性小，它的任务是生产，必须按计划完成或超额完成生产任务。

试验厂试验的程序方法和取样等类似于连续性试验，值得注意的是：试验厂入选矿石用量大，不可能像实验室小型试验和连续性试验所处理的试样那样性质稳定一致，矿石性质难免有变化，指标亦随之引起波动，因此不能根据少数几个班的生产指标，或一两次流程考查结果提供设计数据，而应取较长时间的正常生产班次的指标进行统计，列出平均指标。班试样的采取和流程考查与现场生产相同。

试验厂试验示例。图 9-4 为一个日处理量 50t/d 的重-浮联合流程机械联系图，表 9-2

列出了该流程的设备名称和规格。

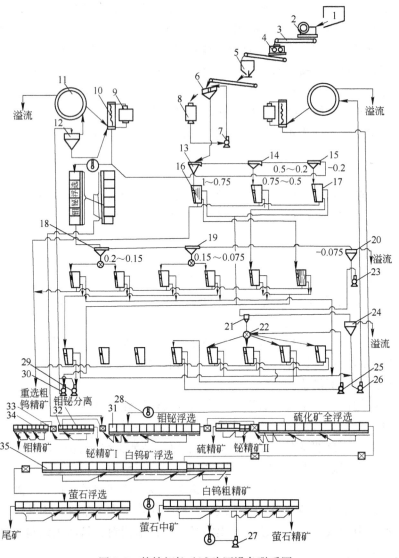

图 9-4 某钨钼铋矿试验厂设备联系图

该试验厂处理的矿石系石英-矽卡岩钨钼铋矿，属细粒不均匀嵌布的难选矿石。矿石中主要金属矿物有黑钨矿、白钨矿、辉铜矿、辉铋矿、磁铁矿、黄铁矿、萤石等。主要脉石矿物有石英、石榴子石、辉石等。试验厂建立之前，对该矿石曾做过实验室小型试验和 500kg 扩大性试验，采用重-浮联合流程获得钨、钼、铋、萤石产品。由于有用矿物品种多，主要金属品位低（千分之几）；嵌布粒度细，一般为 0.15~0.01mm，磨矿粒度要求 −0.075mm 在 85% 以上；金属矿物共生关系密切，主金属矿物呈星点状和不均匀状分布等。鉴于矿石性质复杂难选和规模太小，在实验室试验条件下，有的金属矿物产品得不出合格精矿，只能获得中间产品。这些产品因量少，又无法进一步做试验，因此必须扩大规模进行试验。为验证并完善实验室小型试验和扩大试验流程和指标，为综合回收伴生金属提供试验产品，为设计生产厂矿获得可靠的数据，而设计并建成了 50t/d 的试验厂。经过几年

表 9-2 设备表

编号	设 备 名 称	规 格	编号	设 备 名 称	规 格
1	粗矿仓	$20m^3$	19	分级箱	200×200mm
2	颚式破碎机	250×400mm	20	分泥斗	$\phi1500mm$
3	皮带	$B=450mm$	21	水力旋流器	$\phi125mm$
4	对辊机	$\phi600mm$	22	矿浆分配器	
5	粉矿仓	$39m^3\times2$	23	泥浆泵	62.5mm
6	双层振动筛	900×1800mm	24	分泥斗	$\phi3600mm$
7	立式砂浆泵	50mm	25	泥浆泵	50mm
8	棒磨机	$\phi900\times1800mm$	26	泥浆泵	50mm
9	球磨机	$\phi1200\times1200mm$	27	立式砂泵	50mm
10	螺旋分级机	$\phi750mm$	28	调和槽	$\phi1000mm$
11	浓密机	$\phi6000mm$	29	卧式砂泵	50mm
12	分泥斗	$\phi1800mm$	30	卧式砂泵	62.5mm
13	分级箱	800×800mm	31	浮选机	1A
14	分级箱	400×400mm	32	浮选机	39L
15	分级箱	200×200mm	33	提升搅拌机	$0.7m^2$
16	6S 摇床	1825×4520mm	34	浮选机	12L
17	弹簧摇床	750×1750mm	35	浮选机	2A
18	分级箱	400×400mm			

来的调试和试验，初步得出了上述流程，选出了钼、铋、硫、萤石四种精矿及重选粗钨精矿、白钨粗精矿、铋精矿Ⅰ（即钼铋混合中矿）、萤石中矿四种中间产品。这些中间产品经实验室进行分离，重选粗钨精矿可分选成磁铁矿、钼、铋、硫、白钨矿、黑钨矿精矿；白钨矿粗精矿经加温精选可得白钨矿精矿和部分低品位精矿；萤石中矿经再磨，可得部分合格萤石精矿；铋精矿Ⅰ经焙烧浸出，使钼、铋得到分离。除重-浮流程方案外，还试验了浮-重流程方案，选出钨、钼、铋、硫、磁铁矿、萤石精矿和一个钨细泥中矿，亦取得了比较满意的指标。

几年来该试验厂通过试验实践证明：试验厂规模大小，除与选别方法和流程复杂程度有关外，在很大程度上与欲选有用矿物的品种数量和原矿品位高低有关。总的要求是应能从试验厂获得欲选有用矿物的最终合格产品。像该厂，规模虽有 50t/d，尚不能将必须选出的有用矿物全部选成合格产品，似应将处理量扩大到 100t/d 较合适。

9.3 工业性试验

工业性试验是指在工业生产现场进行的试验。工业试验一般做得不多，只有在下列情况下进行：1）新设备考察定型试验；2）为设计大、中型选矿厂；3）对已生产的选矿厂进行改革的工业试验。

工业试验的内容包括以下几个方面：

A　试验准备

a　试样的采取和代表性

为新建选矿厂进行工业性试验，试样的采取地点，必须根据未来生产的合理布局和已有的勘探开采坑道而定。试样应代表选矿厂最初 3~5 年的生产矿石。工业性试验所需试样量大，粒度粗，要保证试样的代表性和均匀性，必须仔细配矿。所配矿样的主要成分必须符合采样设计要求，整个试验期间所用的试样应尽量保持一致。对已生产的选矿厂进行各项革新试验的试样，亦应保持矿石性质稳定，以保证试验的可比性。

b　调整流程和设备

根据工业性试验的试验流程、试验条件和指标，按现场设备规格进行计算，确定设备数量。若现场缺乏部分所需设备，应予添置，扩建安装。然后调整好各作业和设备之间的负荷，检修好按试验流程和条件所需的设备和矿浆管道。应注意其灵活性，以便根据试验情况及时调整，同时应为各种取样创造条件。

B　正式试验

待试验流程和设备调整好以后，即可按试验条件进行正式试验。其试验方法和正常生产一样，按一定时间间隔取样，并记录过程中出现的各种情况。根据取样进行化学分析，计算试验结果，最终检验，确定所选择的选矿方法、选别条件和选别流程。通过工业性试验还可掌握设备的工作特性，最适宜的工作条件和存在的问题，确定其他经济技术指标，如水、电、材料消耗等。工业性试验的时间不能太短，一般应进行 15~20d。

a　新设备的工业性试验

新设备定型工业性试验，是通过试验改进和完善设备的结构，找出其最佳结构参数和操作参数，以便定型生产。

新设备的工业试验内容包括：

（1）调整试验。即在按生产条件运转中，发现设备结构不足之处，通过改进，完善设备的结构。

（2）条件试验。找出该设备的最佳操作参数。

（3）对比试验。与相似设备平行进行试验。对比试验应在物料性质相同的条件下，以各自的最佳操作条件进行较长时间的试验，肯定新设备的优越性。

（4）连续运转试验。即在生产条件下连续运转一段相当长的时间，考核设备的机械性能和磨损情况。

通过上述一系列试验，要提出下列资料：设备技术特性参数和结构特点；技术经济指标；设备的应用范围。

b　设计新选厂进行的工业性试验

对矿石性质复杂难选，或采用了新工艺、新设备的大中型浮选厂，在无类似生产现场经验而又未建立专门试验厂的情况下，应进行工业性试验。

工业性试验可以是局部作业连续试验，也可以是全流程试验。局部作业试验是选择流程中关键性作业，利用已建现场的设备进行试验。这种试验做得较多。

全流程工业性试验所需试样量大，要求运转时间长，影响因素复杂，不易严格控制。这种试验做得极少。

c 生产厂工艺流程改革工业性试验

生产厂工艺流程改革试验一般采用对比法。对比试验方法，一种是在两个平行的系列上同时进行试验，其中一个系列保持原有的生产状态，另一个是进行改革的系列。试验时，要求两个系列处理同一性质的试料。另一种方法是在保持原矿性质基本一致的条件下，在同一系列上对几个试验方案分期进行试验。各方案试验的操作水平尽量保持最佳水平，以便使对比试验的结果具有可比性，从而得出正确的结论。

学 习 情 境

本章以半工业试验为载体，结合试验示例学习掌握实验室连续性试验的目的与特点、试验操作程序，了解试验厂试验的目的与特点，以及其与实验室连续性试验的区别与联系。

以工业试验为载体，了解工业试验的特点与试验内容。

复习思考题

9-1 实验室连续性试验的目的和特点有哪些?

9-2 实验室连续性试验包括哪些程序?

9-3 试验厂试验与实验室连续性试验相比有何不同?

9-4 工业试验与半工业试验相比有何不同?

10 试验结果的处理及编写试验报告

10.1 试验结果精确度的概念

在科学实验中，为了说明事物的性质，分析和判断过程的变化和效率，必须要有能定量地反映这些性质、变化和效率的数字做依据。这些数字依据。就称为数据。

为了正确而科学地处理试验数据，首先必须了解试验结果的精确度。精确度指的是测试结果的重复性，而准确度指的是测试结果同真值的偏差程度。在实际试验工作中，由于真值往往是不知道的，只能用平均值来代替，因而对于准确度和精确度这两个概念往往不加区别。测试结果的精确度通常就用测试误差的大小来度量，误差愈小，表示精确度愈高。

单项测试结果的精确度，通常取决于测试器具本身的精度。例如，用称量为 100g、感量为 1g 的台秤称重，测量结果的精确度就是 ±1g；用最小分度为 1mL 的 100mL 的量筒量取溶液，精确度就是 ±1mL。因此，在测试过程中，正确地选用测试仪器，是非常重要的。例如，在实验室浮选试验中，用称量为 1kg、感量为 1g 的台秤来称量重 0.5kg 的原矿试样，相对误差仅为 0.2%，精确度是足够的；但若用同一台台秤称量仅重 10g 的精矿，相对误差就高达 10%，超过了允许误差，因而此时应换用感量小一些的台秤，如称量为 100g、感量为 0.1g 的小台秤。同样，用最小分度为 0.1mL 的 10mL 吸量管添加浮选药剂，若添加量在 5mL 以上，可将相对误差控制在 2% 以下；若添加量小于 1mL，相对误差就会超过 10%，这时只有换用小一号的吸量管；更恰当的办法是将药剂溶液配得更稀一些，使其添加体积不过少，才能保证所需的试验精度。

选矿工艺试验，是由多项直接测试和工艺操作组成的。试验结果的精确度，是各个单项测试误差和各种操作条件的不可避免的随机波动的综合反映。例如，从原矿缩取、称量，到产品的截取、称量、缩分和化验，都可能产生误差。操作因素的随机波动，也必然导致试验指标相应地波动。因而选矿试验结果的精确度，不仅不可能直接根据测试器具精度推断，也难以利用误差传递理论间接地推算。例如，精矿产率的波动，主要不是由称量误差引起的，而是由操作因素的随机波动造成的。因此我们不能用台秤的精度来度量重复试验时产率的波动，更不能据此推算回收率的误差。

选矿工艺试验结果的精确度，主要通过重复试验测定。通常将多次重复试验结果的平均值作为该结果的期望值，而用标准误差度量它的精确度。

例如，实验室小型试验，在找到了最优选矿方案和工艺条件之后，往往重复地做几次小型闭路试验或综合流程试验，作为提出最终指标的依据。若重复 5 次得出选矿回收率指标分别为 83.0%、82.4%、81.0%、83.0%、84.1%，在编写报告时，既不能任意地选取一个最高值（84.1%）作为最终推荐指标，也没有必要故意选一个最低值作为最终结果，以示保险，而是应如实地用 5 次试验的平均值（82.7%）代表最终结果，同时指出其波动范围。本例的最终推荐指标的书写形式应为 82.7±1.4%。至于在今后设计中可能选用较低的指标，那是另外一个问题，那是考虑到生产条件和实验室条件间可能存在差别，而不是否定实验室试验结果本身。

试验结果数学处理的基本原则是：

（1）一切测量均在某种精确度下进行。在任何一个精确度下所得的测量结果，仅代表近似值。

（2）可以直接测量的仅是少数量，多数的量要借助于计算求得。

（3）任何一种测量都要重复数次，然后算出每次测量结果的算术平均值。

10.2 试验结果的计算

10.2.1 选别指标的计算方法

不论何种选别方法的试验，每一试验结果的计算，均通过产品的实际重量及其相应的化学分析数据，计算出选别结果的数质量指标。分批操作的小型单元试验，其主要选别指标一般按下列方法计算。

直接测试得到的原始数据是各个产品的重量和化验结果，即 G_i 和 β_i，$i=1, 2, 3, \cdots, n$，i 代表产品编号，n 代表产品总数，需要计算的是原给矿的重量 $\sum_{i=1}^{n} G_i$、产品的产率 γ_i 和回收率 ε_i。

10.2.1.1 原给矿的重量

试验流程的平衡是根据试验的实际重量计算的，故应先计算试验的给矿重量，即所有产品重量的和应为原给矿重量。

$$\sum_{i=1}^{n} G_i = G_1 + G_2 + G_3 + \cdots + G_n \tag{10-1}$$

式中，$\sum_{i=1}^{n} G_i$ 为全部产品的累计重量，而不是给矿的原始重量。

例如，某铜矿的试验结果如表 10-1，该试验单元的给矿的原始重量为 500g，得精矿 49.5g、中矿 18g、尾矿 430g，共重 497.5g。这 497.5g 就是累计重量，或"计算原矿重量"。计算选矿指标时，就应该使用这个"计算原矿重量"作为计算的基准。

表 10-1 某铜矿的试验结果

产物名称	重量/g	产率 γ/%	铜品位 β/%	产率×品位 $\gamma \times \beta$	铜回收率 ε/%	试验条件	备注
精矿	49.5	9.95	10.38	103.28	78.87		
中矿	18	3.62	2.63	9.52	7.27	-0.074mm 占 80%	pH=8.5
尾矿	430	86.43	0.21	18.15	13.86		
原矿	497.5	100.00	1.31	130.95	100.00		

在选矿试验中，全部产品的累计重量与给矿原始重量的差值不得超过 1%~3%（流程短时取低限，流程长时取高限），超过时表明试验操作不仔细，试验指标将不可靠，因而应返工重做。超差的具体原因可以是：操作损失，称量误差，试样没烘干，甚至是由于过多地加入了某些药剂等。

10.2.1.2　产品产率（质量百分数）

$$\gamma_i = \frac{G_i}{\sum\limits_{i=1}^{n} G_i} \times 100\% \tag{10-2}$$

式中　γ_i——第 i 产物的产率；

G_i——第 i 产物的质量。

例：表 10-1 中各产物产率的计算

$$\gamma_{精} = \frac{49.5}{497.5} \times 100\% = 9.95\%$$

$$\gamma_{中} = \frac{18}{497.5} \times 100\% = 3.62\%$$

$$\gamma_{尾} = 100\% - 9.95\% - 3.62\% = 86.43\%$$

10.2.1.3　金属回收率（金属分布率）

$$\varepsilon_i = \frac{G_i\beta_i}{\sum\limits_{i=1}^{n} G_i\beta_i} \times 100\% = \frac{\gamma_i\beta_i}{\sum\limits_{i=1}^{n} \gamma_i\beta_i} \times 100\% \tag{10-3}$$

式中　γ_i，β_i——分别为第 i 产物的产率和品位；

$\gamma_i\beta_i$——第 i 产物中的金属率；

ε_i——第 i 产物的金属回收率；

$\sum\limits_{i=1}^{n} \gamma_i\beta_i$——$n$ 个产物全部金属率的总和。

例：表 10-1 中各产物回收率的计算

$$\varepsilon_{精} = \frac{9.95 \times 10.38}{9.95 \times 10.38 + 3.62 \times 2.63 + 86.43 \times 0.21} \times 100\% = 78.87\%$$

$$\varepsilon_{中} = \frac{3.62 \times 2.63}{9.95 \times 10.38 + 3.62 \times 2.63 + 86.43 \times 0.21} \times 100\% = 7.27\%$$

$$\varepsilon_{尾} = 100\% - 78.87\% - 7.27\% = 13.86\%$$

式（10-3）中，$\dfrac{\sum\limits_{i=1}^{n} \gamma_i\beta_i}{100}$ 可称为"计算原矿品位"。例如表 10-1 中 $\dfrac{\sum\limits_{i=1}^{n} \gamma_i\beta_i}{100} = \dfrac{130.95}{100} = 1.31$。

计算原矿品位与试验给矿化验品位亦不应相差太大，其相对误差，应大致地等于重量误差与化验误差的和。因为计算给矿品位是根据各个产品的产率和品位累计出来的，其误差也应是各个产品的重量误差和化验误差的综合反映（操作上产品截取量的波动并不会影响计算原矿品位的数值）。例如，若允许重量误差为±2%，化验误差为±3%，计算原矿品位的误差就可能达到±5%，而不能保证也小于±3%。当然，这里讲的只是一个限度，若重量误差和化验误差均未达到上限数值，计算原矿品位的误差也可达到不超过允许化验误差，但不能作为标准来要求。只有当化验误差显著地大于重量误差时，才能近似地按化验允许误差确定计算原矿品位的允许误差。

在试验过程中，由于操作、取样、化学分析等方面所造成的各种误差，会引起同一系列各个试验的金属平衡发生波动，亦即各试验的计算给矿品位互不相同。在同一组试验中，如各计算品位相差很大，则说明试验结果不可靠，应查明原因，重新校核。

10.2.2　有效数字问题

有效数字问题，是在一切试验数据计算工作中均可碰到的一个带共同性的问题。

有效数字是指能反映数值大小的数字，它的位数应与数值本身的精确度相适应，不论单位怎样变化，有效数字位数不应变化。例如：4507、45.07、4.507、0.4507 均为具有四位有效数字的数。

一个数的有效数字有几位，不仅取决于需要，更主要的是取决于该数本身所具有的准确度。如前所述，选矿试验中的测试数据都不可能绝对准确，而是具有一定误差的近似值。习惯上在记载近似值时，只允许在末尾保留一位不准确的数字，而其余数字均是准确的。例如，若用最小分度为 0.01 的电子天平测定物质的重量，读数值为 5.36g，则前两位数字是可靠的；最末尾一位数字虽然欠准确，但也是有意义的，它表示该数的绝对误差不会大于最末尾一位数字的一个单位，即真值应为 5.36±0.01。这三位数字都称为有效数字，但最后一位数字又称为"欠准数字"。决不允许在它的后面任意添加一个 0 而写作 5.360，因为这种写法表示该数的前三位都是准确的，仅最末尾一个"0"是欠准的，测量误差应是±0.001，这不符合实际情况。反之，若电子天平最小分度是 0.001，测定结果就应写成 5.360 而不是 5.36。总之，数据的准确度仅取决于测试本身的精密度，而不会因为我们任意添加几位数字而变得更加准确，因而不允许随意增减。

需要特别说明的是，"0"这个数字，有时算有效数字，有时候却不能算。如前面已举过的 4507 中的 0，明显是有效数字；小数点后最末尾的 0，如 5.360 中的 0，也是有效数字；而一数最前面的零，如 0.4507 中最前面的那个 0，却不能算有效数字。

任意地增加数字的位数，不仅不能增加数据的准确度，不仅会使读者对测试结果的精确度作出错误判断，而且会无益地增大计算工作量。例如，两个 3 位数相乘，需运算 3×3＝9 次；而两个 6 位数相乘，就要运算 6×6＝36 次。因而正确地确定有效数字的位数，对于减少计算工作量具有重大意义。

在计算过程中，误差会传递，计算时应遵循以下运算原则：

（1）记录测量数值时，只保留一位欠准数字。

（2）除非另有规定外，欠准数字表示末位上有±1 个单位的误差。

（3）当有效数字位数确定后，其余数字应一律弃去。舍弃办法为"四舍六入五逢双"，既末尾有效数字后边的第一位数字大于 5，则在其前一位上增加 1，小于 5 则舍弃不计。等于 5 时，如前一位为奇数则增加 1，如为偶数则舍弃。例如，23.324、23.326 取 4 位有效数字分别为 23.32 和 23.33，而 23.325、23.335 取 4 位有效数字分别为 23.32 和 23.34。

（4）在加减法运算中，所得结果的位数，通常只保留到各个已知数都有的最后一位为止。某些数中过多的位数，可用舍弃的原则处理，然后再进行计算。例如，将 76.25 加

0.069 再减去 8.325 时，应写成 76.25+0.07−8.32＝68.00。

（5）在乘除法运算中，其积或商保留的有效数字位数与原来各个数中有效数字位数最少者相同。例如，在 $\dfrac{80.43 \times 1.05}{24 \times 7.146}$ 中，有效数字位数最小者为两位，则 $\dfrac{80.43 \times 1.05}{24 \times 7.146} =$ 0.49。

（6）在所有计算中，常数 π、e 的数值和 $\sqrt{2}$ 等的有效数字位数可根据需要确定。

上述规则只是在一般情况下通常采用的方法，在实际问题中，近似值的计算也可以根据具体情况，比上述规则多保留或少保留一位数字。

结合选矿试验中工艺计算的具体情况，原始数据一般是产品的质量和品位，要计算的主要是回收率。必须认识到算出的回收率数字的误差一般应大于质量误差和化验误差，因而其有效数字位数一般应小于质量和品位数据的位数。

有经验的选矿工作者都知道，回收率的绝对误差控制到不超过 1%～2% 都是很困难的，即使写成四位，如 86.15%，大家也会认识到 86 这个 6 都是不可靠的，再重复试验一次其结果就可能变为 84%、85% 或 87%、88%。但考虑到编制金属平衡时会碰到一些产品的回收率只有百分之几，若小数点后的数字都按四舍五入的方法去掉，就变成只剩下一位有效数字。对这些产品而言，相对误差就太大了。因而允许在小数点后再保留一位数字。这样，对于回收率在 10% 以上的数据，就有三位有效数字，对于回收率为 1%～10% 的数据，也有两位有效数字，均大体符合于数据本身的精确度。

10.3   试验结果的表示

科学实验工作中获得的大量原始数据常是杂乱无章的，只有通过整理，按照一定的形式表示出来，才便于分析其中的相互联系和变化规律。选矿试验中常用的表示方法有列表法和图示法两种，后者通常称之为可选性曲线。

10.3.1   列表法

选矿试验的数据，一般可分为自变数和因变数两类。如选矿工艺条件试验中，工艺条件就是自变数，对应的工艺指标就是因变数。列表法就是将一组试验数据中的自变数和因变数的各个对应数值按一定的形式和顺序一一地列出来。

列表法有许多优点：1）简单易作；2）不需要特殊纸张和仪器；3）形式紧凑；4）同一表内可表示几个变数间的关系而不混乱。

选矿试验中常用的表格可按其用途分为两类，一类是原始记录表，一类是试验结果表。原始记录表供试验时做原始记录用，要求表格形式具有通用性，能详细地记载全部试验条件和结果。由于其内容比较庞杂，记录顺序只能按实际操作的先后顺序，因而不便于观察自变数和因变数的对应关系，正式编写报告时一般还须重新整理，不能直接利用。可供参考的原始记录表的形式见表 10-2。

试验结果表是由原始记录表汇总整理而得，可以是一组试验一张表，也可以是每说明一个问题一张表。总的原则是要突出所考查的自变数和因变数，因而一般只将所要考查的那个试验条件列在表内，其他固定不变的条件则最好以注解的形式附在表下或直接在报告正文中说明。试验结果只列出主要指标（一般是 γ、β、ε），各个单元试验结果的排列顺序要与自变数本身的增减顺序相对应，这样就可鲜明地显示出自变数和因变数的相互关系和变化规律。表 10-3 是试验结果表的一种格式。

表 10-2　选矿试验记录表

试验项目＿＿＿＿＿＿　　　试验日期：　　年　　月　　日　　　室温：

试验编号	产品化验编号	产品名称	重量 G/g	产率 $\gamma/\%$	品位 $\beta/\%$		$G\beta$ 或 $\gamma\beta$		回收率 $\varepsilon/\%$		试验流程和条件

原始试样的名称和重量＿＿＿＿＿＿＿＿　　　＿＿＿＿＿＿＿试验组

表 10-3　硫化铜矿捕收剂用量试验结果

试验编号	产品名称	产率/%	品位/%	回收率/%	丁黄药用量 $/g \cdot t^{-1}$	备　注
1	精矿					
	尾矿				60	
	原矿					
2	精矿					
	尾矿				100	
	原矿					
3	精矿					
	尾矿				140	
	原矿					

往表中填写数据时应注意如下几点：

（1）数字为零时应记作"0"，数据空缺时记作"–"。

（2）有单位的数据，应统一将单位注在表头，而不要逐个地写入表中。

（3）同一列中的数据，小数点应上下对齐。

（4）过大过小的数值，应改用较大或较小的单位，或写作 $\times \cdot 10^n$ 或 $\times \cdot 10^{-n}$ 的形式，以免表中数字过于繁琐。

如 5000g/t，最好改写为 5kg/t；0.010kg/t 宜改为 10g/t；0.0002mol/L 应写成 $2×10^{-4}$ mol/L。

列表法有许多优点：1）简单易作；2）不需要特殊纸张和仪器；3）形式紧凑；4）同一表内可表示几个变数间的关系而不混乱；因此在选矿试验结果的处理中得到广泛应用。

10.3.2　图示法

用图形表示试验结果，可以更加简明直观、更加突出而清晰地显示出自变数和因变数之间的相互关系和变化规律，缺点是不可能将有关数据全部绘入图中。因而在原始记录和原始报告中总是图表并用，只是在以论文形式发表的报告中，有时才只用图而不用表。

选矿试验中常用的图示法有两类，一类是以工艺条件为横坐标，工艺指标为纵坐标，绘制（工艺指标）= f（工艺条件）的关系曲线（如图 10-1a 所示），式中工艺指标常为回收率、品位等指标，工艺条件常为磨矿细度、磁场强度、药剂用量等条件，用于直接根据工艺指标选取工艺条件；另一类纵坐标和横坐标均为工艺指标，如 $\varepsilon = f(\gamma)$、$\beta = f(\gamma)$、$\varepsilon_a = f(\varepsilon_b)$、$\beta_a = f(\beta_b)$ 等（如图 10-1b 所示），从中可以比较方便地判断产品的合理截取量。

图 10-1a 和图 10-1b 是某弱磁性铁矿石用强磁场磁力分析仪磁析结果的两种图示法。

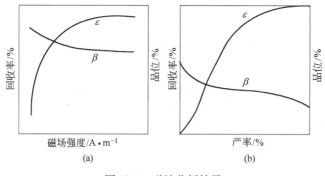

图 10-1　磁性分析结果

作图时应注意以下几点：

（1）坐标的分度应与试验误差相适应，即坐标的比例应该大小适当，做到既能鲜明地显示出试验结果的规律性变化，又不致将由试验误差引起的随机波动夸大为规律性的变化。

（2）只有两个试点时不应作图，三点一般用折线连接，至少要有四点才可描成曲线。

（3）曲线一般应光滑匀称，只有少数转折点。

（4）曲线不一定直接通过图上各点，但曲线所经过的地方应尽可能接近所有点。原因是任何试验均有误差，实验曲线实际上是按最小二乘法原理得出的回归方程的图形，实际测试值将以一定的概率波动在回归曲线两旁的一定范围内。

（5）位于曲线一边的点数应与另一边的点数相近，但并不要求相等。

（6）遇有远离光滑曲线的奇异点时，应补做试验加以校核。若校核试验的试点移至曲线附近，即表明原来的试验结果有问题，这时可将原来的数据舍弃而改用新的数据；若校核性试验结果同原试验结果接近，说明曲线确实在此处有较大转折，便应如实地将此绘出，而不应片面地追求光滑匀称。

用图形表示试验结果，能更加简明直观、突出而清晰地显示出自变数和因变数之间的相互联系和变化规律，缺点是不可能将有关数据全部绘入图中，因而在原始记录和原始报告中总是图表并用。

10.4　试验结果的评价

试验结果的评价，是指判断试验结果好坏的方法和标准，通常是用选矿技术指标和选矿效率指标作为综合判断质与量两个方面的标准。

选矿工艺上，通常用以判断选矿过程效率的指标有回收率 ε、品位 β、产率 γ、金属量 P、富矿比和选矿比等。这些指标都不能同时从数量和质量两个方面反映选矿过程的效率，例如，回收率和金属量是数量指标，品位和富矿比是质量指标，产率和选矿比若不同其他指标联用则根本不能说明问题。因此在实际工作中通常是联用其中两个指标，即一个数量指标（如回收率）和一个质量指标（如品位）。

用一对指标作判据，常会出现不易分辨的情况。例如，两个试验，一个品位较高而回收率较低，另一个品位较低而回收率较高，就不易判断究竟是哪一个试验的结果较好。因此长期以来，有不少人致力于寻找一个综合指标来代替用一对指标作判据的方法，为此提出了各式各样的效率公式。但由于选矿工艺过程的不同特点，对分离效率的要求往往不同，实际上无法找到一个通式来反映各种分选过程的效率。而只能是在不同情况下选择不同的判据，并在利用综合指标作为主要判据的时候，同时利用各个单独的质量指标和数量指标作辅助判据。

另一个评价选矿效率的方法是图解法，其实质也是利用一对指标作判据，当其中一个指标相同时，可利用图中曲线推断出另一个指标是高是低，因而不会出现不好比较的情况；其缺点是为连成曲线往往需要较多的原始数据，相应地试验工作量较大，因而不是在任何情况下都可采用。

10.4.1　选矿效率

选矿效率也称分选效率，是用以评价选矿过程好坏的综合性技术指标。包括数量指标回收率和质量指标品位等综合成一个单一的指标，能同时反映分离过程的量效率和质效率。

以分选效率的概念判断，选矿过程获得最高回收率，最小精矿产率，即在精矿中全部选出目的矿物，而不夹带脉石时，则分选效率最高。但实际分选过程中，要选出全部目的矿物而不夹带脉石时不可能的，因此，任何分选过程都不能达到最高效率。选矿作业应以最小精矿产率和最高精矿回收率为目标。但由于具体分选过程各有特点，人们对效率的概念及评比的目的有差异，从而评判效率的根据（判据）也就不同。

现仅就分选过程的不同特点，介绍两种常用分选效率公式。

（1）第一种分选效率公式

$$E = \frac{\varepsilon - \gamma}{100 - \alpha_0} \times 100 \tag{10-4}$$

式中　ε——金属在精矿中的回收率，%；

γ——精矿产率，%；

α_0——原矿中有用矿物的含量，%，若原矿中有用矿物成分含量很低，可用原矿有用成分的含量代替有用矿物的含量，而不致引起大的差异；

E——选矿效率，%。

第一种分选效率公式只有在分选过程要求精矿产率大、富矿比小、回收率高的情况下适用，如稀贵矿物的粗选、扫选常用这个公式。

（2）第二种分选效率公式

$$E = \frac{\varepsilon - \gamma}{100 - \gamma} \times \frac{\beta - \alpha}{\beta_{max} - \alpha} \times 100 \qquad (10\text{-}5)$$

$$E = \frac{\beta - \alpha}{\beta_{max} - \alpha} \times \varepsilon \qquad (10\text{-}6)$$

式中　β——精矿品位，%；

β_{max}——理论最高精矿品位，%，即纯矿物的品位；

α——原矿品位，%；

ε——金属在精矿中的回收率，%；

E——选矿效率，%；

γ——精矿产率，%。

当要求分选过程中富矿比大、精矿品位高时，可用第二种分选效率公式计算。

除此之外，根据经济效益评价选矿效率，原则上应该是很合理的，但由于经济效益往往受许多因素影响，因此目前尚没有找到一个合适的通用判据。

10.4.2　图解法

曲线图解法主要用于产品能用简单物理方法分离（重液分离、磁析、筛析、水析等）的场合。用它来评价试验结果的好坏，最终判据是单一数据，容易得出明确结论。

在一般情况下，其做法是首先将每个对比方案均按分批截取精矿的方法进行试验，然后绘制以横坐标为精矿产率、纵坐标为回收率的 $\varepsilon = f(\gamma)$ 等关系曲线；或绘制以横坐标为品位、纵坐标为回收率的 $\varepsilon = f(\beta)$ 等关系曲线。此时哪一个方案的曲线位置较高，其分选效率必然是较优的（见图10-2和图10-3）。因为在 $\varepsilon = f(\gamma)$ 图上，曲线位置较高，即意味着在相同精矿产率下 ε 较高，既然 γ 相同，ε 较高则 β 也必然较高；而在 $\varepsilon = f(\beta)$ 图中，曲线位置较高表明 β 相同时 ε 较高。这种曲线适用于重选、浮选、磁选、电选等可选性试验。

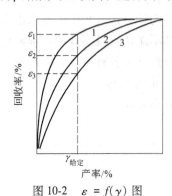

图 10-2　$\varepsilon = f(\gamma)$ 图

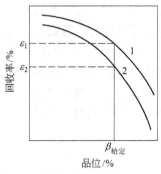

图 10-3　$\varepsilon = f(\beta)$ 图

用图解法评价选矿效率比用分选效率指标要确切可靠得多，但是为连成曲线往往需要较多的原始数据，相应地试验工作量较大，因而目前只是作为一种辅助的方法使用，在大多数情况下仍然是利用各种数字指标作判据。

10.5 试验报告的编写

试验报告是试验的总结和报道。

矿石可选性试验应说明的主要问题为：

（1）试验任务；

（2）试验对象——试样的来源和性质；

（3）试验的技术方案——选矿方法、流程、条件等；

（4）试验结果——推荐的选矿方案和技术经济指标。

为了说明试验条件同生产条件的接近程度和结果的可靠性，一般还要对所使用的试验设备、药品、试验方法和实验技术等作一扼要的说明。连续性选矿试验和半工业试验，特别是采用了新设备的，必须对所用设备的规格、性能以及与工业设备的模拟关系作出准确说明，以便能顺利地实现向工业生产的转化。

试验的中间过程，在报告的正文中只摘要阐述，以使阅读者了解试验工作的详细程度和可靠程度，确定最终方案的依据，以及在需要时可据此进行进一步的工作。详细材料可作为附件或原始资料存档。

试验报告通常可由下面几个部分组成：

（1）封面——报告名称、试验单位、编写日期等；

（2）前言或绪言——对试验任务、试样以及所推荐的选矿方案和最终指标作一简单介绍，使读者一开始即了解试验工作的基本情况；

（3）矿床特性和采样情况的简要说明；

（4）矿石性质；

（5）选矿试验方法和结果；

（6）结论——主要介绍所推荐的选矿方案和指标，并给以必要的论证和说明；

（7）附录或附件。

必要时可附参考文献。

供选矿厂设计用的试验报告，一般要求包括下列具体内容：

（1）矿石性质。包括矿石的物质组成，以及矿石及其组成矿物的理化性质。这是选择选矿方案的依据，不仅试验阶段需要，设计阶段也需要了解。因为设计人员在确定选厂建设方案时，并非完全依据试验工作的结论，在许多问题上还需参考现厂生产经验独立作出判断，此时必须有记载矿石性质的资料作为依据，才能进行对比分析。

（2）推荐的选矿方案。包括选矿方法、流程和设备类型（不包括设备规格）等，要具体到指明选别段数、各段磨矿细度、分级范围、作业次数等。这是对选矿试验的主要要求，它直接决定着选厂的建设方案和具体组成，必须慎重考虑。若有两个以上可供选择的方案、各项指标接近、试验人员无法作出最终决断时，也应尽可能阐述清楚自己的观点，并提出足够的对比数据，以便设计人员能据此进行对比分析。

（3）最终选矿指标，以及与流程计算有关的原始数据。这是试验部门能向设计部门提供的主要数据，但有关流程中间产品的指标往往要通过半工业或工业试验才能获得，实验室试验只能提供主要产品的指标。

（4）与计算设备生产能力有关的数据。如可磨度、浮选时间、沉降速度、设备单位负荷等，但除相对数字（如可磨度）以外，大多数要在半工业或工业试验中确定。

（5）与计算水、电、材料消耗等有关的数据。如矿浆浓度、补加水量、浮选药剂用量、焙烧燃料消耗等，但也要通过半工业和工业试验才能获得较可靠的数据，实验室试验数据只能供参考。

（6）选矿工艺条件。实验室试验所提供的选矿工艺条件，大多数只能给工业生产提供一个范围，说明其影响规律，具体数字往往要到开工调整生产阶段才能确定，并且在生产中也还要根据矿石性质的变化不断调节。因而除了某些与选择设备、材料类型有关的资料，如磁场强度、重介质选矿加重剂类型、浮选药剂品种等必须准确提出以外，其他属于工艺操作方面的因素，在实验室试验阶段主要是查明其影响规律，以便今后在生产上进行调整时有所依据，而不必过分追求其具体数字。

（7）产品性能。包括精矿、中矿、尾矿的物质成分和粒度、密度等物理性质方面的资料，作为考虑下一步加工（如冶炼）方法和尾矿堆存等问题的依据。

学 习 情 境

本章以选矿试验结果的处理为载体。学习与掌握选矿试验指标的计算方法、计算过程中有效数字的处理问题，了解试验结果的列表表示、图示与试验结果的评价方法，掌握试验报告编写的内容和编写方法。

复习思考题

10-1 选矿试验结果的列表法与图示法有何区别与联系，各有何优缺点？

10-2 选矿试验结果的评价方法有哪些，是如何评价的？

10-3 选矿试验报告的内容包括哪些，是如何编写的？

10-4 某钛铁矿选矿试验的铁粗精矿再磨-弱磁选试验结果见表 10-4，计算试验结果并写出计算过程。计算结果保留两位有效数字，并将计算结果填入表 10-4 内。

表 10-4 铁粗精矿再磨-弱磁选试验结果　　　　　　　　　　　　　　　　（%）

产品名称	质量/g	产率	品　位		$\gamma \times \beta$		回收率		备注
			TiO_2	Fe	TiO_2	Fe	TiO_2	Fe	
铁精矿	6482		23.40	53.32					
中矿	206		32.08	37.80					磁场
钛粗精矿	3037		36.76	30.26					强度
给矿（铁粗精矿）	9725								0.12T

11　选矿工艺参数的测定和生产流程考查

11.1　选矿工艺参数的测定

这里主要介绍一些常见选矿工艺参数的人工测定方法，或借助一些简单的仪器设备进行测定的方法；有关矿浆浓度、粒度等选矿工艺参数通过复杂的仪器设备进行自动测定方面的内容，可参阅其他相关文献。

11.1.1　生产能力的测定

11.1.1.1　湿式磨矿机生产能力的测定

A　按原矿量计算的磨矿机生产能力

在一定给矿粒度和产品粒度条件下，用单位时间内磨矿机处理的原矿量来计算磨矿机的生产能力，以 t/h 表示，常称为台时处理能力。其测定方法为：

（1）在磨矿机前安装有自动记录电子秤，可以较准确地测定磨矿机生产能力，以 t/（台·h）表示。

（2）磨矿机前如有胶带给矿机，可直接在给矿胶带上截取一定长度给矿量称重，再测出给矿胶带的运行速度，则磨矿机生产能力由下式求出：

$$Q = 3600Wv \tag{11-1}$$

式中　Q——磨矿机生产能力，t/（台·h）；

　　　W——一定长度胶带上的矿量，t/m；

　　　v——胶带运行速度，m/s。

（3）磨矿机前采用摆式或圆盘给矿机直接给入磨矿机中，可测出单位时间内摆式给矿机摆动的次数及每次摆动平均的给矿量；若为圆盘给矿机，可用在单位时间内截取矿量的办法求出磨矿机的生产能力。

B　按新生成级别计算的磨矿机单位容积生产能力

一般以 -0.074mm 为计算级别。测定时，首先必须测出磨矿机的生产能力，然后再测出磨矿机的给矿和分级机溢流中 -0.074mm 级别含量百分数，用下式计算磨矿机单位容积生产能力：

$$q = \frac{Q(\beta - \alpha)}{V} \tag{11-2}$$

式中　q——按新生成级别计算的磨矿机单位容积生产能力，t/（m³·h）；

　　　Q——磨矿机生产能力，t/（台·h）；

　　　β——分级机溢流中 -0.074mm 的含量，%；

α——磨矿机给矿中 -0.074mm 的含量,%;

V——磨矿机的有效容积,m^3。

11.1.1.2 分级效率的测定

测定时,从分级机的给矿、溢流及返砂中截取有代表性的矿浆,烘干、取样进行粒度分析,然后由下式计算分级效率:

$$E = \frac{(\alpha - \theta)(\beta - \theta)}{\alpha(\beta - \theta)(1 - \alpha)} \times 100\% \qquad (11\text{-}3)$$

式中　E ——分级效率,%

　　　α ——给矿中某一粒级的含量,%;

　　　β ——溢流中某一粒级的含量,%;

　　　θ ——返砂中某一粒级的含量,%。

11.1.1.3 返砂量和循环负荷率的测定

返砂量和循环负荷率的测定方法和步骤同分级效率的计算方法:

$$S_1 = \frac{\beta_1 - \alpha_1}{\alpha_1 - \theta_1} Q_1 \qquad (11\text{-}4)$$

$$C_1 = \frac{\beta_1 - \alpha_1}{\alpha_1 - \theta_1} \times 100\% \qquad (11\text{-}5)$$

$$S_2 = \frac{\beta_2 - \beta_1}{\alpha_2 - \theta_2} Q_2 \qquad (11\text{-}6)$$

$$C_2 = \frac{\beta_2 - \beta_1}{\alpha_2 - \theta_2} \times 100\% \qquad (11\text{-}7)$$

式中　S_1,S_2——第一、第二段磨矿的返砂量,t/h;

　　　C_1,C_2——第一、第二段磨矿的循环负荷率,%;

　　　α_1,α_2——第一、第二段磨矿机排矿中某一粒级含量,%;

　　　β_1,β_2——第一、第二段分级机溢流中某一粒级含量,%;

　　　θ_1,θ_2——第一、第二段分级机返砂中某一粒级含量,%;

　　　Q_1,Q_2——第一、第二段进入磨矿机的矿量,t/h。

除上述测定方法外,还可用测定磨矿机排矿、分级机溢流及返砂的液固比计算分级机的返砂量和循环负荷率。计算公式如下:

$$S = \frac{R_1 - R}{R_2 - R_1} Q \qquad (11\text{-}8)$$

$$C = \frac{R_1 - R}{R_2 - R_1} \times 100\% \qquad (11\text{-}9)$$

式中　S——返砂量,t/h;

　　　C——循环负荷率,%;

　　　R——分级机给矿的矿浆液固比;

　　　R_1——分级机返砂的矿浆液固比;

　　　R_2——分级机溢流的矿浆液固比;

　　　Q——进入磨矿机的矿量,t/h。

11.1.2　浮选时间的测定

根据浮选槽单位时间内通过的矿浆量来计算所需浮选时间，可由下式求出：

$$t = \frac{60Vnk}{Q_0\left(R + \dfrac{1}{\delta}\right)}$$（11-10）

式中　　　t——浮选作业时间，min；

V——浮选机的有效容积，m^3；

n——浮选机的槽数；

k——浮选机内所装矿浆体积与浮选机有效容积之比，一般取 $0.65 \sim 0.75$，泡沫层厚时取小值，反之取大值；

Q_0——处理干矿量，t/h；

δ——矿石的真相对密度；

$Q_0\left(R + \dfrac{1}{\delta}\right)$——矿浆体积，指单位时间内流过的矿浆体积，t/h。

11.1.3　矿浆相对密度、浓度和细度的测定

11.1.3.1　矿浆相对密度的测定

矿浆相对密度的测定方法为：取一定容积（一般为 1L）的容器，接满矿浆后称重，在已知容器重量时，可按下式求出矿浆相对密度：

$$\rho = \frac{P_3 - P_1}{P_2 - P_1}$$（11-11）

式中　ρ——矿浆相对密度；

P_1——容器质量，g；

P_2——容器和水质量，g；

P_3——容器和矿浆质量，g。

在已知干矿密度和矿浆浓度时，还可用下式求出矿浆相对密度：

$$\rho = \frac{Q + W}{\dfrac{Q}{\delta} + W} \quad 或 \quad \rho = \frac{\delta}{C + \delta(1 - C)}$$（11-12）

式中　Q——干矿量，t/h 或 kg/s；

W——水量，m^3/h 或 L/s（每 $1m^3$ 水的质量以 1t 计算）；

C——矿浆浓度，%；

δ——干矿相对密度。

在生产实践中，常利用公式（11-12）计算出矿浆的相对密度，编制矿浆相对密度与矿浆浓度换算表如表 11-1 所示。

11.1.3.2　矿浆浓度的测定

矿浆浓度是指矿浆中固体与液体质量之比，常以固体的含量百分数表示。

矿浆浓度测定，有人工测定和自动测定两种。人工测定方法包括烘干法和浓度壶法。

表 11-1 矿浆相对密度与矿浆浓度换算表

矿石相对密度		2.7	3.0	3.2	3.4	3.6	3.8	4.0	4.2	4.4	4.6	4.8	5.02
浓度/%	固/液	矿浆密度/kg·L^{-1}											
5	0.053	1.033	1.035	1.036	1.037	1.038	1.038	1.039	1.039	1.040	1.041	1.041	1.042
10	0.111	1.067	1.071	1.074	1.076	1.078	1.080	1.081	1.082	1.084	1.085	1.086	1.087
12	0.136	1.082	1.087	1.090	1.093	1.094	1.097	1.099	1.100	1.101	1.103	1.105	1.106
14	0.163	1.097	1.103	1.107	1.110	1.113	1.115	1.117	1.119	1.121	1.123	1.125	1.126
16	0.193	1.112	1.119	1.124	1.127	1.130	1.134	1.136	1.139	1.141	1.143	1.145	1.147
18	0.220	1.128	1.136	1.141	1.146	1.149	1.153	1.156	1.159	1.161	1.164	1.165	1.168
20	0.250	1.144	1.154	1.159	1.164	1.168	1.174	1.176	1.180	1.183	1.186	1.188	1.191
22	0.282	1.161	1.172	1.178	1.184	1.189	1.194	1.198	1.201	1.204	1.208	1.212	1.214
24	0.316	1.178	1.190	1.198	1.204	1.210	1.215	1.220	1.224	1.228	1.231	1.234	1.238
26	0.351	1.195	1.210	1.218	1.224	1.231	1.237	1.242	1.247	1.251	1.255	1.259	1.263
28	0.389	1.214	1.230	1.238	1.246	1.253	1.260	1.266	1.271	1.276	1.281	1.285	1.289
30	0.429	1.233	1.250	1.260	1.269	1.276	1.284	1.290	1.296	1.302	1.307	1.312	1.316
32	0.471	1.253	1.271	1.282	1.292	1.300	1.309	1.316	1.322	1.328	1.334	1.339	1.344
34	0.515	1.273	1.292	1.305	1.315	1.324	1.334	1.342	1.350	1.356	1.362	1.368	1.373
36	0.563	1.293	1.316	1.329	1.341	1.351	1.361	1.370	1.378	1.385	1.392	1.399	1.405
38	0.613	1.314	1.340	1.354	1.367	1.378	1.389	1.399	1.408	1.416	1.423	1.430	1.437
40	0.667	1.337	1.364	1.377	1.393	1.405	1.418	1.429	1.438	1.447	1.456	1.463	1.471
42	0.724	1.360	1.389	1.406	1.421	1.435	1.448	1.460	1.471	1.480	1.490	1.498	1.506
44	0.786	1.383	1.415	1.436	1.451	1.465	1.480	1.493	1.504	1.515	1.525	1.534	1.543
46	0.852	1.408	1.442	1.463	1.481	1.498	1.513	1.527	1.540	1.551	1.562	1.573	1.582
48	0.923	1.433	1.471	1.493	1.512	1.529	1.547	1.563	1.577	1.589	1.602	1.613	1.623
50	1.000	1.459	1.500	1.524	1.545	1.564	1.583	1.600	1.615	1.629	1.643	1.655	1.667
52	1.083	1.487	1.531	1.556	1.580	1.603	1.621	1.639	1.656	1.672	1.686	1.700	1.712
54	1.174	1.515	1.562	1.590	1.616	1.639	1.661	1.681	1.700	1.716	1.732	1.747	1.761
56	1.273	1.545	1.596	1.626	1.654	1.680	1.702	1.724	1.744	1.763	1.780	1.796	1.812
58	1.381	1.575	1.630	1.663	1.695	1.721	1.746	1.770	1.791	1.812	1.831	1.849	1.866
60	1.500	1.607	1.667	1.702	1.735	1.765	1.793	1.818	1.842	1.864	1.885	1.905	1.923
62	1.632	1.640	1.705	1.743	1.778	1.811	1.842	1.869	1.895	1.920	1.943	1.964	1.984
64	1.778	1.675	1.743	1.786	1.823	1.859	1.892	1.923	1.953	1.978	2.004	2.027	2.049
66	1.941	1.711	1.785	1.831	1.872	1.911	1.947	1.980	2.012	2.041	2.068	2.094	2.119
68	2.125	1.749	1.829	1.878	1.923	1.966	2.004	2.041	2.075	2.107	2.138	2.166	2.193
70	2.333	1.788	1.875	1.927	1.971	2.023	2.065	2.105	2.143	2.178	2.212	2.243	2.273
72	2.571	1.829	1.923	1.980	2.033	2.083	2.130	2.174	2.215	2.254	2.291	2.326	2.359
74	2.846	1.872	1.972	2.036	2.094	2.148	2.199	2.247	2.293	2.335	2.376	2.414	2.451
76	3.167	1.918	2.027	2.094	2.157	2.214	2.273	2.326	2.381	2.423	2.468	2.511	2.551
78	3.545	1.965	2.083	2.156	2.225	2.290	2.351	2.410	2.465	2.517	2.567	2.614	2.660
80	4.000	2.015	2.143	2.222	2.298	2.368	2.436	2.500	2.561	2.619	2.674	2.727	2.778
82	4.556	2.067	2.206	2.292	2.374	2.452	2.527	2.597	2.665	2.730	2.791	2.850	2.907
84	5.250	2.122	2.272	2.367	2.457	2.542	2.624	2.703	2.778	2.850	2.919	2.981	3.049

A 烘干法

取一定量有代表性的矿浆试样称重，得矿浆的总质量，然后烘干，称量固体质量，按下式进行计算：

$$C = \frac{Q}{G} \times 100\% = \frac{Q}{Q + W} \times 100\% \tag{11-13}$$

式中 Q——矿浆中固体质量，g；

  W——矿浆中水的质量，g；

  G——矿浆质量，g。

用烘干法测定矿浆浓度需经一定时间才能得出结果，生产现场一般用浓度壶测定。

B 浓度壶法

由于检查浓度是经常性的检验工作，为了适应及时调节工艺流程的需求，省去现场每次测定浓度的计算工作，方便操作，有利于及时调整浓度，选矿厂一般都根据选别不同过程的矿物密度，针对容积一定、质量已知的浓度壶，算出某一矿浆质量下的浓度。即将不同矿浆质量 G，换算成不同的矿浆浓度 C，然后制成一一对应的表格，通称为矿浆浓度查对表。

选矿厂常用的浓度壶容积有 1000mL、500mL、250mL 等，其结构如图 11-1 所示。为使浓度和细度的测定尽可能准确，对于粒度组成较不均匀的矿浆，如球、棒磨排矿可采用 500~1000mL 的浓度壶进行测定；对于粒度组成较均匀的矿浆，如分级机或旋流器的溢流，重选、浮选、湿式磁选各作业的矿浆，可用 250~500mL 的浓度壶进行测定。

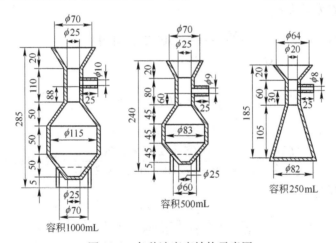

图 11-1 各种浓度壶结构示意图

编制浓度壶表必须知道的三要素是：矿石相对密度 δ、浓度壶容积 V 和浓度壶质量 q。具体编制方法和计算公式如下：

利用不同的矿浆浓度，算出固体质量，其计算公式为：

$$C = \frac{Q}{G} \times 100\% = \frac{Q}{Q + W} \times 100\% = \frac{Q}{Q + \left(V - \frac{Q}{\delta}\right)} \times 100\% \tag{11-14}$$

式中 V——浓度壶容积，mL；

其他符号意义同前。

根据公式（11-14），可以算出在不同的矿浆浓度下，相应的固体质量，列成如表 11-2 所示的矿浆浓度查对表。表中数值是在浓度壶容积为 250mL、浓度壶质量为 200g、矿石相对密度为 2.70 时计算得来的。

表 11-2　矿浆浓度查对表

浓度/%	壶加矿浆质量 /g	固体质量 /g	浓度/%	壶加矿浆质量 /g	固体质量 /g
5	458.2	12.91	15	476.1	41.41
6	459.8	15.59	16	478.0	44.48
7	461.6	18.31	17	479.9	47.59
8	463.3	21.06	18	481.9	50.75
9	465.0	23.85	19	483.9	53.95
10	466.8	26.68	20	486.0	57.20
11	468.6	29.55	21	488.1	60.50
12	470.4	32.45	22	490.2	63.84
13	472.3	35.40	23	492.3	67.24
14	474.2	38.38	24	494.5	70.68

例 11-1　已知矿石相对密度 $\delta = 2.70$，浓度壶容积 $V = 250\text{mL}$，壶重 200g，当矿浆浓度为 5.0% 时，求矿浆中的固体质量 Q、矿浆质量 G、浓度壶和矿浆的质量 G_1？

解：（1）求固体质量 G_1

根据公式（11-14）$C = \dfrac{Q}{Q + (V - \dfrac{Q}{\delta})} \times 100\%$，可得

$$CQ + CV - \frac{CQ}{\delta} = Q，CQ\delta + CV\delta - CQ = Q\delta$$

$$Q(C + \delta - C\delta) = CV\delta$$

$$Q = \frac{CV\delta}{C + \delta - C\delta} = \frac{0.05 \times 250 \times 2.70}{0.05 + 2.70 - 0.05 \times 2.70} = 12.91(\text{g})$$

（2）求矿浆质量 G

$$C = \frac{Q}{G}，G = \frac{Q}{C} = \frac{12.91}{0.05} = 258.2(\text{g})$$

（3）浓度壶和矿浆的质量 G_1

$$G_1 = 200 + 258.2 = 458.2(\text{g})$$

浓度壶的测定方法为：

（1）先校正台秤（或粗天平）的零点；

（2）检查空浓度壶的质量与体积，是否与所查浓度表相符；

（3）按照取样规定，用取样勺采取矿浆试样，小心谨慎地将所采样品倒入浓度壶中，在倒入过程中轻轻地摇动取样勺、不使矿浆沉淀，并将勺中矿浆全部倒入壶中，直到浓度壶溢流口有矿浆流出时为止；待溢流口矿浆停止流动时，用食指捂住溢流口以防壶中矿浆

溢出；

（4）用抹布将浓度壶外壁揩净，在秤盘上进行称重；

（5）根据称得的壶加矿浆总质量，即可在浓度表上查出矿浆浓度。

11.1.3.3 矿浆细度的测定

选矿厂矿浆细度的测定主要是指分级溢流的细度，通常是指-0.074mm 级别的质量百分含量。因此对分级溢流细度的检查，就是用筛孔为 0.074mm 的标准筛，对矿浆试样进行筛析。其筛下质量与试样质量之百分比，就是被检查的矿浆细度。

（1）对分级溢流细度的检查，分为以下步骤：

1）按取样要求采取分级溢流样品，盛满容积一定的浓度壶；

2）称重，记下壶加矿浆质量；

3）将浓度壶中矿浆试样，全部干净地倒在筛孔为 0.074mm 的标准筛中进行湿筛；若固体含量多，一次倒入筛中的量太多，可分几次倒入，直至小于筛孔的筛下粒级已筛净，即筛分终点；

4）将筛上物重新倒入浓度壶中，并注满清水；

5）再次称重，记下质量；

6）根据第一次称重的壶加矿浆质量，即可在浓度表上查出矿浆浓度，并记下其中的固体（即矿石）总重量；

7）根据第二次称重，由浓度表上查出筛上固体（即矿石）的质量；

8）筛上固体质量与固体总质量之百分比，就是矿浆中大于 0.074mm 级别的含量；

9）矿浆细度可由公式（11-15）求得：

$$矿浆细度 = \left(1 - \frac{筛上矿石量}{矿石总量}\right) \times 100\% \qquad (11\text{-}15)$$

（2）若没有编制好的矿浆浓度查对表，那么筛上粒级的百分质量可由公式（11-16）进行计算。

$$\gamma_d = \frac{q - (V + b)}{Q - (V + b)} \times 100\% \qquad (11\text{-}16)$$

式中　γ_d——筛上某粒级质量百分比，%；

Q——筛前矿浆重加容器皮重，g；

q——筛后矿物重加水加容器皮重，g；

b——容器皮重，g；

V——矿浆在浓度壶或量筒中所占的容积，mL。

11.1.4 矿浆酸碱度和充气量的测定

11.1.4.1 矿浆酸碱度的测定

浮选矿浆酸碱度的高低，显著地影响着各种药剂的作用和矿物的可浮性，最终反映到对浮选指标的影响。而酸碱度又是由矿浆中加入调整剂的多少来调节的。检查酸碱度的目的，是为了控制调整剂（如石灰、氢氧化钠、硫酸等）在合适的用量范围内，以适应浮选的要求。

酸碱度的测定方法，可分为指示剂法、电位测定法和滴定法。

A　指示剂法

指示剂是一种有机弱酸或有机弱碱，其分子未经电离以前与电离以后具有不同的颜色。各种指示剂有其一定的指示氢离子浓度的范围，当溶液中氢离子浓度不同时，指示剂将显示不同颜色的转变。例如，当酚酞在酸性溶液中离解很少，为无色；在碱性溶液中完全离解，呈鲜红色。甲基橙在酸性溶液内带红色，在碱性溶液中带黄色。鉴于此，可用pH试纸和比色法测得溶液的pH值：

用pH试纸测定pH值，是将这种纸条用矿浆浸湿，对照pH比色纸的颜色变化估计大致的pH值。此法简便，速度快，但欠准确。

比色法，是取出一定矿浆试样，澄清或离心，取一定量的澄清液（如5~10mL）置于试管内，加入定量（几滴）的指示剂，指示剂在溶液中将显示颜色，将该试管与已知pH值的标准比色管相对比，从而确定pH值。

B　电位测定法

电位测定法其原理是利用一对电极在不同pH值溶液中产生不同电动势，再由电动势与pH值的一定关系确定pH值。

国产各种类型酸度计的工作原理是用电位法测定pH值的。主要是利用一对电极在不同pH值溶液中产生不同的电动势，这对电极一支为玻璃电极，系指示电极；另一支为甘汞电极，系参比电极。在测定pH值过程中，指示电极是随着被测溶液pH值而变化的，而参比电极与被测溶液无关，仅起盐桥作用。

C　滴定法

矿浆pH值很高时，用比色法不准确，应采用酸碱中和滴定法。其原理就是将加石灰形成的高碱度矿浆试样，用已知标准的酸去中和，然后从所耗的酸量，计算出碱量。

滴定法具体操作：采取矿浆试样静置或离心澄清，用刻度试管吸取澄清液50mL放入烧瓶，滴入指示剂（如酚酞指示剂），使澄清液变为红色。然后用预先标定的已知酸度的滴定溶液进行滴定，小心逐滴加入并摇动烧瓶，直至恰恰出现变色时为止，从滴定管的刻度读出滴定所耗用的酸量，于是可用下式算出矿浆的碱度。

如滴定时耗用的酸量为 amL，进行滴定的矿浆溶液的容积为 bmL，标准液的摩尔浓度为 M，氧化钙的摩尔质量为 $R = 40.08 + 16 = 56.08$，则矿浆的碱度，也就是矿浆中纯氧化钙的含量为

$$x = \frac{aRM}{b}(\text{g/mL}) \tag{11-17}$$

这种滴定法测出的碱度，称为"有效氧化钙量"。因为石灰的品质变化不定，所以称量干石灰用量不能控制矿浆的pH值，而应及时取样测定碱度，为调节矿浆pH提供依据。

11.1.4.2　矿浆充气量的测定

矿浆充气量是指矿浆中充入空气的体积，一般以充入矿浆中的空气体积（$Q_气$）与总矿浆体积（即矿浆本身体积 $Q_浆$ 和充入空气体积 $Q_气$ 的总和）之比，作为度量单位，称为充气系数：

$$\text{充气系数} = \frac{Q_气}{Q_浆 + Q_气} \tag{11-18}$$

一般适宜的充气系数为 0.25~0.35。

充气量的测量：实验室小型浮选机的充气量，可用通用的转子流量计测量；工业生产可用量筒测量。

量筒测量法，是用一个 0.5~1L 的量筒，测量前将量筒装满水，盖上盖子，要盖严密，然后把量筒倒过来，浸入矿浆中，浸入深度约达量筒半腰处。把浸在矿浆内的盖子打开，同时开动秒表测定时间。这时矿浆中的空气逐步进入量筒，充满量筒的上部，待空气充满量筒一定体积时，同时记下气体充满该一定体积的时间，即可计算出充气量。

如气体充满量筒至一定体积的时间为 $t(s)$；量筒充气部分体积为 $V(cm^3)$；量筒的平面积为 $A(cm^2)$。

则单位时间（t）内每平方厘米量筒面积充入的空气量 q 为：

$$q = \frac{V}{At} (cm^3/(cm^2 \cdot s)) \tag{11-19}$$

11.1.5 药剂浓度和用量的测定

11.1.5.1 药剂浓度的测定

（1）易溶解于水的药剂（如碳酸钠）浓度的测定

利用测药液密度的方法（已确定的药剂浓度其密度为一个定值）间接测出。取已配好的药剂溶液 200~350mL，放在容器中（一般用 250~500mL 烧杯），将波美密度计轻轻地放进容器内，使其在药液中漂浮。待其稳定后，观察药液断面交界处的浮标密度刻度即为药剂溶液的密度。将实测的药液密度与已确定的药液密度进行核对，即可知药液的浓度。

（2）较难溶解于水的脂肪酸药剂（如塔尔油）浓度的测定

先将已配好的药液取样进行化学分析，测其脂肪酸的含量（已确定的药剂浓度其脂肪酸的含量是个定值）后，即可间接得出其浓度。

11.1.5.2 药剂用量的测定

液体药剂多采用斗式给药机或用虹吸管给药。测定时，用量筒在给药处截取一定时间的药液，算出每分钟的药液体积，然后用下式算出药剂用量：

$$q = \frac{60P\delta A}{Q_0} \tag{11-20}$$

式中　q——每吨矿规定的加药量，g/t；

　　　P——药剂浓度，%；

　　　δ——药液相对密度；

　　　A——每 1min 添加药液量的体积，mL/min；

　　　Q_0——处理矿量，t/h。

若实测药液用量与需要不符时，则应根据需要进行调整。

11.2　选矿厂工艺流程考查

流程考查是在选矿厂的工艺流程中，调查分析影响此工艺过程正常进行的各种因素，揭露其内在联系，为提出解决的方法提供依据，因此流程考查是了解选矿厂的生产情况，查明生产中的薄弱环节的手段之一。选矿厂一般都要定期或不定期地进行流程考查。

11.2.1 选矿厂流程考查的目的和分类

A 选矿厂流程考查的目的

（1）了解选矿工艺流程中各作业、各工序、各机组的生产现状和存在问题，并对生产工艺流程在质和量上进行全面分析和评价；

（2）为制订和修改技术操作规程提供依据；

（3）为总结各工序的设计和生产技术工作的经验提供资料；

（4）查明生产中出现异常情况的原因，提出改进的措施和解决的办法；

（5）查明尾矿中目的矿物的金属损失分析和粒度分析；

（6）选矿试验厂的流程考查资料可为设计提供依据。

B 流程考查分类

（1）单元考查。对选矿工艺的某个作业进行测定，如破碎筛分流程考查、磨浮流程考查等。

（2）机组考查。对两个以上相互联系的作业进行测定，如筛分和跳汰机组测定，水力分级和摇床机组测定等。

（3）数质量流程考查。这种测定规模比较大，取样点多，根据工作量大小不同，又可分为全厂流程考查和局部（主要段别）流程考查。

重选厂由于流程比较复杂，所以进行全厂流程考查较少，而进行局部流程考查较多。

11.2.2 流程考查的工作内容

为进行全厂的流程考查，一般要求提出如下资料：

（1）原矿性质，包括化学组成、矿物组成、粒度组成、含泥率、原矿石的真假密度（包括有用矿物、脉石和围岩）、原矿中有用矿物的嵌布特性；

（2）选矿厂数质量流程图和矿浆流程图；

（3）各主要设备的选别效果（精矿品位和回收率）和操作条件；

（4）某些辅助设备的效率及对选矿过程的影响（如筛分设备）；

（5）全厂总回收率和分段回收率，最终产品各粒级的金属占有率，出厂产品的质量情况；

（6）各设备的规格及技术操作条件；

（7）金属流失情况及其原因；

（8）其他各项选矿技术经济指标（如作业成本、劳动生产率）。

11.2.3 流程考查中试样的采取及试样的处理

11.2.3.1 确定取样点

每次流程考查必须有明确的目的和要求，在此前提下，先画出生产流程图，对各产物和各作业编号，然后根据流程考查的目的和要求确定各取样点和各产物试样种类。一般情况，对单金属矿石选别流程，每个作业的原、精、尾矿都是必需的取样点。

在确定取样点时，应按计算流程所必须的和充分的原始指标数目而定。必需的原始数据数目 N 可按下式求得：

$$N = C(n - a) \tag{11-21}$$

式中　N——计算流程所必需的原始指标数目（不包括已知的原矿指标）；

　　　C——每一作业可列出的平衡方程式数目，单金属 $C=2$，双金属 $C=3$，三金属 $C=4$；

　　　n——计算流程时所涉及的全部选别产品数目；

　　　a——计算流程时所涉及的全部选别作业数目。

图 11-2 是某硫化铜矿选别流程取样点的布置实例。该流程中除原矿外，选别产品总数 $n=14$，选别作业数目 $a=7$，可列出的平衡方程式数目 $C=2$，计算数质量流程所必需的原始指标总数

$$N = C(n - a) = (14 - 7) \times 2 = 14$$

根据流程计算必需的原始指标总数确定取样点。流程考查中，产物的产量一般都难以测准，所有浮选作业的精矿和尾矿都取化学分析试样，得出品位指标，以便用品位计算产率。图 11-2 取样流程中，选择了七个浮选作业的精矿和尾矿（包括泡沫产品和槽内产品共 14 个产物）作为化验试样取样点，从而可得到 14 个产物的品位指标作为计算数质量流程的原始指标。另外，为了校核流程计算的结果，除了这 14 个取样点外，取样流程中还多取了一个产物 8 的化验样。在某些情况下，还可多增加几个辅助取样点，以防某一取样点有问题时，作为补充取样点。

图 11-3 为某铁矿按磁选、重选联合流程取样点的布置实例。该流程的主要特点是：由于磁选和重选作业均有三个产品，单取品位指标不能满足按公式

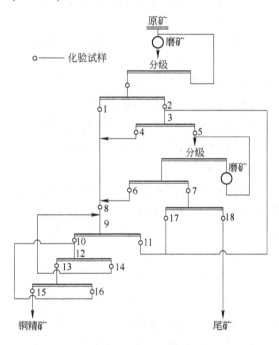

图 11-2　某铜矿浮选取样流程
1~18—分别表示取样点的位置和产品的编号

（11-21）计算需必需的原始指标数目，所以在取样流程中增加了精矿计重样。另外，为了计算磨矿流程和矿浆流程，在该取样流程中确定了筛析样和浓度样的取样点。

综合以上两个例子，取样点的确定必须注意以下两点：

（1）选定的取样点的产品应该是生产中最稳定、影响最大而易于测定的产物。如浮选这种得出两个产物的选别作业，应该选取精矿和尾矿的化验样；产出三种产物的重选作业，除了选取精矿、中矿、尾矿的化验样外，还应取精矿的重量试样。

（2）另外，还应根据生产的特点和可能遇到的技术问题确定取样点。例如同一调和槽的矿浆分配在两个平行系列的浮选机进行选别，此时就不能只在一个取样点取样作为两个平行浮选系列的给矿化验品位，而应分别取给矿化验试样，以避免因矿浆分配不均匀而产

生的误差。又如图 11-2 中产品 1、4、6 混合成产品 8，当这三个产品混合在一根矿浆管道由砂泵转送到一次精选时，则产品 8 可以取样。若要采取产品 12 的样品就不可能，因为产品 12 是由产品 10 和产品 16 合并的，实际上产品 10 和产品 16 是各以不同的管道直接进入二次精选作业的。

11.2.3.2　流程考查中的取样

取样前必须准备好取样的工具和容器，并将各容器按取样点编号，以免错乱；之后，在各取样点由指定的取样人员按计划用正确取样方法定时取样。

为了使所取试样具有代表性，一般都是每隔半小时或 1 小时取一次样。若处理的矿石性质比较均匀，则连续取 6~8 次样，所得之混合试样作为流程考查的代表性试样；若处理的矿石性质不均匀，则应延长取样时间和增加取样次数，否则会影响试样的代表性。

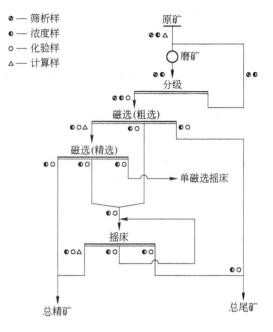

图 11-3　铁矿磁选、重选取样流程实例

必须保证必要的试样重量，所取试样重量的多少取决于试样的用途。若某一产物的试样分析的项目较多（如化学分析、粒度分析、磁性分析），则要求的试样重量也多。又如某一产物的浓度较低，要求的试样重量较多，可考虑在每次取样时增加截取次数或延长截取时间，以增加试样的重量。

11.2.3.3　试样处理

试样取完以后，要对所取样品进行必要的处理。首先把试样澄清抽水，然后烘干，将烘干的试样按所确定的试样种类取出各种试样。

在试样处理过程中，必须保证每份试样都有代表性，要求按正确的方法进行混匀和缩分。

11.3　流　程　计　算

11.3.1　流程计算的基本原则

流程计算的目的在于确定流程中各产物的工艺指标，即产物的重量、产率、品位、金属量和回收率等。在某些情况下，还要计算出作业回收率、富集比和选矿比。确定流程计算的条件，都必须具有一定数量的已知条件，这些已知条件的数目是必要而充分的原始数据。其选择原始数据的个数，可根据流程计算的要求合理地选择。选取原则如下：

（1）所选取的原始指标应该是生产过程中最稳定、影响最大且必须加以控制的指标。

（2）对于同一产物，不能同时选取产率、品位和回收率作为原始指标，因为对同一产物，只要知道其中两个指标，通过三者的函数关系，就可计算出第三个指标。否则，会使原始指标的选取不足，导致流程无法计算。

（3）对于同一产物所选取的指标，不能同时是产率和回收率，应该是产率和品位，或者是回收率和品位。

流程计算的程序，对全流程而言，应由外向内计算，即先计算流程的最终产物的全部未知数，然后计算流程内部的各个工序。对工序（或循环）而言，应一个工序一个工序进行计算；对产物而言，应先算出精矿的指标，然后用相减的原则算出作业尾矿指标；对指标而言，应先算出产率，然后依次算出回收率和品位。计算结果都要校核平衡，先校核产率，再校核回收率。

流程计算的方法，就是根据各个作业进出产品的重量（或产率）平衡和金属量平衡关系计算未知的产率 γ、回收率 ε 和品位 β 值。其计算方法随产品和金属品种的增加，相应地也变得比较复杂了。

11.3.2 流程计算实例

这里以某铜锡硫化矿选矿厂浮选作业的流程考查为例，介绍流程的计算方法。

11.3.2.1 浮选工艺流程和取样点的确定

该厂处理的矿石为铜锡多金属硫化矿，由于铜和锡矿物的嵌布不均匀，需要在适当细磨的条件下，使铜矿物和锡矿物得到充分解离，有利于铜、锡的分别回收。因此，浮选作业的考查目的，就是要分析锡金属率在泡沫产品中的损失情况，同时，铜矿物能否在浮选中得到充分回收。其浮选工艺流程见图 11-4，取样数据见表 11-3。

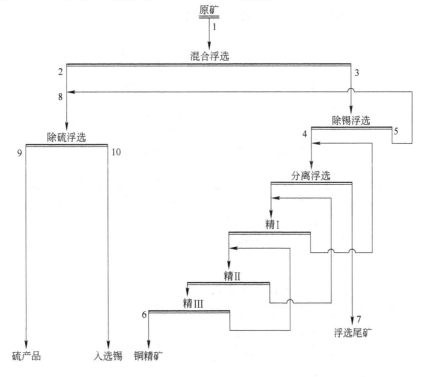

图 11-4 浮选工艺流程图

表 11-3　浮选作业取样数据　　　　（％）

产品编号	作业名称	取样点考查项目				
		产率	铜品位	锡品位	铜回收率	锡回收率
1	原　矿	100	0.478	1.377	100	100
2	混合浮选尾矿		0.057	1.515		
3	混合浮选泡沫		2.530	0.570		
4	除锡浮选泡沫		3.190	0.467		
5	除锡浮选尾矿		0.154	0.497		
6	铜　精　矿	1.98	16.27	0.746		
7	分离浮选尾矿		0.450	0.407	76.95	1.070
8	除硫浮选给矿					
9	除硫浮选泡沫		0.399	1.138		
10	进入重选产品		0.048	1.508		

11.3.2.2　数、质量流程计算

依据取样考查项目所得的原始数据，按照工艺流程的量和金属平衡关系，分别计算各作业产品的产率 γ、品位 β 和回收率 ε，可得到如下结果。

A　铜的产率及回收率计算

$$\varepsilon_{Cu_3} = \frac{\beta_{Cu_3}(\alpha_{Cu} - \beta_{Cu_2})}{\alpha_{Cu}(\beta_{Cu_3} - \beta_{Cu_2})} \times 100\% = \frac{2.53 \times (0.478 - 0.057)}{0.478 \times (2.53 - 0.057)} \times 100\% = 90.11\%$$

$$\varepsilon_{Cu_2} = 100\% - \varepsilon_{Cu_3} = 100\% - 90.11\% = 9.89\%$$

$$\gamma_3 = \frac{\alpha_{Cu} - \beta_{Cu_2}}{\beta_{Cu_3} - \beta_{Cu_2}} \times 100\% = \frac{0.478 - 0.057}{2.53 - 0.057} \times 100\% = 17.02\%$$

$$\gamma_2 = 100\% - \gamma_3 = 100\% - 17.02\% = 82.981\%$$

$$\gamma_4 = \gamma_3 \times \frac{\beta_{Cu_3} - \beta_{Cu_5}}{\beta_{Cu_4} - \beta_{Cu_5}} = 17.02\% \times \frac{2.53 - 0.154}{3.19 - 0.154} = 13.32\%$$

$$\gamma_5 = \gamma_3 - \gamma_4 = 17.02\% - 13.32\% = 3.70\%$$

$$\varepsilon_{Cu_4} = \varepsilon_{Cu_3} \times \frac{\beta_{Cu_4}(\beta_{Cu_3} - \beta_{Cu_5})}{\beta_{Cu_3}(\beta_{Cu_4} - \beta_{Cu_5})} = 90.11\% \times \frac{3.19 \times (2.53 - 0.154)}{2.53 \times (3.19 - 0.154)} = 88.92\%$$

$$\varepsilon_{Cu_5} = \varepsilon_{Cu_3} - \varepsilon_{Cu_4} = 90.11\% - 88.92\% = 1.19\%$$

$$\varepsilon_{Cu_6} = \varepsilon_{Cu_4} - \varepsilon_{Cu_7} = 88.92\% - 76.95\% = 11.97\%$$

$$\gamma_7 = \gamma_4 - \gamma_6 = 13.32\% - 1.98\% = 11.34\%$$

$$\varepsilon_{Cu_8} = \varepsilon_{Cu_5} + \varepsilon_{Cu_2} = 1.19\% + 9.89\% = 11.08\%$$

$$\gamma_8 = \gamma_2 + \gamma_5 = 82.98\% + 3.70\% = 86.68\%$$

$$\beta_{Cu_8} = \frac{\varepsilon_{Cu_8} \times \alpha_{Cu}}{\gamma_8} = \frac{11.08 \times 0.478}{86.68} = 0.061\%$$

$$\gamma_7 = \gamma_4 - \gamma_6 = 13.32\% - 1.98\% = 11.34\%$$

$$\gamma_9 = \gamma_8 \times \frac{\beta_{Cu_8} - \beta_{Cu_{10}}}{\beta_{Cu_9} - \beta_{Cu_{10}}} = 86.68\% \times \frac{0.061 - 0.048}{0.399 - 0.048} = 3.21\%$$

$$\varepsilon_{Cu_9} = \gamma_9 \times \frac{\beta_{Cu_9}}{\alpha_{Cu}} = 3.21\% \times \frac{0.399}{0.478} = 2.68\%$$

$$\gamma_{10} = \gamma_8 - \gamma_9 = 86.68\% - 2.68\% = 84.00\%$$

$$\varepsilon_{Cu_{10}} = \varepsilon_{Cu_8} - \varepsilon_{Cu_9} = 11.08\% - 2.68\% = 8.40\%$$

B　锡的金属率和品位计算

根据各浮选作业计算得到的产率，则作业锡品位和金属率为：

$$\varepsilon_{Sn_2} = \gamma_2 \times \frac{\beta_{Sn_2}}{\alpha_{Sn}} = 82.98\% \times \frac{1.515}{1.377} = 91.30\%$$

$$\varepsilon_{Sn_3} = 100\% - \varepsilon_{Sn_2} = 100\% - 91.30\% = 8.70\%$$

$$\varepsilon_{Sn_4} = \gamma_4 \times \frac{\beta_{Sn_4}}{\alpha_{Sn}} = 13.32\% \times \frac{0.467}{1.377} = 4.521\%$$

$$\varepsilon_{Sn_5} = \varepsilon_{Sn_3} - \varepsilon_{Sn_4} = 8.70\% - 4.52\% = 4.181\%$$

$$\varepsilon_{Sn_8} = \varepsilon_{Sn_2} + \varepsilon_{Sn_5} = 91.30\% + 4.81\% = 95.48\%$$

$$\varepsilon_{Sn_7} = \varepsilon_{Sn_4} - \varepsilon_{Sn_6} = 4.52\% - 1.07\% = 3.45\%$$

$$\beta_{Sn_8} = \frac{\varepsilon_{Sn_8} \times \alpha_{Sn}}{\gamma_8} = \frac{95.48 \times 1.377}{86.68} = 1.52\%$$

$$\beta_{Sn_5} = \frac{\varepsilon_{Sn_5} \times \alpha_{Sn}}{\gamma_5} = \frac{4.18 \times 1.377}{3.70} = 1.56\%$$

$$\varepsilon_{Sn_9} = \gamma_9 \times \frac{\beta_{Sn_9}}{\alpha_{Sn}} = 3.21\% \times \frac{1.138}{1.377} = 2.65\%$$

$$\varepsilon_{Sn_{10}} = \varepsilon_{Sn_8} - \varepsilon_{Sn_9} = 95.48\% - 2.65\% = 92.83\%$$

将所得到的铜、锡在浮选作业中的产率、品位、金属率，对照图 11-4 填入相应的作业，即为流程考查的数、质量流程。

11.4　金属平衡表的编制

选矿厂处理矿石（即原料）中的金属量，在理论上应当等于选矿产品中所含的金属量，但是实际在金属平衡表中却不一致。其差值决定于取样的准确性、化学分析和机械损失。差值小，说明选矿厂生产技术管理水平高；差值大，则说明管理水平低。

为了评定选厂某一期间（班、日、旬、月、季、年）的工作情况，必须按一定形式编制关于入厂矿石和已处理矿石以及选矿产品的报表，其中包括矿石重量，所得到的选矿产品重量，矿石和选矿产品化学分析结果，精矿中的金属回收率等。

在处理各种不同矿石和多金属产品的选矿厂中，可以按照矿石（或金属）种类来编制各种金属平衡表。贵金属或其他不能分成独立精矿的金属，也要编制单独的但不完整的平衡表。

选矿厂的金属平衡分为两种：一种是实际金属平衡，又称商品平衡；另一种是理论金属平衡，又称工艺平衡。

实际金属平衡是考虑了在工艺过程中，各个选矿阶段上的机械损失和局部流失，如浮选泡沫跑槽、砂泵喷浆、浓密机溢流跑浑、管路漏浆等各种因素。实际金属平衡是根据现场实际处理的原矿量及原矿品位和得到的实际精矿量及精矿品位，而计算出精矿回收率，这个回收率称做实际回收率。

理论金属平衡没有考虑选矿各阶段的机械损失和金属流失，是根据原矿、精矿、尾矿的化验品位计算出精矿回收率。这个回收率称为理论回收率。根据原矿处理量以及原矿、精矿和尾矿品位而编制的金属平衡，称为理论金属平衡或工艺平衡。

理论回收率和实际回收率的允许差值不准超过：单一金属选厂±1%；重选厂±1.5%；多金属选厂±2%。

11.4.1 工艺（理论）金属平衡表的编制

选矿厂磨矿和选别车间的生产是连续不断地进行的，分选出来的精矿浆又要经过浓缩、过滤或干燥等作业进行脱水。因此，在各种设备器械内的在产品是不能精确计算出来的，这就给按班、日、旬编制商品金属平衡表所必需的各种数据的提供，带来严重困难。为了能够及时掌握生产情况，便于选矿产品的统计，选矿厂一般先要编制工艺金属平衡表。由于它是按日报出，以月累总，所以常称为选矿生产日报。

工艺金属平衡表，是根据原矿和选矿最终产品（精矿和尾矿）的化学分析资料，以及被处理矿石的数量进行编制的。选矿厂通常按班、日编制工艺金属平衡表；日金属平衡表的加权累计，即得旬或月金属平衡表；月累计，即得季度或年度工艺金属平衡表。

值得注意的是，每月的工艺金属平衡表，不得根据每月原、精、尾矿综合试样个别分析的结果进行编制。这是因为所得的个别数据，比其在一个月内累计的加权平均数据来，其准确性要低得多。同理，年度金属平衡表的编制，也必须以月度金属平衡表的加权累计数字为依据。

工艺金属平衡表，是作为对选矿工艺过程和技术管理业务的检查，它反映出全厂和个别车间（工段）、班组的工作情况，因而也可以通过金属平衡表中反映的问题，对全厂和个别车间（工段）、班组的工作指标进行比较和监督，以便查明选矿过程中的不正常情况，以及在取样、计量和各种分析与测量中存在的误差。

工艺金属平衡表，一般由选矿厂的计划统计或生产管理部门编制，包括了全厂各生产车间的主要工作指标。对单一金属的选矿厂，其工艺金属平衡表的格式，也各有差异，常用的格式和内容如表11-4所示；对于多金属的选矿厂，其平衡表的格式与单金属选矿厂基本相同，只是原矿、精矿、尾矿、回收率各栏中，分别增加了金属种类、各种金属的品位、金属量及回收率等项内容。

表11-4中各栏数字的由来及计算方法分述如下：

（1）磨机开车时数，一般以处理原矿的磨矿机开车时数为计算标准。由于表11-4中其他数据都是十进位制，而开车时数中由分钟进到时，却是六十进位制，为了便于累计和计算方便起见，也改为十进位制，开车时数不以分钟出现，如六个小时三十分钟，以6.50小时表示。即把分钟数除以60，变成小时数，2个小时15分钟，写成2.25小时，以此类推。有效数字通常取到小数点后二位。

（2）磨矿台效，处理原矿量（t）÷磨机开车时数（h）。有效数字取一位小数。

（3）原矿处理量，根据各系统皮带自动秤（或人工测定）每班记录的总数字和原矿水分测定结果计算而得。即：

表 11-4　工艺金属平衡报表

年　月　日

班别＼系统＼项目		空机开车时数/h	磨矿台效/t·h⁻¹	原矿 处理量/t	原矿 品位/%	原矿 金属量/t	精矿 精矿量/t	精矿 品位/%	精矿 金属量/t	原矿品位/%	回收率/%	入选细度(-200目)/%
0|8（班）	1#											
	2#											
	3#											
	合计											
8|16（班）	1#											
	2#											
	3#											
	合计											
16|24（班）	1#											
	2#											
	3#											
	合计											
当　日												
本月累计												

碎矿工段

项目 班次	设备开动情况				处理矿量	
	开动时数		运转率/%		本日/t	累计/t
	本日	累计	本日	累计		
一班						
二班						
三班						
合计						

脱水工段

项目 班次	溢流水中固体含量/g·L⁻¹	生产精矿 水分/%	生产精矿 干量/t	出厂精矿 水分/%	出厂精矿 干量/t
一班					
二班					
三班					
日累计					
月累计					

校　核　　　　　　　　制　表

原矿处理量＝皮带秤（或人工）计量总数×（1-原矿水分）（t），通常取整数。

（4）原、精、尾矿品位，由化学分析结果提供。原、尾矿品位一般取到小数点后第三位，精矿品位取到第二位。

（5）原矿金属含量＝原矿处理量（吨）×原矿品位。取到小数点后第三位。

（6）回收率（理论）按下式求得：

$$\varepsilon = \frac{\beta(\alpha - \theta)}{\alpha(\beta - \theta)} \times 100\% \tag{11-22}$$

式中　ε——回收率，取到小数点后第二位；

α，β，θ——分别为原、精、尾矿晶位，%。

（7）精矿金属含量＝理论回收率×原矿金属含量（t），取到小数点后第二位。

（8）精矿量＝精矿金属含量÷精矿品位（t），取到小数点后第二位。

（9）累计原矿品位＝累计原矿金属含量÷累计原矿处理量。

（10）累计精矿品位＝累计精矿金属含量÷累计精矿量。

（11）累计尾矿品位 ＝ $\dfrac{累计原矿金属含量 - 累计精矿金属含量}{累计原矿处理量 - 累计精矿量}$。

（12）累计入选细度（-0.074mm）$= \dfrac{Q_1 d_1 + Q_2 d_2 + Q_3 d_3 + \cdots}{Q_1 + Q_2 + Q_3 + \cdots}$。

式中　Q_1，Q_2，Q_3，d_1，d_2，d_3——分别为各班（或日）原矿处理量和入选细度，有效数字取到整数位。

（13）累计精矿水分（%）$= \dfrac{\text{累计湿精矿量} - \text{累计干精矿量}}{\text{累计湿精矿量}}$；有效数字取到小数点后一位。

11.4.2　商品（实际）金属平衡表的编制

商品金属平衡表又称实际金属平衡表，它是根据下列统计资料进行编制的：即所处理原矿的实际数量，出厂精矿数量、机械损失量、在产品和产成品的存留量（包括矿仓、浓密机和各种设备器械中的物料）、原矿及选矿产成品的化学分析资料等等。由于选矿是一个连续生产的过程，矿石要经过较长时间才能选出精矿来。所以，在短时间内商品金属平衡表是难以编制的；通常是按旬、月、季、年进行编制。

根据商品金属平衡表中的数字，可以知晓出厂商品精矿的数量、金属量和商品精矿的回收率、在产品的余额和产成品精矿的库存量，以及工艺过程中金属的机械损失等。商品精矿中的金属量，是选矿厂和产品销售部门之间进行经济核算的依据。

选矿厂常用的单一金属商品平衡表，如表 11-5 所示。对于多金属选矿厂的商品金属平衡表，可以按金属种类不同，单独编制；也可以增加栏目，编在同一张表内。

表 11-5　商品金属平衡报表

年　　　月　　　旬

项　目	单位	统计产量		核实产量		精矿仓（场）存留量		浓密机存留量	
		理论	实际	理论	实际	本月（旬）	上月（旬）	本月（旬）	上月（旬）
原矿数量	t								
品　位	%								
含　量	t								
精矿数量	t								
品　位	%								
含　量	t								
回收率	%								
尾矿品位	%								
金属流失		磨矿选别车间流失　　t；浓密机溢流水流失　　t；干燥机烟尘流失　　t； 三项合计　　t；　浓密机溢流水固体含量　　g/L								
备　注									

比较工艺金属平衡表和商品金属平衡表，能够揭露出选矿过程中机械损失的来源，便于查明工艺过程中的不正常状况，以及在取样、称重和各种分析与测量中的误差。

在按表 11-5 的格式编制商品金属平衡表时，很多选矿厂只对精矿仓（场）和浓密机中（包括沉淀池）存留的精矿量进行测定、取样，计算出其金属量；而对存留在各种设备器械中的物料，近似地把前后两次编制时的存留量看作相等，即前后两次存留数量的差近似为零，所以在编制商品金属平衡表时，不予统计。

在表 11-5 金属流失一栏中，磨矿选别车间的流失，包括磨矿和选别过程中的各种流失，如砂泵池漫浆、浮选机跑槽、磨矿机吐砂和漏浆、矿浆管道通漏等。

造成商品和工艺金属平衡表之间存在差距的原因是多方面的，最常见的是取样、计量和化学分析中出现的误差；当两种平衡表间有很大差别时，应当认真检查技术操作过程中所有的各个阶段，借以仔细研究产生差别的原因。找出产生金属流失的主要原因后，就要采取果断措施，予以纠正，尽量减少两种平衡表中存在的差距，达到国家规定允许的范围。为此，要分析比较两种平衡表，作为检查每个选矿厂生产技术管理状况的必要条件。

11.4.3 金属不平衡产生的原因及其分析

如何算准回收率和搞好金属平衡编制工作，是选矿工作者共同关心的事，因为它既是评价选矿成果的依据，又是选矿技术管理的基础。只要思想重视、组织落实并采取有效措施，就能做好金属平衡的工作。但是，在选矿工艺过程中，由于种种原因存在着金属损失和各种测试误差，所以工艺金属平衡和商品金属平衡之间就产生差值。这个差值称之为金属平衡差，通常用理论回收率与实际回收率之差来表示。

产生金属平衡差值的原因，大体由下列因素引起。

11.4.3.1 选矿过程中金属的机械损失

所谓机械损失，主要是指未计入产成品精矿和尾矿中的金属量，如泵池漫浆，浓密机溢流水跑浑、设备和管道漏浆、干燥机烟尘损失等，这些损失都会使理论回收率与实际回收率之差为正值。在生产正常的选矿厂，这种机械损失并不大，一般情况下，这部分金属损失量仅占回收率的 0.1% ~ 0.2%，最多不超过 0.5%。

如果考虑机械损失的金属量，那么商品金属平衡的情况，可用下式表示：

$$Q\alpha = G\beta + T\theta + M_n \tag{11-23}$$

式中　Q，G，T——分别为实际的原矿处理量、精矿量和尾矿量，t；

　　　α，β，θ——分别为实际的原矿、精矿、尾矿品位，%；

　　　M_n——选矿过程中机械损失的金属量，t。

11.4.3.2 测试误差的影响

影响对金属平衡差值的因素很复杂，究其产生渠道，真可谓"点多线长"，从处理原矿起到精矿出厂止，各类误差都贯穿于测试的始终，主要有下列几种：

A　过失误差

过失误差是一种明显与事实不符的误差，特征是毫无规律，是由工作中的各种过失引起的，如原矿计量不准确、样品加工超差、取样代表性不足、试样泼洒等。这类误差绝大多数都可以在复核中发现并予以纠正。产生这种误差多是由操作人员缺乏经验、工作不负责任、粗心大意、操作不正确等因素所造成的。

B　系统误差

系统误差是以恒定不变的或者是遵循着一定规律变化的数值，影响于测试结果。系误差的发生，通常是由于测试器具或测试溶液不标准、测试设备固有的缺陷或处理能力不适应、测试人员的个性和习惯不同，以及测试器具调试不好等因素所造成。如电子皮带秤规格小，有超负荷计量的现象，或者调试不准；地中衡或轨道衡调试不准；计量管道通漏以及化验室标准溶液配错等。系统误差对金属平衡影响较大，一般要影响平均差值 1%～2%，或者更多。

系统误差是可以发现和校正的，通常是由不同的测试者，在不同的客观条件下，用不同的仪器和方法进行测定，即可发现是否有系统误差及其产生的原因，然后针对其产生的原因加以纠正：或者是校核测量仪器，或者是改进操作方法，或者是重新设计试验方法，或者是引入校正系数，即可消除其影响。

C 偶然误差

偶然误差又称随机误差，是在测试过程中难以消除的一种误差。在同一条件下，对同一对象进行反复测量时，在极力消除和改正引起系统误差的一切因素之后，仍然留下很多不能确切掌握、甚至完全无知的因素，以各种情况影响测量结果，这就构成了偶然误差。偶然误差的出现，从统计学的分析可知，是遵循一种统计规律的。

偶然误差产生的原因有：仪器本身精密度的限制；测试者本身感官能力的限制；以及内部和外界条件的偶然性变化，不包括那些可以校核的或过失性的因素。这种误差在反复测定或试验时，表现在大小或符号上各不相同，是一种完全偶然的，不可避免的误差，但它服从于统计规律，并有下列四个特征：

(1) 绝对值相等的正误差与负误差，在多次测定或试验中出现的机会相等；

(2) 在一定的测定或试验条件下，随机误差的绝对值不会超过某一限度；

(3) 在多次测定或试验中，绝对值小的误差较绝对值大的误差出现次数较多；

(4) 随着测定或试验的重复次数的增加，随机误差的算术平均值无限地趋近于零。

这说明随机误差虽然是不可避免的，但却是可以辨认和估计的，并可通过增加测量或试验次数的方法，使其互相补偿从而缩小其影响。

11.4.3.3 中间产品的积存

中间产品包括在产品和存留在流程中的金属。而存留在流程中的金属，是处理量和处理品位的函数，不便进行计量，生产流程越长对平衡差值的影响越大，所以到月末应尽可能把中间产品处理完，对上期结存数和本期结存数进行认真盘点，以便能够准确编制月度的金属平衡表。

综上所述，理论回收率与实际回收率的差值 u，是由工艺过程中机械损失 u_1、测试损失 u_2、中间产品的积存 u_3 等项所构成，可用下式表示：

$$u = u_1 + u_2 + u_3 \tag{11-24}$$

式中，u、u_1、u_2、u_3 的单位均为百分数。u_1 恒为正值，而 u_2、u_3 都可能引起正负值。因此，在金属平衡表编制中，差值 u 出现正值的选矿厂比较常见，但绝不排除出现负值的可能性。这也符合一些选矿厂的实际情况。

11.4.3.4 缩小金属平衡差值应采取的措施

根据一些选矿厂的经验教训，要搞好金属平衡编制工作，减少平衡差值，达到国家要求的允许范围，必须抓好以下几项工作：

（1）计准入厂的原矿量

对于用电子（或机械）皮带秤计量的选厂，要对皮带秤进行认真的调试，使其测量误差不超过规定要求，并且每隔3~4天，用人工实测矿量或挂码进行校正。对于用刮皮带或测摆式给矿机落矿量计算的选厂，一定要对磅秤进行校验，记准给矿时间。对原矿的水分样要尽量采准、测准。

（2）测准原矿品位

原矿品位的误差，使理论回收率和实际回收率各朝相反的方向波动，对金属平衡差值有双重影响，所以从采样、加工到化验，都要采用准确可靠的方法，保证原矿品位的准确性。

原矿品位的误差，对金属平衡差值的影响最大。因此，必须在测准原矿品位上狠下工夫，尽量减少平衡差值。

（3）测准精、尾矿品位

精矿品位的误差，虽然对回收率和平衡差值影响不太大，但对精矿销售价格、企业利润有着举足轻重的作用。

一些选厂的生产实践证明，尾矿品位较低，测试的相对误差最大，对金属平衡差值的影响也最大。因此，对尾矿品位的测试也要认真对待。

（4）新建、改建选厂时，应为编制金属平衡创造条件，所采用的计量采样方法以及设备的选择，要在总体上同时考虑、同时订货、同时付诸施工。这样一投产就能考核生产指标的高低，并能为进一步提高生产效率指标提供依据。

学 习 情 境

本章以选矿工艺参数的测定和选厂工艺流程的考查为载体，学习掌握选矿厂生产中一些工艺参数，如磨机的生产能力、浮选时间与浮选机充气量、矿浆的浓度、细度和酸碱度等的人工测定方法，尤其要掌握矿浆的浓度、细度的测定方法。掌握选矿厂工艺流程考查的目的与内容、取样点的布置，通过流程计算实例了解流程计算的方法。了解选矿厂工艺金属平衡表与实际金属平衡表的编制方法，了解金属不平衡产生的原因及缩小金属平衡差值的措施。

复习思考题

11-1 浓度壶查对表是如何编制的，如何用浓度壶测矿浆的浓度？

11-2 如何用浓度壶测矿浆细度？

11-3 选矿厂工艺流程考查的目的与内容是什么？

11-4 选矿厂工艺流程考查中取样点是如何布置的、如何取样的？

11-5 选矿厂工艺金属平衡表是如何编制的？

11-6 选矿厂实际金属平衡表是如何编制的？

11-7 金属不平衡产生的原因是什么，缩小金属平衡差值的措施有哪些？

附　录

附录1　矿物表

矿物名称	化学成分		相对密度	莫氏硬度 HM
	分子式	元素或氧化物/%		
绿硫钒矿	VS_4 或 V_2S_5	19 V	2.65~2.71	2.5
钒钛磁铁矿				
钒铅矿	$Pb_5Cl(VO_4)_3$	19.4V_2O_5	6.7~7.2	2.8~3
钒云母	$H_2K(Al、V)_3(SiO_4)_3$	20 V_2O_5	2.9~3	2
钒铅锌矿	$(Pb、Zn)_2(OH)VO_4$	22.7V_2O_5	5.9~6.2	3.5
钒钾铀矿	$K_2V_2(UO_4)_2O_4 \cdot 3H_2O$	37.5V	2~2.5	1~3
钒铜矿	$6(Cu、Ca、Be)OV_2O_5 \cdot 15H_2O$	15.8V_2O_5		
钒钙铜矿	$(Cu、Ca)_2(OH)VO_4$	15V		
钒钙铀矿	$CaV_2(UO_4)_2O_4 \cdot 8H_2O$	35.4V		
钛	Ti	100Ti	4.5	4
金红石	TiO_2	60Ti	4.1~5.2	4~6.5
钛铁矿	$FeTiO_3$	31.6Ti	4.5~5.5	5~6
钛磁铁矿				
榍石	$CaTiSiO_5$	24.5Ti	3.4~3.6	5~5.5
钙钛矿	$CaTiO_3$	35.2Ti		
铈钙钛矿	$(Ca、Ce)(Ti、Fe)O_3$	14.5Ti		
白钛矿	$Na_4Ba(TiO)_2(Si_2O_5)$	26.8Ti		
铜	Cu	100Cu	8.96	3
黄铜矿	$CuFeS_2$	34.5Cu	4.1~4.3	3.5~4
辉铜矿	Cu_2S	79.8Cu	5.5~5.8	2.5~3
斑铜矿	Cu_5FeS_4	63.3Cu	4.9~5.4	3
铜蓝	CuS	66.4Cu	4.6~6	1.5~2
黝铜矿	$4Cu_2S \cdot Sb_2S_3$	52.1Cu	4.4~5.1	3~4.5
砷黝铜矿	$4Cu_2S \cdot As_2S_3$	57.5Cu	4.4~4.5	3~4
斜方硫砷铜矿	$3Cu_2S \cdot As_2S_5$	48.3Cu	4.4~4.5	3~3.5
赤铜矿	Cu_2O	88.8Cu	5.8~6.2	3.5~4
黑铜矿	CuO	79.85Cu	5.82~6.25	3~4
蓝铜矿	$2CuCO_3 \cdot Cu(OH)_2$	55.3Cu	3.7~3.8	3.5~4
孔雀石	$CuCO_3 \cdot Cu(OH)_2$	57.5Cu	3.7~4.1	3.5~4
硅孔雀石	$CuSiO_3 \cdot 2H_2O$	36.2Cu	2~2.2	2~4
氯铜矿	$CuCl_2 \cdot 3Cu(OH)_2$	59.5Cu	3.75~3.77	3~3.5
水胆矾	$CuSO_4 \cdot 3Cu(OH)_2$	56.2Cu	3.8~3.9	3.5~4
胆矾	$CuSO_4 \cdot 5H_2O$	31.8Cu	2.1~2.3	2.5
自然铜	Cu	100Cu	8.8~8.9	2.5~3
铅	Pb	100Pb	11.3	1.5
方铅矿	PbS	86.6Pb	7.4~7.6	2.5~2.75
白铅矿	$PbCO_3$	77.5Pb	6.4~6.6	3~3.5
铅矾	$PbSO_4$	68.3Pb	6.1~6.4	2.7~3
硫锑铅矿	$Pb_2Sb_2S_5$	50.8Pb, 29.5Sb	5.5~5.6	2~3
车轮矿	$CuPbSbS_3$	24.7Pb, 42.5Cu	5.7~5.9	2.5~3
砷铅矿	$(Pb、Cl)Pb_4As_3O_{12}$	69.7Pb	7~7.3	3.5
水白铅矿	$2PbCO_3 \cdot Pb(OH)_2$	80.5Pb	6.14	1~2
磷氯铅矿	$Pb_5Cl(PO_4)_3$	76.4Pb	6.9~7.1	4
青铅矿	$PbCuSO_4 \cdot (OH)_2$	5.1Pb	5.3~5.5	2.5
脆硫锑铅矿	$4PbS \cdot FeS \cdot 3Sb_2S_3$	40.2Pb, 35.4Sb		
锌	Zn	100Zn	7.1	2.5
闪锌矿	ZnS	67Zn	3.9~4.1	3.5~4

矿物名称	化 学 成 分		相对密度	莫氏硬度 HM
	分 子 式	元素或氧化物/%		
菱锌矿	$ZnCO_3$	52Zn	4.1~4.5	5
红锌矿	ZnO	80.3Zn	5.4~5.7	4~4.5
异极矿	$H_2Zn_2SiO_5$	54Zn	3.3~3.6	4.5~5
铁闪锌矿	$(Zn、Fe)S$	46.5~56.9Zn	3.9~4.2	5
水锌矿	$ZnCO_3 \cdot 2Zn(OH)_2$	59.5Zn	3.5~3.8	2~2.5
锌铁尖晶石	$(Zn、Mn)Fe_2O_4$	22Zn	5~5.2	6~6.5
硅锌矿	Zn_2SiO_4	58.5Zn	3.9~4.1	5.5
钨	W	100W	19.3	7.5
钨锰铁矿	$(Fe、Mn)O_4$	76.5WO_3	7.3	5~5.5
钨酸钙矿	$CaWO_4$	80.6WO_3	5.9~6.2	4.5~5
钨铁矿	$FeWO_4$	76.3WO_3	7.5	5
钨锰矿	$MnWO_4$	76.6WO_3	7.2	4~4.5
钨华	WO_3	79.3W	2.09~2.06	1~2
钨铜矿	$CuWO_4$	59.04W	3~3.5	4.5~5
钨酸铅矿	$PbWO_4$	51WO_3	7.87~8.13	2.7~3
锡	Sn	100Sn	7.31	2
锡石	SnO_2	78.6Sn	6.8~7.1	6~7
黝锡矿	Cu_2FeSnS_4	27.5Sn 29.5Cu	4.3~4.5	4
圆柱锡矿	$6PbS_6 \cdot SnS_2 \cdot Sb_2S_3$	35Pb	5.42	2.5~3
钼	Mo	100Mo	10.2	5.5
辉钼矿	MoS_2	60Mo	4.7~5	1~1.5
彩钼铅矿	$PbMoO_4$	26Mo	6.3~7	2.75~3
钨钼钙矿	$Ca(Mo、W)O_4$		4.5	3.5
钼钙矿	$CaMoO_4$	47.96Mo	4.55	3.5
钼镁矿	$MgMoO_4$	52Mo		
钼华	MoO_3	66.7Mo	4.5	1~2
铋	Bi	100Bi	9.8	2.5
辉铋矿	Bi_2S_3	81.2Bi	6.4~6.5	2~2.5
铋华	Bi_2O_3	89.69Bi	4.36	1~2
泡铋矿	$(BiO)_2 \cdot CO_3 \cdot H_2O$	76.8Bi	6.9~7.7	4~4.5
黄铋矿	Bi_2CO_5	91.3Bi_2O_3	7.3~7.4	3~3.5
硒铋矿	Bi_2Se_3	63.7Bi 36.3Se	6.25~6.62	2.5~3.5
硫铅铋矿	$Pb_2Bi_2O_3$	42Bi 36.3Pb	6.4~6.75	2.3~3
辉碲铋矿	$Bi_2(Te、S)_3$	59Bi 36.4Te	7.3~7.6	1.5~2
叶碲铋矿	$Bi、Te、S、Ag$	70.2Bi 28.5Te	8.37~8.44	1~2
硅铋矿	$Bi_4(SiO_4)_3$	69.4Bi	6.1	4.5
砷酸铋矿	$3Bi_2O_3 \cdot As_2O_5 \cdot 2H_2O$	40.5Bi	6.4	3~4.5
辉铋铅矿	$6PbS \cdot Bi_2S_3$	21.5Bi	4.6	
针硫铋铅矿	$2PbS \cdot Cu_2S \cdot N_3Bi_2S_2$	57Bi	6.1~6.3	2~2.5
自然铋	Bi	100Bi	9.7~9.83	2~2.5
镍	Ni	100Ni	8.9	4
针硫镍矿	NiS	64.7Ni	5.3~5.7	3~3.5

矿物名称	化 学 成 分		相对密度	莫氏硬度 HM
	分 子 式	元素或氧化物/%		
镍黄铁矿	$(Fe、Ni)S$	$18\sim40Ni$	$4.6\sim5.1$	$3.4\sim4$
硫砷镍矿	$NiAsS$	$35.4Ni$	$5.6\sim6.2$	5.5
翠镍矿	$NiCO_3 \cdot 2Ni(OH)_2 \cdot 4H_2O$	$46.8Ni$	2.6	3
砷镍矿	$NiAs_2$	$28.1Ni$	$6.4\sim6.6$	$5.5\sim6$
红砷镍矿	$NiAs$	$48.9Ni$	$7.3\sim7.7$	$5\sim5.5$
硅镍矿	$2NiO \cdot 2MgO \cdot 3SiO_2 \cdot 6H_2O$	$22.6Ni$	2.4	$2\sim4$
紫矿镍铁矿				
含镍绿高岭石	$nRO \cdot R_2O_3 \cdot (4+n)SiO_2 \cdot 4H_2O$			
暗镍蛇纹石	$H_2(Ni、Mg)SiO \cdot H_2O$	$25\sim30Ni$	2.4	$2\sim4$
镍华	$Ni_3As_2O_8 \cdot 8H_2O$		$3\sim3.1$	$1\sim2.5$
钴	Co	$100Co$	8.92	5.5
硫钴矿	Co_3S_4	$57.9Co$	$4.8\sim5$	5.5
砷钴矿	$CoAs_2$	$28.2Co$	$6.4\sim6.6$	$5.5\sim6$
辉砷钴矿	$CoAsS$	$35.5Co$	$5.8\sim6.3$	$5.5\sim6$
硫铜钴矿	Co_2CuS_4	$38Co$	4.85	5.5
钴土矿	$CoMn_2O_5 \cdot 4H_2O$	$25Co$	$3.15\sim3.29$	$1\sim2$
钴华	$Co_3(AsO_4)_2 \cdot 8H_2O$	$29Co$	$2.9\sim3$	$1.5\sim2.5$
硫镍钴矿	$(Co、Ni、Fe)_3S_4$	$27.4Co$		
含钴黄铁矿	$(Fe、Co)S_2$	$33Co$		
含钴磁黄铁矿	$(Fe、Ni、Co)S$	$28.7Co$	$4.5\sim4.6$	$3.5\sim4.5$
水钴矿	$(Co、Ni)_2O_3 \cdot 2H_2O$	$50\sim60Co$	3.4	3
钴镍黄铁矿	$(Co、Fe、Ni)_9S_8$	$29Co$		
锑	Sb	$100Sb$	6.68	2
辉锑矿	Sb_2S_3	$71.4Sb$	$4.55\sim4.62$	2
锑硫镍矿	$NiSbS$	$57.3Sb$	6.4	5.3
黄锑矿	Sb_2O_4	$78.9Sb$	4.1	$4\sim5$
硫氧锑矿	Sb_2S_2O	$75Sb$	$4.5\sim4.6$	$1\sim1.5$
红锑镍矿	$NiSb$	$67.5Sb$	7.5	5.5
锑华	Sb_2O_2	$83.3Sb$	5.57	$2.5\sim3$
黄锑华	$H_2Sb_2O_5$	$74.5Sb$	$5.1\sim5.3$	$4\sim5.5$
汞	Hg	$100Hg$	13.6	
辰砂	HgS	$86.2Hg$	$8\sim8.2$	$2\sim2.6$
硫汞锑矿	$HgS \cdot 2Sb_2S_3$	$22Hg$	4.81	2
甘汞	$HgCl$	$85Hg$		
黑辰砂	HgS	$86.2Hg$	7.7	3
铝	Al	$100Al$	2.7	2.9
铝土矿	$Al_2O_3 \cdot 2H_2O$	$73.9Al_2O_3$	$2.4\sim2.6$	$1\sim3$
一水硬铝石	$Al_2O_3 \cdot H_2O$	$85Al_2O_3$	$3.3\sim3.5$	$6.5\sim7$
一水软铝石	$Al_2O_3 \cdot H_2O$	$85Al_2O_3$	$3.0\sim3.1$	
三水铝石	$Al_2O_3 \cdot 3H_2O$	$65.4Al_2O_3$	$2.3\sim2.4$	$2.5\sim3.5$
尖晶石	$MgO \cdot Al_2O_3$	$71.8Al_2O_3$	$3.5\sim4.5$	$7.5\sim8$
刚玉	Al_2O_3	$52.9Al$	$3.95\sim4.1$	9
红柱石	$Al_2O_3 \cdot SiO_2$	$63.2Al_2O_3$	3.6	$4\sim7$
硅线石				
蓝晶石				
金	Au	$100Au$	19.3	2.5

矿物名称	化 学 成 分		相对密度	莫氏硬度 HM
	分 子 式	元素或氧化物/%		
自然金	Au	$99Au$	$16 \sim 19$	$2.5 \sim 3$
碲金矿	$AuTe_2$	$44.03Au$	$9 \sim 9.35$	2.5
斜方碲金矿	$(Au、Ag)Te_2$	$35.5Au$	$8.3 \sim 8.4$	2.5
叶状碲金矿	$Au_2Pb_{14}Sb_3Te_7S_{17}$	$7.8Au$	$6.8 \sim 7.2$	$1 \sim 1.5$
银	Ag	$100Ag$	$10 \sim 10.49$	
自然银	Ag	$72 \sim 100Ag$	$10.1 \sim 11.1$	$2.5 \sim 3$
辉银矿	Ag_2S	$87.1Ag$	$7.2 \sim 7.33$	$2 \sim 2.5$
锑银矿	Ag_9SbS_6	$75.6Ag$	$6 \sim 6.2$	$2 \sim 3$
脆银矿	Ag_5SbS_4	$68.5Ag$	$6.2 \sim 6.3$	$2 \sim 2.5$
涵铅银矿	$(Ag、Pb)Se$	$43Ag$	8	2.5
浓红银矿	Ag_3SbS_3	$60Ag$	$5.77 \sim 5.86$	$2.5 \sim 3$
硫锑铜银矿	$(Ag、Cu)_{16}(Sb、As)_2S_{11}$	$75.6Ag$	$6 \sim 6.2$	$2 \sim 3$
淡红银矿	Ag_3AsS_3	$65.4Ag$	$5.57 \sim 5.64$	$2 \sim 2.5$
碘银矿	AgI	$46Ag$	$5.6 \sim 5.7$	$3 \sim 4$
角银矿	$AgCl$	$75.3Ag$	5.55	$1 \sim 1.5$
铂	Pt	$100Pt$	21.5	4.5
自然铂	Pt	$70 \sim 96Pt$	$14 \sim 19$	$4 \sim 4.5$
砷酸铂矿	$PtAs_2$	$56.5Pt$	10.6	$6 \sim 7$
等轴铋碲钴矿				
碲铂矿				
砷铂铱矿				
铋碲钯镍矿				
铱锇矿	$IrOs(Rh、Pt、Ru)$	100 合金	$19.3 \sim 21.1$	$6 \sim 7$
铌	Nb	$100Nb$	8.57	
铌铁矿	$(Fe、Mn)〔(Nb、Ta)O_3〕_2$	$10 \sim 15Nb_2O_5$	$5.3 \sim 7.3$	6
褐钇铌矿	$Y(Nb、Ta)O_4$	$21.7Nb$		
烧绿石	$(Na、Ca、TR、U、Th)_2$ $(Nb、Ta、Ti)_2(O、OH、F)_7$			
钛铌钙铈矿	$(Nb、Ca、Ce)(Ta、Ti、Nb)O_3$			
重铌铁矿	$(FeNb_2O_6)$	$79Nb_2O_5$		
钛铁金红石	$(Ti、Nb、Ta、Fe)O_2$	$22.7Nb$		
钽	Ta	$100Ta$	16.6	
钽铁矿	$(Fe、Mn)Ta_2O_6$	$50 \sim 70Ta_2O_5$	$6.5 \sim 7.3$	6
细晶石	$Ca_2Ta_2O_7$	$70 \sim 80Ta_2O_5$	$5.5 \sim 5.6$	5.5
重钽铁矿	$Fe(Ta、Nb)_2O_6$	$73.9Ta_2O_5$ $11.3Nb_2O_5$	$7.3 \sim 7.8$	
铌钽铁矿	$(SbO)_2(Ta、Nb)_2O_6$	$51.13Ta_2O_5$ $7.56Nb_2O_5$	$6 \sim 7.4$	$5 \sim 5.5$
锰钽铁矿	$MnTa_2O_6$	$86Ta_2O_5$		
钇钽矿				
正方铌钽矿				
钛铌钽矿				
铍	Be	$100Be$	1.85	5
绿柱石	$3BeO \cdot Al_2O_3 \cdot 6SiO_2$	$14BeO$	$2.6 \sim 2.8$	$7.5 \sim 8$
金绿宝石	$BeO \cdot Al_2O_3$	$19.8BeO$	$3.5 \sim 3.8$	8.5
似晶石	$2BeO \cdot BiO_2$	$45.55BeO$	3	$7.5 \sim 8$

续附录 1

| 矿物名称 | 化 学 成 分 | | 相对密度 | 莫氏硬度 HM |
	分 子 式	元素或氧化物/%		
磷钠铍石	$NaBePO_4$	7.1Be	2.8	5.8
白闪石	$Na(BeF)Ca(SiO_3)_2$	10.3BeO	2.96	4
日光石榴石	$(Mn、Fe)_2(Mn_2S)Be_3(BiO_4)_3$	13.6BeO	3.16~3.36	6~6.5
硅酸铍石	$H_2O \cdot 4BeO \cdot 2SiO_2$	42.1BeO	2.3~2.6	6~7
硅铍石	$Be_4(Si_2O_7)(OH)_2$	49BeO		
香花石	$Ca_3(BeSiO_4)_3 \cdot 2LiF$	15.8BeO		
顾家石	$Ca_2BeSi_2O_7$	9.5BeO		
锂	Li	100Li	0.53	0.6
锂辉石	$LiAl(SiO_3)_2$	8.4Li_2O	3.1~3.2	6~7
锂云母	$(Li、K)_2(F、OH)_2Al_2(SiO_3)_2$	3~5Li_2O	2.8~2.9	2.5~4
铁锂云母	$(K、Li)_3Fe(AlO)Al(F、OH)_2(SiO_4)_3$	1~5Li_2O	2.8~3.2	2.5~3
透锂长石	$LiAl(Si_2O_5)_2$	1.97~4.5Li_2O	2.39~2.46	6~6.5
磷锂铁矿	$LiFePO_4$	9.5Li_2O	3.4~3.7	4.5~5
磷锂锰矿	$LiMnPO_4$	9.6Li_2O	3.4~3.6	4.5~5
磷锂石	$Li(Al、F)PO_4$	10.1Li_2O	3~3.1	6
钡	Ba	100Ba		
重晶石	$BaSO_4$	65.7BaO	4.3~4.7	2.5~3.5
菱钡矿	$BaCO_3$	77.7BaO	4.2~4.4	3~4
锶	Sr	100Sr		
天青石	$SrSO_4$	47.7Sr	3.5~4	3.9~4
菱锶矿	$SrCO_3$	59.3Sr	3.6~3.8	3.5~4
锆	Zr	100Zr	6.5	4.5
锆石	$ZrSiO_4$	67.2ZrO_2	4.4~4.8	7~8
单斜锆矿	ZrO	100ZrO_2	5.5~6	6.5
锗	Ge	100Ge		
锗石				
硫银锗矿	$3AgSGeS_2$	73.5Ag	6.1	2.5
硫银铁铜矿				
黑硫银锡矿				
铊	Tl	100Tl		
红铊矿	$TiAsS_2$	61Tl		
铊银矿				
硒铊银铜矿				
硫砷铊铝矿				
辉铊锑矿	$Tl(As、Sb)_2S_5$	32Tl		
镉	Cd	100Cd	8.65	2
硫镉矿	CdS	77.7Cd	4.9~5	3~3.5
菱镉矿	$CdCO_3$	65Cd		
铯	Cs			
铯榴石	$CsAlSi_2O_6 \cdot xH_2O$			
硼铯铷矿				
钪	Sc			
钪钇石	$(ScY)_2Sc_2O_7$	38.4Sc		
稀土金属				
独居石	$(Ce、La、Nb、Pr、Y、Er)PO_4 \cdot SiO_2、ThO_2$	18ThO_2	4.9~5.3	5~5.5

矿物名称	化 学 成 分		相对密度	莫氏硬度 HM
	分 子 式	元素或氧化物/%		
氟碳铈矿				
氟碳铈镧矿				
褐石				
鄂博矿				
磷钇矿	YPO_4	48.5Y		
硅铍钇矿	$Be_2FeY_2Si_2O_{10}$	38Y		
铀	U	100U	19.05	
沥青铀矿	$UO_2 \cdot UO_3 \cdot Pb \cdot Th \cdot Ca \cdot Ra$	76~91U_3O_6	6.4~9.7	3~6
铀铅矿	$(Pb、Ca、Ba)U_3SiO_{12} \cdot 6H_2O$	61UO_3	3.9~4.2	2.5~3
铀铋矿	$Bi_2O \cdot 2UO_3 \cdot 3H_2O$	52.7UO_3，38Bi	6.4	2.3
铜铀云母	$CuO \cdot 2UO_3 \cdot P_2O_5 \cdot 8H_2O$	61.2UO_3	3.4~3.6	2~2.5
钙铀云母	$CaO \cdot 2UO_3 \cdot P_2O_5 \cdot 8H_2O$	62.7UO_3	3.1~3.2	2~2.5
砷酸铜铀矿	$CuO \cdot 2UO_3 \cdot As_2O_5 \cdot 8H_2O$	56UO_3	3.2	2~2.5
砷酸钙铀矿	$CaO \cdot 2UO_3 \cdot As_2O_5 \cdot 8H_2O$	57.2UO_3	3.45	2~3
磷酸钡铀矿	$BaO \cdot 2UO_3 \cdot P_2O_5 \cdot 8H_2O$	56.7UO_3	3.5	2~2.5
钒酸钾铀矿	$K_2U_2V_2O_{12} \cdot 3H_2O$	47UO_3	2~2.5	1~1.5
晶质铀矿	U_3O_8			
钒钙铀矿	$CaO \cdot 2UO_3 \cdot V_2O_5 \cdot nH_2O$			
钛铀矿	$(TiO_2 \cdot U_2O_3)TiO_3$	81UO_3		
铀黑矿				
钍	Th	100Th	11.7	
硅钍石	$ThSiO_4$	81.5ThO_2	4.4~5.4	4.5~5
方钍石	$ThO_2 \cdot U_3O_8$	23.8ThO_2	9.32~9.7	6.5
硒	Se			
硒铅矿	PbSe	27.6Se	7.6~8.8	2.5~3
硒铋矿	Bi_2Se	15.8Se		
硒镍银矿				
硒镍矿				
硒铊银铜矿				
红硒铜矿	$CuSeO_3 \cdot 2H_2O$	28.1Cu 34.9Se	3.8	2.5~3
灰硒汞矿				
碲	Te			
碲铅矿	PbTe	38.1Te	8.2	3
碲铋矿	$BiTe_2$	57Te		
碲辉铋矿	BiTeS	35Te		
碲银矿	Ag_2Te	63Ag	8.3~8.9	2.5~3
碲汞矿				
硫	S	100S	2	2
硫黄	S	100S	2~2.1	1.5~2.5
黄铁矿	FeS_2	53.4S，46.6Fe	4.95~5.1	6~6.5
白铁矿	FeS_2	53.4S，46.6Fe	4.85~4.9	6~6.5
磁黄铁矿	$Fe_5S_6 \sim Fe_{16}S_{17}$	40S，60Fe	4.85~4.65	3.5~4.5
砷	As	100As	5.73	
毒砂	FeAsS	46As	5.9~6.2	5.5~6
雌黄	As_2S_3	61As	3.4~3.5	1.5~2

矿物名称	化 学 成 分		相对密度	莫氏硬度 HM
	分 子 式	元素或氧化物/%		
雄黄	AsS	70.1As	3.4~3.6	1.5~2
斜方砷铁矿	$FeAs_2$	72.82As	7~7.4	5~5.5
砷华	As_2O_3	75.8As	3.7	1.5
其他矿物				
石英	SiO_2	46.7Si	2.65	7
磷灰石	$Ca_5(PO_4)_3(F、Cl、OH)$	56.5FO_4	3.2	5
萤石	CaF_2	48.9F, 51.1Ca	3~3.25	4
方解石	$CaCO_3$	56Ca	2.7	3
白云石	$(Ca、Mg)CO_3$	30.4CaO, 21.7MgO	2.8~2.9	3.5~4
菱镁石	$MgCO_3$	46.6MgO	2.9~3.1	3.5~4.5
光卤石	$KMgCl_3·6H_2O$	14.1K, 38.3Cl	1.6	1
硫镁石	$MgSO_4·H_2O$	17.6Mg	2.57	3.5
钾盐镁矾	$MgSO_4·KCl·3H_2O$	30KCl	2.13	3
石膏	$CaSO_4·2H_2O$	32.5CaO, 46.6SO	2.2~2.4	1.5~2
冰晶石	Na_3AlF_6	13Al, 54.4F	2.5~3	2.95~3
钾盐	KCl	52.4K	1.9~2	2
杂卤石	$K_2SO_4·MgSO_4·2CaSO_4·2H_2O$		2~2.2	2.5~3
钠硝石	$NaNO_3$		2.2~2.3	1.5~2
硝石	KNO_3	38.6K, 13.9N	2.1~2.2	2
钙硝石	$Ca(NO_3)_2·H_2O$			0~2
镁硝石	$Mg(NO_3)_2·6H_2O$		2~3	1~2
碳钠石	$Na_2CO_3·10H_2O$		2.11~2.14	2.5~3
泻利盐	$MgSO_4·7H_2O$	9.9Mg	1.7~1.8	2~2.5
芒硝	$NaSO_4·10H_2O$		1.5	1.52
无水芒硝	Na_2SO_4		2.7	2~3
钙芒硝	$Na_2SO_4·CaSO_4$		2.7~2.9	2.5~3
硬石膏	$CaSO_4$		2.7~3	3~3.5
硼砂	$Na_2B_4O_7·10H_2O$	36.6B_2O_3	1.7	2~2.5
硼钠方解石	$NaCaB_5O_9·9H_2O$		1.65	1
硬硼酸钙石	$Ca_2B_6O_{11}·5H_2O$		2.4	4~4.5
方硼石	$Mg_7Cl_2B_{16}O_{30}$		2.9~3	4.5~7
明矾石	$K_2O·3Al_2O_3·4SO_3·6H_2O$	37Al_2O_3, 11.4K_2O	2.6~2.8	3.5~4
黄玉	$Al_2(F、OH)_2SiO_4$		3.4~3.7	8.0
电气石	$(Na、Ca、)(Mg、Fe、Li、Al、Mn)$ $Al_6(Si_6O_{18})(BO_3)_3(O、OH、F)_4$		3~3.2	7~7.5
斧石	$HCa_2(Fe、Mn)Al_2(SiO_4)_5$		3.3	6.5~7
绿帘石	$Ca_2(Al、Fe)Al_2(Si_3O_{12})(OH)$		3.25~3.45	6~7
符山石	$Ca_6[Al(OH、F)]Al_2(SiO_4)_5$		3.3~3.5	6.5
石榴石	$(Ca、Mg、Fe、Mn)_3(Al、Fe、Mn、Cr、Ti)_2(SiO_4)_3$		3.4~4.3	6.5~7
硅灰石	$CaSiO_3$	48.3CaO, 51.7SiO_2	2.8~2.9	4~5
辉石	$(Ca、Mg、Fe^2、Fe^3、Ti、Al)_2(Si、Al)_2O_6$		3.2~3.6	5~6
角闪石	$Ca_2(Mg、Fe)_4Al(Si_7、AlO_{22})(OH)_2$		2.9~3.4	5~6
正长石	$KAlSi_3O_8$	18.4Al_2O_3	2.5~2.6	6~6.5
钠长石	$NaAlSi_3O_8$	19.5Al_2O_3	2.62~2.65	6~6.5

矿物名称	化 学 成 分		相对密度	莫氏硬度 HM
	分 子 式	元素或氧化物/%		
白云母	$H_2KAl_3(SiO_4)_3$		2.76~3.1	2~2.5
黑云母	$(H、K)_2(Mg、Fe)_2Al_2(SiO_4)_3$		2.7~3.1	2.5~3
绿泥石	$H_4Mg_3SiO_9 + H_4Mg_4Al_2SiO_9$		2.65~2.97	2~3
蛇纹石	$H_4Mg_3Si_2O_9$	43Mg	2.5~2.8	4
滑石	$H_2Mg_3(SiO_3)_4$	19.2Mg，29.6Si	2.5~2.8	1~1.5
高岭土	$H_4Al_2Si_2O_9$	$39.5Al_2O_3$	2.2~2.6	2~2.5
石墨	C	100C	2.09~2.23	1~2
十字石	$HFeAl_5Si_2O_{13}$		3.65~3.75	7~7.5
霞石	$Na_6K_2Al_8Si_9O_{34}$		2.55~2.65	5~6
白榴石	$KAl(SiO_3)_2$	$21.5K_2O$ $23.5Al_2O_3$	2.5	5.5~6
叶蜡石	$H_2Al_2(SiO_3)_4$	$28.3Al_2O_3$	2.8~2.9	1~2
蛭石	$3MgO \cdot (Fe、Al)_2O_3 \cdot 3SiO_2$		2.7	1.5
锰橄榄石	Mn_2SiO_4		4~4.1	6.5~7
透闪石	$CaMg_3(SiO_3)_4$		2.9~3.4	5~7
钙铬榴石	$Ca_3Cr_2(SiO_4)_3$		3.5	6.5~7.5
镁铝榴石	$Mg_3Al_2(SiO_4)_3$		3.7	6.5~7.6
蔷薇辉石	$MnSiO_3$	42Mn	3.4~3.7	5.5~6.5
锰铝镏石	$Mn_3Al_2(SiO_4)_3$		4~4.3	6.5~7.5
橄榄石	$(Mg、Fe)_2SiO_4$		3.3	6.5~7
蛋白石	$SiO_2 \cdot nH_2O$		1.9~2.3	5.5~6.5
磷钙岩	$Ca_3(PO_4)_2$	$32.1P_2O_5$	3.2	5
紫苏辉石	$(Fe、Mg)SiO_3$		3.5	5~6
钙铝榴石	$Ca_2Al_2(SiO_4)_3$		3.4~3.7	6.5~7.5
岩盐	$NaCl$	39.4Na	2.1~2.6	2.5
多水高岭土	$H_4Al_2O_3 \cdot 2SiO_3 \cdot 2H_2O$		2~2.2	1~2
钙铁榴石	$Ca_3Fe_2(SiO_4)_3$		3.1~4.3	6.5~7.5
水金云母			2.3	1.5
软滑黏土	$Ca_{12}Al_2Si_9O_{36}$		2.9~3.1	5
贵橄榄石	$(Mg、Fe)_2SiO_4$		3.3	6.5~7
青石棉	$Na_2(Mg、Fe^2、Fe^3、Al)_5$ $(Si_8O_{22})(OH)$		3.2~3.3	4~5
金刚石	C	100C	3.5	10
水镁石	$MgO \cdot H_2O$	69MgO	2.4	2.5
玉髓	SiO_2		2.7~2.9	7
阳起石	$Ca_2(Mg、Fe)_5(Si_8O_{22})(OH)$		3~3.2	5~6
铁铝榴石	$Fe_3Al_2(SiO_4)_3$		3.1~4.3	6.5~7.5
铁石棉	$(Mg、Fe)_7(Si_8O_{22})(OH)$		3.2~3.3	
方沸石	$NaAlSi_2O_6 \cdot 2H_2O$	$23.2Al_2O_3$	2.2~2.3	5~5.5
钙长石	$CaAl_2Si_2O_8$	$36.7Al_2O_3$	2.7~2.8	6~6.1
直闪石	$(Mg、Fe)SiO_3$		3~3.2	5
文石	$CaCO_3$	56CaO	2.9	3.4~4
铁	Fe	100Fe	7.87	4.5

续附录 1

矿物名称	化 学 成 分		相对密度	莫氏硬度 HM
	分 子 式	元素或氧化物/%		
磁铁矿	Fe_3O_4	72.4Fe	4.9~5.2	5.5~6.5
赤铁矿	Fe_2O_3	70Fe	4.8~5.3	5.5~6.5
褐铁矿	$2Fe_2O_3 \cdot 3H_2O$	57.1Fe	3.4~4.4	1~5.5
菱铁矿	$FeCO_3$	48.2Fe	3.8~3.9	3.5~4.5
镜铁矿	Fe_2O_3	70Fe	4.8~5.3	5.5~6.5
针铁矿	$Fe_2O_3 \cdot H_2O$	63Fe		
假象赤铁矿	$\gamma\text{-}Fe_2O_3$	70Fe		
锰	Mn	100Mn	7.44	6
软锰矿	MnO_2	63.2Mn	4.7~4.8	1~2.5
硬锰矿	$mMnO_2 \cdot MnO \cdot nH_2O$	49~62Mn	3.7~4.7	5~6
水猛矿	$Mn_2O_3 \cdot H_2O$	62.5Mn	4.2~4.4	3.5~4
菱锰矿	$MnCO_3$	47.8Mn	3.3~3.6	3.5~4.5
褐锰矿	$3Mn_2O_3 \cdot MnSiO_3$	63.6Mn	4.75~4.82	6~6.5
黑锰矿	Mn_3O_4	72Mn	4.7~4.9	5~5.5
锰方解石	$(Ca、Mn)CO_3$	35.5Mn		
黝锰矿	MnO_2	63.2Mn	4.8~4.9	6~6.5
铬	Cr	100Cr	7.14	9
铬铁矿	$FeO \cdot Cr_2O_3$	$68Cr_2O_3$	4.3~4.6	5.5~7.5
铬酸铅矿	$PbCrO_4$	$31.1Cr_2O_3$	5.9~6.1	2.5~3
钒	V	100V	6.11	—

附录2　各国试验筛筛孔尺寸现行标准

国际标准化组织 ISO 565—1983 主序列 R20/3 /mm	辅序列 R20 /mm	辅序列 R40/3 /mm	德国国家标准 DIN 4188—1977 主序列 R10 /mm	R20/3 /mm	辅序列 R20 /mm	法国国家标准 AFNOR X11-504-1975 R10, 20/2 /mm	前苏联国家标准 ГОСТ 3584—1973 R10, 20 /mm	英国国家标准 BS410—1976/mm	美国（加拿大）国家标准 ANSI/ASTM E11—1970 (77) (目数或英寸)	(mm)	筛号 (目数)	美国泰勒筛制 筛孔尺寸(mm) (英寸)	现行标准	旧标准	日本工业标准 JIS Z8801—1982 R20 /mm	R40/3 /mm
125	125	125	125	125	125	125		125	5	125					125	125
	112				112	(112)			4.24	106					112	
		106							4	(100)						108
	100		100		100	100									100	
90.0	90.0	90.0		90.0	90.0	(90.0)		90.0	3½	90.0					90.0	90.0
	80.0		80.0		80.0	80.0									80.0	
		75.0						75.0	3	75.0						75.0
	71.0				71.0	(71.0)									71.0	
63.0	63.0	63.0	63.0	63.0	63.0	63.0		63.0	2½	63.0					63.0	63.0
	56.0				56.0	(56.0)									56.0	
		53.0						53.0	2.12	53.0						53.0
	50.0		50.0		50.0	50.0			2	(50.0)					50.0	
45.0	45.0	45.0		45.0	45.0	(45.0)		45.0	1¾	45.0					45.0	45.0
	40.0		40.0		40.0	40.0									40.0	
									1½	38.1						
		37.5						37.5								37.5
	35.5				35.5	(35.5)									35.5	
31.5	31.5	31.5	31.5	31.5	31.5	31.5		31.5	1¼	31.5					31.5	31.5
	28.0				28.0	(28.0)									28.0	
		26.5						26.5	1.06	26.5		1.050	26.5	26.67		26.5
	25.0		25.0		25.0	25.0			1	(25.0)					25.0	
22.4	22.4	22.4		22.4	22.4	(22.4)		22.4	7/8	22.4		0.883	22.4	22.43	22.4	22.4
	20.0		20.0		20.0	20.0									20.0	
		19.0						19.0	3/4	19.0		0.742	19.0	18.85		19.0
	18.0				18.0	(18.0)									18.0	
16.0	16.0	16.0	16.0	16.0	16.0	16.0		16.0	5/8	16.0		0.624	16.0	15.85	16.0	16.0
	14.0		14.0		14.0	(14.0)									14.0	
		13.2						13.2	0.530	13.2		0.525	13.2	13.33		13.2
	12.5		12.5		12.5	12.5			1/2	(12.5)					12.5	
11.2	11.2	11.2		11.2	11.2	(11.2)		11.2	7/16	11.2		0.441	11.2	11.20	11.2	11.2
	10.0		10.0		10.0	10.0									10.0	
		9.50						9.50	3/8	9.50		0.371	9.50	9.423		9.50
	9.00				9.00	(9.00)									9.00	
8.00	8.00	8.00	8.00	8.00	8.00	8.00		8.00	5/16	8.00	2.5	0.312	8.00	7.925	8.00	8.00
	7.10				7.10	(7.10)									7.10	
		6.70	6.30		6.30	6.30		6.70	0.265	6.7	3	0.263	6.70	6.680	6.30	6.70
5.60	5.60	5.60		5.60	5.60	(5.60)		5.60	3.5	5.60	3.5	0.221	5.60	5.613	5.60	5.60

续附录 2

国际标准化组织 ISO 565—1983 主序列 R20/3 /mm	ISO 辅序列 R40/3 /mm	ISO 辅序列 R20 /mm	德国国家标准 DIN 4188—1977 主序列 R10 /mm	DIN 辅序列 R20/3 /mm	DIN 辅序列 R20 /mm	法国国家标准 AFNOR X11-504-1975 R10, 20/2/mm	前苏联国家标准 гост 3584—1973 R10, 20 /mm	英国国家标准 BS410—1976/mm	美国（加拿大）国家标准 ANSI/ASTM E11—1970 (77) (目数或英寸)	ANSI (mm)	美国泰勒筛制 筛号(目数)	筛孔尺寸 (英寸)	现行标准 (mm)	旧标准 (mm)	日本工业标准 JIS Z8801—1982 R20 /mm	JIS R40/3 /mm
		5.00	5.00		5.00	5.00									5.00	
	4.75	4.50			4.50	(4.50)		4.75	4	4.75	4	0.185	4.75	4.699	4.50	4.75
4.00	4.00	4.00	4.00	4.00	4.00	4.00		4.00	5	4.00	5	0.156	4.00	3.962	4.00	4.00
		3.55			3.55	(3.55)									3.55	3.55
	3.35	3.15	3.15		3.15	3.15		3.35	6	3.35	6	0.131	3.35	3.327	3.15	
2.80	2.80	2.80		2.80	2.80	(2.80)		2.80	7	2.80	7	0.110	2.80	2.794	2.80	2.80
		2.50	2.50		2.50	2.50	2.50								2.50	
	2.36	2.24			2.24	(2.24)		2.36	8	2.36	8	0.093	2.36	2.362	2.24	2.36
2.00	2.00	2.00	2.00	2.00	2.00	2.00	2.00	2.00	10	2.00	9	0.078	2.00	1.981	2.00	2.00
		1.80			1.80	(1.80)									1.80	
	1.70	1.60	1.60		1.60	1.60	1.60	1.70	12	1.70	10	0.065	1.70	1.651	1.60	1.70
1.40	1.40	1.40		1.40	1.40	(1.40)		1.40	14	1.40	12	0.055	1.40	1.397	1.40	1.40
		1.25	1.25		1.25	1.25	1.25								1.25	
	1.18	1.12			1.12	(1.12)		1.18	16	1.18	14	0.046	1.18	1.168	1.12	1.18
1.00	1.00	1.00	1.00	1.00	1.00	1.00	1.00	1.00	18	1.00	16	0.0390	1.00	0.991	1.00	1.00
		0.900			0.900	(0.900)	0.900								0.90	
	0.850	0.800	0.800		0.800	0.800	0.800	0.850	20	0.850	20	0.0328	0.850	0.833	0.80	0.85
0.710	0.710	0.710		0.710	0.710	(0.710)	0.710	0.710	25	0.710	24	0.0276	0.710	0.701	0.710	0.710
		0.630	0.630		0.630	0.630	0.630								0.630	
	0.600	0.560			0.560	(0.560)	0.560	0.600	30	0.600	28	0.0232	0.600	0.589	0.560	0.600
0.500	0.500	0.500	0.500	0.500	0.500	0.500	0.500	0.500	35	0.500	32	0.0195	0.500	0.495	0.500	0.500
		0.450			0.450	(0.450)	0.450								0.450	
	0.425	0.400	0.400		0.400	0.400	0.400	0.425	40	0.425	35	0.0164	0.425	0.417	0.400	0.425
0.355	0.355	0.355		0.355	0.355	(0.355)	0.355	0.355	45	0.355	42	0.0138	0.355	0.351	0.355	0.355
		0.315	0.315		0.315	0.315	0.315								0.315	
	0.300	0.280			0.280	(0.280)	0.280	0.300	50	0.300	48	0.0116	0.300	0.295	0.280	
0.250	0.250	0.250	0.250	0.250	0.250	0.250	0.250	0.250	60	0.250	60	0.0097	0.250	0.246	0.250	0.250
		0.224			0.224	(0.224)	0.224								0.224	

续附录 2

ISO 565—1983 主序列 R20/3 /mm	ISO 辅序列 R20 /mm	ISO 辅序列 R40/3 /mm	DIN 4188—1977 主序列 R10 /mm	DIN R20/3 /mm	DIN 辅序列 R20 /mm	AFNOR X11-504-1975 R10、20/2 /mm	ГОСТ 3584—1973 R10、20 /mm	BS410—1976 /mm	ANSI/ASTM E11—1970(77) /mm	ANSI 目数或英寸	泰勒 筛号(目数)	泰勒 筛孔尺寸(英寸)	泰勒 现行标准(mm)	泰勒 旧标准(mm)	JIS Z8801—1982 R20 /mm	JIS R40/3 /mm
		0.212						0.212	0.212	70	65	0.0082	0.212	0.208		0.212
	0.200		0.200		0.200	0.200	0.200								0.200	
0.180	0.180	0.180		0.180	0.180	(0.180)	0.180	0.180	0.180	80	80	0.0069	0.180	0.175	0.180	0.180
	0.160		0.160		0.160	0.160	0.160								0.160	
		0.150						0.150	0.150	100	100	0.0058	0.150	0.147		0.150
	0.140				0.140	(0.140)	0.140								0.140	
0.125	0.125	0.125	0.125	0.125	0.125	0.125	0.125	0.125	0.125	120	115	0.0049	0.125	0.124	0.125	0.125
	0.112				0.112	(0.112)	0.112								0.112	
		0.106						0.106	0.106	140	150	0.0041	0.106	0.104		0.106
	0.100		0.100		0.100	0.100	0.100								0.100	
0.090	0.090	0.090		0.090	0.090	(0.090)	0.090	0.090	0.090	170	170	0.0035	0.090	0.088	0.090	0.090
	0.080		0.080		0.080	0.080	0.080								0.080	
		0.075						0.075	0.075	200	200	0.0029	0.075	0.074		0.075
	0.071				0.071	(0.071)	0.071								0.071	
0.063	0.063	0.063	0.063	0.063	0.063	0.063	0.063	0.063	0.063	230	250	0.0024	0.063	0.063	0.063	0.063
	0.056				0.056	(0.056)	0.056								0.056	
		0.053						0.053	0.053	270	270	0.0021	0.053	0.053		0.053
	0.050		0.050		0.050	0.050	0.050								0.050	
0.045	0.045	0.045		0.045	0.045	(0.045)	0.045	0.045	0.045	325	325	0.0017	0.045	0.044	0.045	0.045
	0.040		0.040		0.040	0.040	0.040								0.040	
		0.038							0.038	400	400	0.0015	0.038	0.037		0.038
	0.036				0.036	(0.036)									0.036	
0.032 (R10)	0.032	0.032	0.032		0.032	0.032									0.032	0.032
	0.028				0.028	(0.028)									0.028	
		0.026														0.026
0.025	0.025		0.025		0.025	0.025									0.025	
	0.022	0.022			0.022	(0.022)									0.022	0.022
0.020	0.020		0.020		0.020	0.020									0.020	
0.016																
0.0125																
0.010																
0.008																
0.0063																
0.005																

附录 3　常用正交表

一、$L_4 (2^3)$

列号　试验号	1	2	3
1	1	1	1
2	2	1	2
3	1	2	2
4	2	2	1

注：任意两列的交互列是另外一列。

二、$L_8 (2^7)$

列号　试验号	1	2	3	4	5	6	7
1	1	1	1	2	2	1	2
2	2	1	2	2	1	1	1
3	1	2	2	2	2	2	1
4	2	2	1	2	1	2	2
5	1	1	1	1	1	2	2
6	2	2	2	1	2	2	1
7	1	2	2	1	1	1	1
8	2	2	1	1	2	1	2

注：任意两列的交互作用均占一列，对应列号如下：

列号　试验号	1	2	3	4	5	6	7
1		7	6	5	4	3	2
2	7		5	6	3	4	1
3	6	5		7	2	1	4
4	5	6	7		1	2	3
5	4	3	2	1		7	6
6	3	4	1	2	7		5
7	2	1	4	3	6	5	

三、$L_{12} (2^3 \times 3^1)$

列号　试验号	1	2	3	4
1	1	1	1	2
2	2	1	2	2
3	1	2	2	2
4	2	2	1	2
5	1	1	1	1
6	2	1	2	1
7	1	2	2	1
8	2	2	1	1
9	1	1	1	3
10	2	1	2	3
11	1	2	2	3
12	2	2	1	3

四、$L_{16}(2^{15})$

列号 试验号	1	2	3	4	6	6	T	8	9	10	11	12	13	14	15
1	1	1	1	1	1	1	1	1	1	1	1	1	1	1	1
2	1	1	1	1	1	1	1	2	2	2	2	2	2	2	2
3	1	1	1	2	2	2	2	1	1	1	1	2	2	2	2
4	1	1	1	2	2	2	2	2	2	2	2	1	1	1	1
5	1	2	2	1	1	2	2	1	1	2	2	1	1	2	2
6	1	2	2	1	1	2	2	2	2	1	1	2	2	1	1
7	1	2	2	2	2	1	1	1	1	2	2	2	2	1	1
8	1	2	2	2	2	1	1	2	2	1	1	1	1	2	2
9	2	1	2	1	2	1	2	1	2	1	2	1	2	1	2
10	2	1	2	1	2	1	2	2	1	2	1	2	1	2	1
11	2	1	2	2	1	2	1	1	2	1	2	2	1	2	1
12	2	1	2	2	1	2	1	2	1	2	1	1	2	1	2
13	2	2	1	1	2	2	1	1	2	2	1	1	2	2	1
14	2	2	1	1	2	2	1	2	1	1	2	2	1	1	2
15	2	2	1	2	1	1	2	1	2	2	1	2	1	1	2
16	2	2	1	2	1	1	2	2	1	1	2	1	2	2	1

$L_{16}(2^{15})$ 表头设计

列号 试验号	1	2	3	4	5	6	7	8	9	10	11	12	13	14	15
4	A	B	AB	C	AC	BC		D	AD	BD		CD			
5	A	B	AB	C	AC	BC	de	D	AD	BD	CE	CD	BE	AE	E
6	A	B	AB DE	C	AC DF	BC EF		D	AD BE CF	BD AE	E	CD AF	F		CE BF
7	A	B	AB DE FG	C	AC DF EG	BC EF DG		D	AD BE CF	BD AE CG	E	CD AF BG	F	G	CE BF AG
8	A	B	AB DE FG CH	C	AC DF EG BH	BC EF DG AH	H	D	AD BE CF GH	BD AE CG FH	E	CD AF BG EH	F	G	CE BF AG DH

五、$L_{32}(2^{31})$

列号\n试验号	1	2	3	4	5	6	7	8	9	10	11	12	13	14	15	16	17	18	19	20	21	22	23	24	25	26	27	28	29	30	31
1	1	1	1	2	2	1	2	1	2	2	1	1	1	2	2	1	2	1	1	2	1	2	1	1	2	1	2	2	1	2	1
2	2	1	2	2	1	1	1	1	1	2	2	1	2	2	1	1	1	1	2	2	2	2	2	1	1	1	1	2	2	2	1
3	1	2	2	2	2	2	1	1	2	1	2	1	1	1	1	1	2	2	2	2	1	1	2	1	2	2	1	2	1	1	t
4	2	2	1	2	1	2	2	1	1	1	1	1	2	1	2	1	1	2	1	2	2	1	1	1	1	2	2	2	2	1	1
5	1	1	2	1	1	2	2	1	2	2	2	2	2	1	1	1	2	1	2	1	2	1	1	1	2	1	1	1	2	1	1
6	2	1	1	1	2	2	1	1	1	2	1	2	1	1	1	1	1	1	1	1	1	1	2	1	1	1	2	1	1	1	2
7	1	2	1	1	1	1	1	1	2	1	1	2	2	2	1	1	2	2	1	2	2	2	2	1	2	2	2	1	2	2	2
8	2	2	2	1	2	1	2	1	1	1	2	2	1	2	2	1	1	2	2	1	1	2	1	1	1	1	1	1	1	2	1
9	1	1	1	1	2	2	1	2	1	1	2	1	2	2	2	1	2	1	1	1	1	1	2	2	1	2	1	2	2	2	1
10	2	1	2	1	1	2	2	2	2	1	1	1	1	1	2	1	1	1	2	1	1	1	2	2	2	2	2	2	1	2	2
11	1	2	2	1	2	1	2	2	1	2	1	1	2	1	1	1	2	2	2	1	2	1	1	2	1	1	2	2	2	1	2
12	2	2	1	1	1	1	1	2	2	2	2	1	1	2	1	1	1	2	1	1	1	2	2	2	1	1	2	1	1	1	1
13	1	1	2	2	1	1	1	2	1	1	1	2	1	1	1	1	2	1	2	2	2	2	2	2	1	2	2	1	1	1	1
14	2	1	1	2	2	1	2	2	2	1	2	2	2	2	1	1	1	1	1	2	2	2	1	2	2	2	1	2	1	2	1
15	1	2	1	2	1	2	2	2	1	2	2	2	1	2	1	1	2	2	1	2	2	1	1	2	1	1	1	1	1	2	2
16	2	2	2	2	2	2	1	2	2	2	1	2	2	2	2	1	1	2	2	2	1	1	2	2	2	1	2	1	2	2	1
17	1	1	1	2	1	2	1	2	2	1	1	2	1	2	1	2	1	2	2	1	1	2	1	1	1	2	1	1	1	2	1
18	2	1	2	2	2	2	2	2	1	2	1	2	2	2	1	2	1	2	2	2	2	1	2	1	1	1	2	2	2	2	2
19	1	2	2	2	1	1	2	2	2	1	2	1	2	2	2	2	1	1	1	1	2	1	2	1	1	2	1	1	1	1	2
20	2	2	1	2	2	1	1	2	1	1	1	1	1	2	1	2	1	2	1	2	1	1	2	1	1	1	1	2	1	1	1
21	1	1	1	2	1	2	1	2	2	2	2	2	1	1	2	2	1	2	1	2	1	1	2	1	2	2	2	2	1	1	1
22	2	1	3	1	1	1	2	2	1	2	1	2	2	2	2	2	2	2	2	1	1	2	2	n	2	2	1	2	1	1	2
23	1	2	1	1	2	2	2	2	2	1	1	2	1	1	2	2	1	1	2	2	2	2	1	1	1	1	2	2	2	2	2
24	2	2	2	1	1	2	1	2	1	1	2	2	2	1	1	2	2	1	1	2	1	2	1	1	2	1	2	2	2	1	1
25	1	1	1	1	1	1	1	1	1	2	1	1	2	1	1	2	1	2	2	2	1	2	1	2	2	1	2	1	2	2	1
26	2	1	2	1	2	1	1	1	2	1	1	1	2	1	2	2	2	2	1	2	2	1	1	2	1	1	1	1	1	2	2
27	1	2	2	1	1	2	1	1	1	2	1	1	1	2	2	2	1	1	1	2	1	2	1	2	2	2	1	1	2	1	1
28	2	2	1	1	2	2	2	1	2	2	1	2	2	1	1	2	1	1	2	1	2	2	1	2	2	2	1	1	1	1	1
29	1	1	2	2	2	2	2	1	1	1	1	2	2	2	1	2	1	2	1	2	2	2	2	2	1	2	1	1	1	1	1
30	2	1	1	2	1	2	1	1	2	1	2	2	1	2	1	2	2	2	2	1	1	2	1	t	1	1	2	2	2	1	2
31	1	2	1	2	2	1	1	1	1	2	2	2	2	1	2	2	1	1	2	1	2	1	1	2	2	2	2	1	2	2	2
32	2	2	2	2	1	1	1	1	2	1	2	1	1	1	1	2	2	1	1	1	1	1	2	2	1	2	1	2	2	2	1

注：表中套有 $L_{16}(2^{15})$、$L_8(2^7)$ 和 $L_4(2^3)$，但其中 $L_{16}(2^{15})$ 的排法与前页第四表不同，因而表头设计也不同。

六、$L_9(3^4)$

列号 试验号	1	2	3	4
1	1	1	3	2
2	2	1	1	1
3	S	1	2	3
4	1	2	2	1
5	2	2	3	3
6	3	2	1	2
7	1	3	1	3
8	2	3	2	2
9	3	3	3	1

注:任意两列的交互列是另外两列。

七、$L_{16}(4^5)$

列号 试验号	1	2	3	4	5
1	1	1	4	3	2
2	2	1	1	1	3
3	3	1	3	4	1
4	4	1	2	2	4
5	1	2	3	2	3
6	2	2	2	4	2
7	3	2	4	1	4
8	4	2	1	3	1
9	1	3	1	4	4
10	2	3	4	2	1
11	3	3	2	3	3
12	4	3	3	1	2
13	1	4	2	1	1
14	2	4	3	3	4
15	3	4	1	2	2
16	4	4	4	4	3

注:任意两列的交互列是另外三列。

八、$L_{25}(5^6)$

列号 试验号	1	2	3	4	5	6
1		1	2	4	3	2
2	2	1	5	5	5	4
3	3	1	4	1	4	2
4	4	1	1	3	1	3
5	5	1	3	2	2	5
6	1	2	3	1	4	4
7	2	2	2	2	1	1
8	3	2	5	4	2	3
9	4	2	4	5	3	5
10	5	2	1	1	5	2
11	1	3	1	5	2	1
12	2	3	3	1	3	3
13	3	3	2	3	5	5
14	4	3	5	2	4	2
15	5	3	4	4	1	5
16	1	4	4	2	5	3
17	2	4	1	4	4	5
18	3	4	3	5	1	2
19	4	4	2	1	2	4
20	5	4	5	3	3	1
21	1	3	5	1	1	5
22	2	5	4	3	2	2
23	3	5	1	2	3	4
24	4	5	3	4	5	1
25	5	5	2	5	4	3

注:任意两列的交互列是另外四列。

九、$L_{27}(3^{13})$

列号 试验号	1	2	3	4	5	6	7	8	9	10	11	12	13
1	1	1	3	2	1	2	2	3	1	2	1	3	3
2	2	1	1	1	1	1	3	3	2	1	1	2	1
3	3	1	2	3	1	3	1	3	3	3	1	1	2
4	1	2	2	1	1	2	2	2	3	1	3	1	1
5	2	2	3	3	1	1	3	2	1	3	3	3	2
6	3	2	1	2	1	3	1	2	2	2	3	2	3
7	1	3	1	3	1	2	2	1	2	3	2	2	2
8	2	3	2	2	1	1	3	1	3	2	2	1	3
9	3	3	3	1	1	3	1	1	1	1	2	3	1
10	1	1	1	1	2	3	3	1	3	2	3	3	2
11	2	1	2	3	2	2	1	1	1	1	3	2	3
12	3	1	3	2	2	1	2	1	2	3	3	1	1
13	1	2	3	3	2	3	3	3	2	1	2	1	3
14	2	2	1	2	2	2	1	3	3	3	2	3	1
15	3	2	2	2	2	1	2	3	1	2	2	2	2
16	1	3	2	2	2	3	3	2	1	3	1	2	1
17	2	3	3	2	2	2	1	2	2	2	1	1	2
18	3	3	1	2	2	1	2	2	3	1	1	3	3
19	1	1	2	3	3	1	1	2	2	2	2	3	1
20	2	1	3	3	3	3	2	2	3	1	2	2	2
21	3	1	1	3	3	2	3	2	1	3	2	1	3
22	1	2	1	3	3	1	1	1	1	1	1	1	2
23	2	2	2	3	3	3	2	1	2	3	1	3	3
24	3	2	3	3	3	2	3	1	3	2	1	2	1
25	1	3	3	3	3	1	1	3	3	3	3	2	3
26	2	3	1	3	3	3	2	3	1	2	3	1	1
27	3	3	2	2	3	2	3	3	2	1	3	3	2

十、$L_8(4^1 \times 2^4)$

列号 试验号	1	2	3	4	5	列号 试验号	1	2	3	4	5
1	1	1	2	2	1	5	1	2	1	1	2
2	3	2	2	1	1	6	3	1	1	2	2
3	2	2	2	2	2	7	2	1	1	1	1
4	4	1	2	1	2	8	4	2	1	2	1

注：在第二表 $L_8(2^7)$ 中，把第一列和第二列的 1 和 1、1 和 2、2 和 1、2 和 2 依次换成 1、2、3、4，同时取消它们的交互列第七列，再将表中的第 3、4、5、6 列依次提前一号，成为 2、3、4、5 列，就构成本表。

附录4　各种矿物的物质比磁化率

序号	矿 物 名 称	粒度 /mm	比磁化率 χ		颜色	产地
			CGSM 制	SI 制		
1	磁铁矿(Fe-68.6%)	0.2~0	92000×10^{-6}	1156×10^{-6}	钢灰色	中国[①]
2	含钒磁铁矿 (Fe-69.6%,V_2O_5-0.59%)	0.15~0	94000×10^{-6}	1181×10^{-6}	钢灰色	中国[①]
3	含钒钛磁铁矿 (Fe-69.7%,TiO_2-6.9%, V_2O_5-0.9%)	0.4~0	94000×10^{-6}	917×10^{-6}	钢灰色	中国
4	含稀土元素磁铁矿(Fe-67.3%)	0.15~0	58000×10^{-6}	729×10^{-6}	钢灰色	中国
5	磁黄铁矿		5600×10^{-6}	57×10^{-6}		中国
6	假象赤铁矿(Fe-66.7%,FeO-0.6%)		496×10^{-6}	6×10^{-6}		中国
7	假象赤铁矿 (Fe-67.15%,FeO-0.7%)		520×10^{-6}	6.5×10^{-6}		中国
8	赤铁矿		$48(60,101,172)\times 10^{-6}$	$6(7.5,12.7,21.6)\times 10^{-7}$	红色	法国 苏联
9	鲕状赤铁矿(Fe-60.3%)	0.7~0.25	39×10^{-6}	4.9×10^{-7}	粉红色	中国
10	镜铁矿	1~0	292×10^{-6}	3.7×10^{-7}	闪光铁青色	苏联
11	菱铁矿	1~0	98×10^{-6}	12.3×10^{-7}		中国
12	菱铁矿		$56(80~120)\times10^{-6}$	$7(10~15)\times10^{-7}$		法国 苏联
13	褐铁矿		$25~32(80)\times10^{-6}$	$3.1~4(10)\times10^{-7}$	黄褐色	苏联
14	水锰矿	0.13~0	81×10^{-6}	10.2×10^{-7}	黑色	苏联
15	水锰矿	0.83~0	28×10^{-6}	3.5×10^{-7}	褐色	苏联
16	软锰矿	0.83~0	27×10^{-6}	3.4×10^{-7}	黑色	苏联
17	硬锰矿		$24(49)\times10^{-6}$	$3(6.2)\times10^{-7}$		苏联
18	褐锰矿	0.83~0	120×10^{-6}	15×10^{-7}		苏联
19	菱锰矿		$104(135)\times10^{-6}$	$13.1(16.9)\times10^{-7}$		法国 苏联
20	锰土		85×10^{-6}	10.7×10^{-7}		苏联
21	含锰方解石		$66(94)\times10^{-6}$	$8.3(11.8)\times10^{-7}$		苏联
22	铬矿石		$(50~70)\times10^{-6}$	$(6.3~8.8)\times10^{-7}$		苏联
23	钛铁矿		$27(113,399)\times10^{-6}$	$3.4(14.2,50)\times10^{-7}$		苏联
前24	黑钨矿		$(39~189)\times10^{-6}$	$(4.9~23.7)\times10^{-7}$	黑褐色	中国
25	石榴石		$63(160)\times10^{-6}$	$7.2(20)\times10^{-7}$	淡红色	苏联
26	黑云母	0.83~0	$40(52)\times10^{-6}$	$5(6.5)\times10^{-7}$		苏联
27	蛇纹石		$(500~1000)\times10^{-6}$	$(62.7~125.7)\times10^{-7}$		苏联
28	角闪石		$30(230)\times10^{-6}$	$3.8(28.9)\times10^{-7}$	暗	苏联
29	辉石		65×10^{-6}	8.2×10^{-7}		苏联
30	绿泥石		$(30~90)\times10^{-6}$	$(3.8~12.6)\times10^{-7}$	绿色	法国

序号	矿物名称	粒度 /mm	比磁化率 χ		颜色	产地
			CGSM 制	SI 制		
31	千枚岩		$(50\sim100)\times10^{-6}$	$(6.3\sim12.6)\times10^{-7}$		苏联
32	白云岩		27×10^{-6}	3.4×10^{-7}		苏联
33	铁白云岩		24×10^{-6}	4.3×10^{-7}		法国
34	滑石		28×10^{-6}	3.5×10^{-7}		苏联
35	电气石	$0.15\sim0$	345×10^{-6}	43.4×10^{-7}	深灰(带黄)	中国
36	锆英石(ZrO_2-63.7%)	$0.15\sim0$	38×10^{-6}	4.8×10^{-7}	白色	中国
37	金红石(TiO_2-90.7)	$0.15\sim0$	14×10^{-6}	1.8×10^{-7}	红褐色	中国
38	独居石		14×10^{-6}	1.8×10^{-7}		苏联
39	方解石		0.3×10^{-6}	3.8×10^{-9}		法国
40	白云山		2×10^{-6}	25×10^{-9}		法国
41	长石		5×10^{-6}	62.8×10^{-9}		苏联
42	磷灰石		4×10^{-6}	50×10^{-9}		苏联
43	萤石	$0.83\sim0$	4.8×10^{-6}	60.3×10^{-9}	无色	苏联
44	石膏	$0.83\sim0$	4.3×10^{-6}	54×10^{-9}	黄白色	苏联
45	刚玉	$0.13\sim0$	10×10^{-6}	1.3×10^{-7}	浅蓝色	苏联
46	石英		$0.2(10)\times10^{-6}$	$(2.5\sim125.7)\times10^{-9}$		苏联
47	锡石		$(2\sim8)\times10^{-6}$	$(25.1\sim100.5)\times10^{-9}$	深褐色	中国
48	黄铁矿		$0(7.5)\times10^{-6}$	$0(94.2)\times10^{-9}$		苏联
49	白铁矿		0	0		法国
50	砷黄铁矿		0	0		法国
51	斑铜矿		$0(14)\times10^{-6}$	$62.8(175.9)\times10^{-9}$		法国 苏联
52	辉铜矿		$0(8.5)\times10^{-6}$	$0(107)\times10^{-9}$		苏联
53	孔雀石		15×10^{-6}	1.9×10^{-7}		苏联
54	黑云母	$0.83\sim0$	10×10^{-6}	2.4×10^{-7}	绿青色	苏联
55	蛇纹石		0	0		法国
56	角闪石		9×10^{-6}	1.1×10^{-7}	红褐色	法国 苏联
57	辉石	$0.83\sim0$	1.4×10^{-6}	17.6×10^{-9}	灰色	苏联
58		$0.13\sim0$	15×10^{-6}	1.9×10^{-7}	白色	苏联
59		$0.83\sim0$	3.8×10^{-6}	47.8×10^{-9}	粉红色	苏联

①是对许多样品测定的平均值。磁化磁场强度为 80KA/m(1000Oe)。

附录 5　各种矿物的介电常数和电阻

矿石名称	分 子 式	主要元素或氧化物的含量/%	密度 /g·cm⁻³	电阻/Ω	介电常数	导电性能
金刚石	C	100C	$3.2 \sim 3.5$	10^{10}	16.5	非导体
锐钛矿	TiO_2	60Ti	$3.8 \sim 3.9$		48.0	导　体
辉锑矿	Sb_2S_3	71.4Sb	$4.5 \sim 4.6$	$10^4 \sim 10^{11}$		非导体
硬石膏	$CaSO_4$	41.2CaO	$2.8 \sim 3.0$		$5.7 \sim 7.0$	非导体
磷灰石	$Ca(PO_4)_3F$	42.3P_2O_5	$3.1 \sim 3.2$	10^{12}	$7.4 \sim 10.5$	非导体
毒　砂	FeAsS	46.0As	$5.9 \sim 6.2$		81	导　体
辉银矿	AgS	86.1Ag	$7.2 \sim 7.4$	10^{-4} 及 $10^{13} \sim 10^{14}$		高温时为 导体
重金石	$BaSO_4$	65.7BaO	$4.3 \sim 4.6$	10^{12}	$5.0 \sim 12.0$	非导体
绿柱石	$Be_3Al_2(Si_6O_{18})$	14.1BeO	$2.6 \sim 2.9$		$3.9 \sim 7.7$	非导体
黑云母	$K(Mg_9Fe)_3(Si_3AlO_{10})$ $(OH_9F)_2$					
斑铜矿	Cu_5FeS_4	63.3Cu	$4.9 \sim 5.2$	$10^{-1} \sim 10^{-3}$		导　体
硫锑铅矿	Pb_5SbS_{11}	55.4Pb 25.7Pb	6.23	$10^3 \sim 10^5$		导　体
铁白云山	$Ca(MgFe)(CO_3)_2$	—	$2.9 \sim 3.1$			非导体
硅灰石	$Ca_3(Si_3O_9)$	48.3CaO	$2.8 \sim 2.9$			非导体
黑钨矿	$(MnFe)WO_4$	75.0WO_4	7.3	$10^5 \sim 10^6$	15.0	导　体
辉铋矿	Bi_2S_3	81.2Bi	6.466	$10 \sim 10^4$		导　体
碳酸钡矿	$BaCO_3$	77.7CaO	$4.2 \sim 4.3$		7.5	非导体
闪锌矿	ZnS	67.1Zn	$4.0 \sim 4.3$	10	8.3	非导体
方铅矿	PbS	86.6Pb	$7.4 \sim 7.6$	$10^5 \sim 10^{-2}$	>81.0	导　体
岩　盐	NaCl	60.6Cl	$2.1 \sim 2.2$		$5.6 \sim 7.3$	非导体
黑锰矿	$MnMn_2O_4$	72.0Mn	$47 \sim 49$	$10^4 \sim 10^5$		导　体
赤铁矿,假象赤铁矿	Fe_2O_3	70.0Fe	$5.0 \sim 5.3$	$10 \sim 10^3$	25.0	导　体
石　膏	$CaSO_4-2H_2O$	32.5CaO	2.3		$8.0 \sim 11.6$	非导体
石榴石	$Mg_3Al_2(SiO_4)_3$	3	$3.5 \sim 4.2$	5.0		非导体
石　墨	C	100C	$2.09 \sim 2.23$	$10^{-6} \sim 10^{-4}$	>81	导　体
蓝晶石	$Al(SiO_4)O$	63.1AlO_3	$3.6 \sim 3.7$		$5.7 \sim 7.2$	非导体
脆硫锑铅矿	$Pb_4FeSb_6S_{14}$	—	5.63	$10^2 \sim 10^3$		导　体
白云石	$CaMg(CO_3)_2$	30.4CaO	$1.8 \sim 2.9$		$6.8 \sim 7.8$	非导体
金	Au	90.0Au	$15.6 \sim 18.3$		>81	导　体
钛铁矿	$FeTiO_3$	52.6Ti_2O	4.7	$1 \sim 10^{-3}$	$33.7 \sim 81.0$	导　体
方解石	$CaCO_3$	56.0CaO	$2.6 \sim 2.7$	$10^7 \sim 10^{11}$	$7.8 \sim 8.5$	非导体
白云石	$CaMg(CO_3)_2$	30.4CaO	$1.8 \sim 2.9$		$6.8 \sim 7.8$	非导体
金	Au	90.0Au	$15.6 \sim 18.3$		>81	导　体
钛铁矿	$FeTiO_3$	52.6Ti_2O	4.7	$1 \sim 10^{-3}$	$33.7 \sim 81.0$	导　体
方解石	$CaCO_3$	56.0CaO	$2.6 \sim 2.7$	$10^7 \sim 10^{11}$	$7.8 \sim 8.5$	非导体
锡　石	SnO_2	78.8Sn	$6.8 \sim 7.0$	10	21.0	导　体

矿石名称	分子式	主要元素或氧化物的含量/%	密度/g·cm^{-3}	电阻/Ω	介电常数	导电性能
石英	SiO_2	$100.0SiO_2$	2.5~2.8	10^{-4}~10^{10}	4.2~5.0	非导体
辰砂	HgS	86.2Hg	8.1~8.2	10^7	33.7~81	导体
辉钴矿	$CoAsS$	35.4Co 45.3As	6.0~6.5	10^{-4}~10		导体
铜蓝	CuS	66.5Cu	4.59~4.67	10^{-5}~10^{-3}		导体
刚玉	Al_2O_3	53.2Al	3.9~4.1		5.6~6.3	非导体
赤铜矿	Cu_2O	88.8Cu	6.0	10^{-4}; 10^4~10^6	6.0	非导体
磁铁矿	$FeFe_2O_4$	72.4Fe	4.9~5.2	10^{-4}~10^{-3}	33.7~81.0	导体
白铁矿	FeS_2	46.6Fe	4.6~4.9	10^{-5}~10^{-4}	33.7~81.0	导体
微斜长石	$K(AlS_3O_4)$	—	2.5	10^3	5.0~6.9	非导体
细晶石	$(Na,Ca)_2FA_2O_6(E_9OH)$	67~77Ta_2O_5	5.4~6.4			导体
辉钼矿	MoS_2	60Mo	4.7~5.0	10^{-3},10^2	>81	升温时为导体
独居石	$(Ce,La,Hh)PO_4$	5~28ThO_2 50~68CeLa	4.9~5.5	>10^{10}	12	非导体
白云母	$KAl_2(AlSi_3O_{10})(OH)_2$		2.8~3.1	<10^{10}	6.5~8.0	非导体
砷镍矿	$NiAs$	43.9Ni 56.1As	7.6~7.8	10^{-6}		导体
橄榄石	$(Mg,Fe)_2SiO_4$	45~50MgO	3.3~3.5		6.8	非导体
正长石	$K(AlSi_3O_8)$	64.7SiO_2	2.6		5.0~6.2	非导体
镍黄铁矿	$(Fe,Ni)_9S_8$	27~50Fe 10~42Ni	4.5	10^{-3}		导体
黄铁矿	FeS_2	53.4	4.9~5.2	10^{-5}~10^{-1}	33.7~81.0	导体
软锰矿	MnO_2	63.2Mn	4.7~5.0	<10^4	>81	导体
磁黄铁矿	$Fe_{1-x}S$	至40S	4.6~4.7	10^{-5}~10^{-3}	>81	导体
镁铝榴石	$Mg_3Al_2(SiO_4)_3$	44.8SiO_2	3.5	>10^{10}		非导体
黄绿石	$(Na,Ca\cdots)_2(Nb,Ti)_2O_6(F,OH)$	至63Nb_2O_3	4.0~4.4	—	4.1~4.5	非导体
斜长石	$Na(AlSi_3O_8)$等	—	2.5~2.8		4.5~6.2	非导体
钨钼钙矿	$CaMoO_4$	72MoO_3	4.3~4.5	—		非导体
硬锰矿	$mMnO·MnO_2·nH_2O$	60~80MnO_2	4.2~4.7	-	4.9~5.8	导体
雄黄	AsS	70.1As	3.4~3.6	10^2~10^3		导体
金红石	TiO_2	60Ti	4.2~5.2	1~10^3	89~173	导体
蛇纹石	$Mg_6(Si_4O_{10})(OH)_8$	43MgO	2.5~2.9	—	10.0	非导体
菱铁矿	$FeCO_3$	48.3Fe	3.9	10~10^2	7.7	导体
硅线石	$Al(AlSiO_5)$	63.1Al_2O_3	3.2~3.3	—	9.3	非导体
菱锌矿	$ZnCO_3$	52.0Zn	4.1~4.5	10^{10}	8.0	非导体
锂辉矿	$LiAl(Si_2O_6)$	8.1Li_2O	3.1~3.2	—	8.4	非导体
十字石	$FeAl_6(SiO_4)_2O_2(OH)_2$	55.9Al_2O_3	3.6~3.8	—	6.8	非导体

续附录 5

矿石名称	分子式	主要元素或氧化物的含量/%	密度/g·cm⁻³	电阻/Ω	介电常数	导电性能
黄锡矿	Cu_2FeSnS_4	29.5Cu 27.5Zn	4.3~4.5	$10 \sim 10^3$		导　体
闪锌矿	ZnS	67.1Zn	3.5~4.0	$10^{-5}; 10^6$	7.8	非导体
石		40.8TiO₂	3.3~3.6		4.0~6.6	非导体
钽铁矿	$(FeMn)Ta_2O_6$	77.6Ta₂O₅	5.2~8.2	10^2		导　体
黑铜矿	CuO	79.9Cu	5.8~6.4	10^3		导　体
黝铜矿	$Cu_{12}SbS_{13}$	22~53Cu	4.4~5.4	$10^{-3}; 10^3$ $10^{12} \sim 10^{14}$		导　体
钛磁铁矿	$TiFe_2O_4$	72.4Fe	4.9~5.2	10^{-2}		导　体
黄玉	$Al(SiO_4)(F_9OH)_2$	48.2~62Al₂O₃	3.5~3.6		6.6	非导体
电气石	$(Na_9,Ca)(Mg_9,Al)_6$ $[B_3Al_3Si_6(O_9OH)_{39}]$	40SiO₂10B₂O₃	2.9~3.3		6.9	非导体
金云母	$KMg_3(Si_3AlO_{10})(F_9OH)_2$	—	2.7~2.9	$10^{11} \sim 10^{12}$	5.9~9.3	非导体
萤石	CaF	51.2Ca 48.8F	3.0~3.2	10^{10}	6.7~7.0	非导体
辉铜矿	Cu_2O	79.8Cu	5.5~5.8	$10^{-6}; 10^{-1} \sim 1$	>81	导　体
黄铜矿	$CuFeS_2$	34.57Cu	4.1~4.3	$10^{-4} \sim 10$	>81	导　体
绿泥石	$(Mg,Fe)_5Al(AlSi_3O_{10})$ $(OH)_8$等					非导体
铬磁铁矿	$CrFe_2O_4$	72.4Fe	4.9~5.2	10^{-2}		导　体
白铅矿	$PbCO_3$	77.5Pb	6.4~6.6	—	23.1	导　体
锆石	$ZrSiO_4$	67.1ZrO	4.6~4.7	$10^{13} \sim 10^{15}$	8~12	非导体
白钨矿	$CaWO_4$	80.6WO₄	5.8~6.2	10^{11}	8~12	非导体
尖晶矿	$MgAl_2O_4$	71.8Al₂O₃	3.5~3.7	—	6.8	非导体
绿帘石	$Ca_2(Al,Fe)_3Si_3O_{12}(OH)$	至17.0Fe₂O₃	3.3~3.4	—	6.2	非导体

附录 6　矿物的比导电度和整流性

序　号	矿物名称	化学成分	比导电度	电位/kV	整流性
		自然元素			
1	石墨	C	1.00	2.800	全整流
2	石墨	C	1.22	3.588	全整流
3	硫	S	3.90	10.920	正整流
4	砷	As	2.34	6.522	全整流
5	锑	Sb	2.78	7.800	全整流
6	铋	Bi	1.67	4.680	全整流
7	银	Ag	2.34	6.522	全整流
8	铁	Fe	2.78	7.800	全整流
		硫化物			
9	辉锑矿	Sb_2S	2.45	6.864	全整流
10	辉钼矿	MoS_2	2.51	7.020	全整流
11	方铅矿	PbS	2.45	6.864	全整流
12	辉铜矿	CuS_2	2.34	6.552	负整流
13	闪锌矿	ZnS	3.06	8.580	全整流

续附录 6

序　号	矿物名称	化学成分	比导电度	电位/kV	整流性
14	红砷镍矿	$NiAs$	2.78	7.800	全整流
15	磁硫铁矿	Fe_5S_6 至 $Fe_{16}S_{17}$	2.34	6.522	全整流
16	斑铜矿	$Cu_9SiCuS \cdot FeS$	1.67	4.680	全整流
17	黄铜矿	$CuFeS_2$	1.67	4.680	全整流
18	黄铁矿	FeS_2	2.78	7.800	全整流
19	砷钴矿	$CoAs_2$	2.28	6.396	全整流
20	白铁矿	FeS_2	1.95	5.460	全整流
		卤化物			
21	岩　盐	$NaCl$	1.45	4.056	全整流
22	萤　石	CaF_2	1.84	5.148	全整流
23	冰晶石	Na_3AlF_6	1.95	5.460	正整流
		氧化物			
24	石　英	SiO_2	3.17	8.892	负整流
25	石　英	SiO_2	3.45	9.672	负整流
26	石　英	SiO_2	3.63	10.140	负整流
27	石　英	SiO_2	3.63	10.140	负整流
28	石　英	SiO_2	4.80	13.416	负整流
29	石　英	SiO_2	5.30	14.820	负整流
30	石　英	SiO_2	5.30	14.820	负整流
31	刚　玉	Al_2O_3	4.90	13.720	全整流
32	赤铁矿	Fe_2O_3	2.23	6.240	全整流
33	钛铁矿	$FeTiO_2$	2.51	7.020	全整流
34	磁铁矿	Fe_2O_3	2.78	7.800	全整流
35	锌铁矿	$(Fe,Zn,Mn)O_2(Fe,Mn)_2O_3$	2.90	8.112	全整流
36	铬铁矿	$FeCr_2O_4$	2.01	5.616	全整流
37	金红石	TiO_2	2.62	7.332	全整流
38	软锰矿	MnO_2	1.67	4.680	全整流
39	水锰矿	$MnO(OH)$	2.01	5.516	全整流
40	褐铁矿	$2Fe_2O_3 \cdot 3H_2O$	3.06	8.850	全整流
41	水矾土	$Al_2O_3 \cdot 2H_2O$	3.06	8.580	负整流
		碳酸盐类			
42	方解石	$CaCO_3$	3.90	10.920	正整流
43	方解石	CaO_3	3.90	10.920	正整流
44	白云石	$CaMg(CO_3)_2$	2.95	8.268	正整流
45	菱苦土矿	$MgCO_3$	3.06	8.580	正整流
46	菱铁矿	$FeCO_3$	2.56	7.176	全整流
47	菱锰矿	$MnCO_3$	3.06	8.580	全整流
48	菱锌矿	$ZnCO_3$	4.45	12.480	负整流
49	霞　石	$CaCO_3$	5.29	14.800	正整流
		硅酸盐类			
50	微斜长石	$KAlSi_5O_8$	2.67	7.488	全整流
51	曹灰长石		2.23	6.240	负整流

序　号	矿物名称	化学成分	比导电度	电位/kV	整流性
52	灰曹长石		1.78	4.992	全整流
53	顽火辉石	$MgSiO_3$	2.78	7.800	负整流
54	辉　石		2.17	6.084	负整流
55	角闪石		2.51	7.020	负整流
56	霞　石		2.23	6.240	全整流
57	石榴石		6.48	18.000	全整流
58	蔷薇辉石		5.85	16.380	正整流
59	铁铝石榴子石	$Fe_3Al_2(SiO_4)_3$	4.45	12.480	全整流
60	橄榄石	$(Mg,Fe)_2SiO_4$	3.28	9.204	正整流
61	锆　石	$ZrSiO_4$	4.18	11.700	负整流
62	黄　玉	$(AlF)_2SiO_4$	4.45	12.480	正整流
63	蓝晶石	Al_2SiO_5	3.28	9.240	全整流
64	斧　石		3.68	10.296	负整流
65	异极矿	H_2ZnSiO_5	3.23	9.048	全整流
66	电气石		2.56	7.176	负整流
67	白云母		1.06	2.964	正整流
68	菱云母		1.78	4.992	全整流
69	黑云母		1.73	4.836	全整流
70	蛇纹石	$H_4Mg_3SiO_2O_4$	2.17	6.084	正整流
71	滑　石	$H_2Mg_3(SiO_2)_4$	2.34	6.552	全整流
72	高岭土	H_2Al,Si_2O_9	2.39	6.708	负整流
73	白色黏土岩		1.28	3.588	全整流
		磷酸盐类			
74	独居石		2.34	6.522	全整流
75	菱辉石		4.18	11.700	正整流
		硫酸盐类			
76	重晶石	$BaSO_4$	2.06	5.772	全整流
77	硬石膏	$CaSO_4$	2.78	7.800	正整流
78	石　膏	$CaSO_4 \cdot 2H_2O$	2.73	7.644	正整流
		钨酸盐及钼酸盐类			
79	钨锰铁矿	$(FeMn)WO_4$	2.62	7.322	全整流
80	白钨矿	$CaWO_4$	3.06	8.580	全整流
81	钼铅矿	$PbMoO_4$	4.18	11.700	全整流
		碳氢化物			
82	无烟煤		1.28	3.588	全整流
83	沥青煤		1.45	4.056	正整流
84	炼焦沥青煤		2.23	6.240	正整流
		海冰砂			
85	金红石		2.67	7.488	全整流
86	锆英石		3.96	11.076	正整流
87	金红石		3.03	8.892	全整流

参 考 文 献

[1] 许时,主编. 矿石可选性研究[M]. 2版. 北京:冶金工业出版社,1989.

[2] 成书清,等. 矿石可选性研究[M]. 2版. 北京:冶金工业出版社,1989.

[3] 选矿手册编委会. 选矿手册(5,6卷)[M]. 北京:冶金工业出版社,1993.

[4] 段旭琴,等. 选矿概论[M]. 北京:化学工业出版社,2011.

[5] 黄先本,编. 选矿厂生产技术检验[M]. 北京:冶金工业出版社,1985.

[6] 于福家,等. 矿物加工实验方法[M]. 北京:冶金工业出版社,2010.

[7] 陈斌,主编. 磁电选矿技术[M]. 北京:冶金工业出版社,2007.

[8] 周晓四,主编. 选矿厂辅助设备与设施[M]. 北京:冶金工业出版社,2008.

[9] 周晓四,主编. 重力选矿技术[M]. 北京:冶金工业出版社,2006.

[10] 杨家文,主编. 碎矿与磨矿技术[M]. 北京:冶金工业出版社,2006.

[11] 王资,主编. 浮游选矿技术[M]. 北京:冶金工业出版社,2006.

冶金工业出版社部分图书推荐

书　名	作　者	定价(元)
中国冶金百科全书·选矿卷	编委会　编	140.00
新编选矿概论(本科教材)	魏德洲　主编	26.00
地质学(第4版)(国规教材)	徐九华　主编	40.00
采矿学(第2版)(国规教材)	王　青　等编	58.00
矿产资源开发利用与规划(本科教材)	邢立亭　等编	40.00
矿产资源综合利用(本专科教材)	张　佶　主编	30.00
矿山安全工程(国规教材)	陈宝智　主编	30.00
矿山环境工程(第2版)(国规教材)	蒋仲安　主编	39.00
现代充填理论与技术(本科教材)	蔡嗣经　等编	26.00
固体物料分选学(第2版)(本科教材)	魏德洲　主编	59.00
磁电选矿(第2版)(本科教材)	袁致涛　等编	39.00
选矿厂设计(本专科教材)	周晓四　主编	49.00
碎矿与磨矿(第3版)(本科教材)	段希祥　主编	35.00
有色冶金概论(本科教材)	华一新　主编	30.00
矿山地质(高职高专教材)	刘兴科　主编	39.00
金属矿床开采(高职高专教材)	刘念苏　主编	53.00
矿山爆破(高职高专教材)	张敢生　主编	29.00
矿山提升及运输(高职高专教材)	陈国山　主编	39.00
选矿概论(高职高专教材)	于春梅　主编	20.00
选矿原理与工艺(高职高专教材)	于春梅　主编	28.00
矿石可选性试验(高职高专教材)	于春梅　主编	30.00
金属矿山环境保护与安全(高职高专教材)	孙文武　主编	35.00
矿山企业管理(高职高专教材)	戚文革　等编	28.00
碎矿与磨矿技术(职业技能培训教材)	杨家文　主编	35.00
重力选矿技术(职业技能培训教材)	周晓四　主编	40.00
磁电选矿技术(职业技能培训教材)	陈　斌　主编	29.00
浮游选矿技术(职业技能培训教材)	王　资　主编	36.00